GROSSE KAMPFSCHIFFE

der NATO

Stefan Ulsamer

Motor buch Verlag

Einbandgestaltung: Sven Rauert und Luis dos Santos

Gewidmet meinem Urgroßvater,
Obermaschinist zur See Max Friedrich Wilhelm Strey (1886-1955)

ISBN 978-3-613-04838-6

1. Auflage 2026

Sie finden uns im Internet unter www.motorbuch-verlag.de

Lektorat: Bernd Keidel
Innengestaltung: WS – WerbeService Linke, 76185 Karlsruhe
Druck und Bindung: Conzella, 85609 Aschheim-Dornach
Printed in Germany

Inhalt

Kampfschiffe des ständigen NATO-Einsatzverbandes SNMG1 in Formationsfahrt (Foto: US Navy/MC3 Vincent J. Street).

Ein Operator der US Navy in der Operationszentrale – dem Combat Information Center (CIC) – des amerikanischen Zerstörers USS »Mason« (DDG-87, Foto: US Navy/Commander Naval Surface Force Atlantic).

Vorwort

Liebe Marinebegeisterte, liebe Technikfreunde, liebe Leser,

moderne Marineschiffe zählen zu den technisch komplexesten beweglichen Objekten der Menschheitsgeschichte. Bis ungefähr zur Mitte des 19. Jahrhunderts bestimmten Segelschiffe das Bild der Marineflotten rund um den Globus, ehe der Dampfantrieb seinen Siegeszug antrat. Vorbei war auch die Zeit der Holzrümpfe und der Schiffbau aus Stahl setzte sich weltweit durch. Ende des 19. Jahrhunderts hielten Dampfturbinen Einzug in die Schifffahrt und Öl ersetzte Kohle als Brennstoff, was zu einer größeren Effizienz der Antriebe führte. Im Laufe des 20. Jahrhunderts nutzten immer mehr Marineschiffe dann einen nochmals effizienteren Dieselantrieb – auch in der militärischen Schifffahrt. Nach dem Zweiten Weltkrieg hielt der Nuklearantrieb bei ganz großen Überwassereinheiten wie Flugzeugträgern und Schweren Kreuzern sowie bei Unterseebooten Einzug. Parallel dazu wurden immer mehr Marineschiffe, die die großen Flugzeugträger begleiten, mit einem Gasturbinenantrieb ausgestattet. Ein Gasturbinenantrieb auf einem Schiff funktioniert nach dem gleichen Grundprinzip wie ein Flugzeugtriebwerk – die heute gängigen Gasturbinen auf Marineschiffen sind tatsächlich Abwandlungen ziviler Flugzeugtriebwerke der Boeing 747 und des Airbus A300 – sind aber für den Schiffsbetrieb angepasst. Die Gasturbinen verfügen zwar über einen hohen Spritverbrauch, ermöglichen aber den mit einer solchen Antriebsform ausgestatteten Kampfschiffen, mit den nuklear angetriebenen Flugzeugträgern in Bezug auf die Geschwindigkeit mitzuhalten.

Heutige größere Kampfschiffe – dazu zählen Kreuzer, Zerstörer und Fregatten – sind zumeist mit einem Diesel- oder einem Gasturbinenantrieb ausgestattet, oder einer Kombination aus beiden Antriebsarten. In Bezug auf die Kosten nehmen Rumpf und Antrieb moderner Marineschiffe jedoch nur einen gerin-

Der amerikanische Lenkwaffenkreuzer USS »Cape St. George« verschießt im März 2003 während der Operation Iraqi Freedom einen Tomahawk-Marschflugkörper (Foto: US Navy/Intelligence Specialist 1st Kenneth Moll).

gen Anteil in Anspruch. Der finanzielle Löwenanteil liegt bei der umfangreichen Waffen- und Sensorenausstattung, die es den Schiffen ermöglicht, Ziele Unterwasser, auf der Wasseroberfläche, in der Luft oder sogar im Weltraum zu verfolgen und zu bekämpfen. Heutige Marineschiffe sind daher in ihrer Komplexität nur vergleichbar mit den technisch anspruchsvollsten Projekten der Luft- und Raumfahrt. Der Preis von modernen Fregatten beginnt im Milliarden-Euro-Bereich, ein wesentlich kampfstärkerer Zerstörer kann bereits mehrere Milliarden kosten.

Von 32 NATO-Nationen betreiben heute 17 Länder größere Kampfschiffe in Form von Zerstörern und Fregatten. Kreuzer gibt es hingegen nur bei der kampfstärksten Marine überhaupt, der US Navy. Sie übertrifft in Bezug auf die Anzahl der Schiffe und die Tonnage alle anderen NATO-Marinen zusammengenommen. Neben dem quantitativen Aspekt führt die amerikanische Marine jedoch auch qualitativ, denn amerikanische Einheiten sind in der Regel nicht nur größer und schneller als ihre europäischen Gegenstücke, sondern sind zumeist auch mit leistungsfähigeren Sensoren und einer stärkeren Bewaffnung ausgestattet. Und trotzdem zählen einige europäische Marineschiffe im internationalen Vergleich zur Weltspitze. Im Marineschiffbau innerhalb des europäischen Teils der NATO sind insbesondere Frankreich, Spanien, Italien und Deutschland führend. Zahlreiche moderne und technologisch ausgereifte Einheiten werden neben dem Eigenbedarf auch für den weltweiten Export gebaut. Wirtschaftlich nicht so starke Länder wie beispielsweise Griechenland oder Portugal verfügen hingegen eher über technologisch veraltete Einheiten, die im Laufe der nächsten Jahre und Jahrzehnte ersetzt werden (müssen). Einige kleinere Länder wie Albanien, Montenegro, Kroatien, Slowenien, Island und die drei baltischen Staaten verfügen nur über kleinere Marineeinheiten wie Patrouillenboote oder Minensucher (die nicht Thema dieses Buches sind).

Die beiden neuen NATO-Länder Finnland und Schweden hatten ihre Seestreitkräfte bisher ausschließlich auf die Verteidigung der eigenen Küsten mit kleinen Einheiten in der relativ engen und flachen Ostsee ausgestattet. Nach dem NATO-Beitritt und aufgrund der geänderten Sicherheitslage haben sich beide Staaten zur Beschaffung größerer, hochseefähiger Marineeinheiten entschlossen. Gemein ist allen NATO-Marinen mit größeren Kampfschiffen, dass sie im Konfliktfall eng zusammenarbeiten, Geleitzüge aus Nordamerika nach Europa auf See absichern sowie feindliche Über- und Unterwasserschiffe oder auch gegnerische Flugkörper und Luftfahrzeuge bekämpfen werden. In diesem Buch stellen wir Ihnen sämtliche aktuell bei der NATO im Einsatz stehenden oder derzeit (Stand August 2026) geplanten größeren Kampfschiffe vor – also Kreuzer, Zerstörer und Fregatten!

Wenn Sie weitergehendes Interesse an einer aktuellen Berichterstattung über die modernen Marineschiffe haben, dann empfehle ich Ihnen die von mir herausgegebene, fünfmal jährlich erscheinende Fachzeitschrift Navy Ops – erhältlich über www.navyops.de oder E-Mail: navyops@gmx.de.

Ihr

Stefan Ulsamer, im September 2026

Stefan Ulsamer

Danksagung

Mein Dank für die Unterstützung in den unterschiedlichen maritimen Themenbereichen gilt Herrn Dr. Martin Bach, Herrn Bruno de Groote, Herrn Leo van Ginderen und im besonderen Maße Herrn Matthias Klingspohn und Herrn Jörg Waterstraat für die Unterstützung bei der Recherche zu einigen hier vorgestellten französischen, italienischen, britischen, türkischen, griechischen und deutschen Schiffen! Jedem Marineinteressierten empfehle ich die von Herrn Waterstraat betriebene, hervorragende Internetseite **www.kriegsschiffe.net** mit vielen weiterführenden Informationen zu den unterschiedlichsten modernen Marineschiffen sowie deren Bewaffnung und Elektronik.
Ich danke meiner Mutter, Frau Erika Ulsamer, für die Förderung meines Interesses an der Luftfahrt- und der Marinetechnik sowie die Ermutigung und Unterstützung bei der Verwirklichung meiner beruflichen Ziele!

Stefan Ulsamer, im September 2026

Eine französische Stealth-Fregatte des Typs FDI (Foto: Marine Nationale).

Die niederländische Fregatte »Tromp« (F803) macht im Marinestützpunkt Pearl Harbor auf Hawaii fest (Foto: US Navy/Chief Mass Communication Specialist David Rush).

1. Einleitung

Der deutsche Schwere Kreuzer »Prinz Eugen« ging nach dem Zweiten Weltkrieg als Reparation an die USA. Bei dem aus den 1930er Jahren stammenden Schiff dominierte schwere Artillerie als Hauptbewaffnung (Foto: US Navy).

Bevor wir in den nachfolgenden Kapiteln die Kampfschiffe von 19 NATO-Nationen analysieren, betrachten wir zuerst die drei unterschiedlichen Schiffstypen in diesem Buch – Kreuzer, Zerstörer sowie Fregatten – und gehen der Frage nach, was diese unterscheidet?

Kreuzer, Zerstörer und Fregatten sind Überwasser-Kampfschiffe, deren Unterschiede sich historisch aus Größe, Aufgabe, Bewaffnung und Einsatzradius ableiten. Heute sind die Grenzen fließend und hängen stark von der jeweiligen Marine und ihrer Tradition ab. Die Bezeichnungen sind oft eher politisch oder traditionell als streng technisch.

Historische Ursprünge bis 1945

Als **Kreuzer** bezeichnete man traditionell große, relativ schnelle und reichweitenstarke Schiffe (oft mit einer Verdrängung von 8.000 bis 15.000 Tonnen oder sogar noch mehr). Sie operierten unabhängig oder in kleinen Verbänden. Sie wurden zur Aufklärung, im Handelskrieg, zum Schutz eigener Handelswege, in der Flaggschiff-Funktion und zur Unterstützung der Schlachtschiffflotte genutzt. Die Bewaffnung bestand zumeist aus mittleren bis schweren Geschützen (15 bis 20 cm) und die Schiffe waren teilweise gepanzert. Kreuzer wurden je nach Bewaffnung unterteilt in Leichte und Schwere Kreuzer.

Ende des 19. Jahrhunderts kamen erste **Torpedoboot-Zerstörer** in die Flotten, bei denen es sich um schnelle, wendige Schiffe (ca. 1.000 bis 3.000 Tonnen Verdrängung), die Torpedoboote jagten und selbst Torpedoangriffe führen sollten. Später wurden sie zu Flottillenführern und Mehrzweckschiffen mit Geschützen, Torpedos und wachsender Flugabwehr. Aus dem Schiffstyp Torpedoboot-Zerstörer wurde im Lauf der Jahre eine nur noch als **Zerstörer** bezeichnete Schiffsgattung.

Im 18./19. Jahrhundert nannte man schnelle Marinesegelschiffe oftmals **Fregatten**. Im Zweiten Weltkrieg wurden mitunter kleinere Geleitschiffe als Fregatten bezeichnet, die als Schutz von Konvois oder zur Jagd auf gegnerische U-Boote genutzt wurden. Zumeist wurden diese Schiffe jedoch als Begleitzer-

Schnelle Segelschiffe wurden in früheren Jahrhunderten als Fregatten bezeichnet, wie die hier zu sehende USS »Constitution« aus dem Jahr 1797 (Foto: USS Constitution).

störer (im englischen Destroyer Escorts) oder als Geleitboote ausgewiesen.

Großer Umbruch

Nach dem Zweiten Weltkrieg änderten sich die Zusammensetzungen der meisten Flotten. Von Anfang des 20. Jahrhunderts bis zu Beginn des Zweiten Weltkrieges galten stark gepanzerte Schlachtschiffe mit umfangreicher und sehr schwerer Artilleriebewaffnung als die wichtigsten Kampfschiffe der großen Seemächte. Während des Krieges wurde die Schlachtschiffe in dieser »Premium-Rolle« fast vollständig vom neuen Schiffstyp Flugzeugträger verdrängt. Denn hauptsächlich in den Weiten des Pazifiks fanden riesige Seeschlachten statt, die zwischen Flugzeugträgern bzw. ihren Bordflugzeugen ausgetragen wurden, ohne dass die – damals sowohl auf amerikanischer wie auch auf japanischer Seite relativ zahlreich vorhanden – Schlachtschiffe eine bedeutende Rolle spielten. Der Niedergang der Schlachtschiffe ist nicht zuletzt daran ersichtlich, dass auf der ganzen Welt kein Schlachtschiff nach 1945 auf Kiel gelegt wurde (wenn auch US-Präsident Donald Trump derzeit an einer »Wiederbelebung« dieser eigentlich »ausgestorbenen« Schiffsgattung arbeitet). Die vorhandenen Schlachtschiffe wurden zumeist in den 1950er Jahren aus-

Das Schlachtschiff »Iowa« feuert eine Breitseite ab. Nach 1945 wurden keine neuen Schlachtschiffe mehr gebaut (Foto: US Navy/ PH1 Jeff Hilton).

Die HMS »Daring« aus dem Jahr 1892 war einer der ersten Torpedobootzerstörer der Welt. Aus der Schiffsgattung wurde im Lauf der Jahre der »Zerstörer« (Foto: Imperial War Museum).

Die Fletcher-Klasse – hier die USS »Haligan« (DD-584) im März 1945 – ist ein erfolgreicher Zerstörerentwurf des Zweiten Weltkrieges. Sechs Schiffe wurden von der deutschen Bundesmarine gebraucht übernommen (Foto: US Navy/PH3 John M. Andrew).

gemustert – mit Ausnahme der amerikanischen Iowa-Klasse, die mit einer umfangreichen Lenkraketenbewaffnung bis in die 1980er Jahre mehrfach reaktiviert wurde. Die in den 1950er Jahren vermehrt aufkommende Bewaffnung durch gelenkte Raketen (die gegen Flugzeuge, andere Raketen, Schiffe und Ziele an Land eingesetzt werden können) verdrängte innerhalb weniger Jahre die klassische Artilleriebewaffnung der meisten Marinekampfschiffe fast vollständig. Dazu kamen neue Sensoren in Form von Radar und Sonar sowie eingeschiffte Marinehubschrauber als Wirkmittel, wodurch sich die Rollen von Kreuzern, Zerstörern und Fregatten verschoben. Moderne Marineradare zur Luftraumüberwachung bzw. Flugabwehr auf Marineschiffen sind überwiegend multifunktionale AESA-Systeme (Active Electronically Scanned Array). Sie bilden das Herzstück der integrierten Luft- und Raketenabwehr ganzer Marineverbände und ersetzen ältere mechanisch schwenkende Radare. AESA-Radare steuern den Radarstrahl elektronisch, ohne die Antenne mechanisch zu bewegen. Dadurch können sie Hunderte Ziele gleichzeitig suchen, verfolgen und bekämpfen. Geradezu revolutionär war auch die Einführung von VLS-Startsystemen (Vertical Launching System, zu deutsch vertikales Startsystem oder Senkrechtstartsystem). Darin stehen die Raketen senkrecht in speziellen Zellen und werden gerade nach oben gestartet. Mehrere Zellen sind zu Modulen zusammengefasst (beim weit verbreiteten US-amerikanischen Mk 41 VLS z. B. Module mit 8 Zellen). Diese Module sitzen unter Deck und bilden Gitter- oder Reihenanordnungen, meist vorne und/oder achtern auf dem Schiff. Die Zellen sind modular und flexibel. Verschiedene Raketentypen (Flugabwehr, Seezielflugkörper, Marschflugkörper wie Tomahawk, U-Jagd-Raketen wie VL-ASROC) können gemischt geladen werden. Die Vorteile gegenüber älteren schwenkbaren Startrampen überwiegen: höhere Feuerrate (viele Raketen schnell hintereinander oder gleichzeitig), 360°-Abdeckung ohne Drehen des Schiffs oder der Rampe, mehr Raketen an Bord (kein separater Magazin- und Nachladevorgang nötig), geringerer Radarquerschnitt und bessere Schutz vor Beschuss. Weiterhin ist für einen Gegner nicht ersichtlich, welche Raketenarten bzw. Raketentypen in einem VLS geladen sind. Dadurch fällt es ihm schwer, die tatsächliche Kampfkraft eines feindlichen Schiffes einzuschätzen. Klassische schwenkbare Startsysteme sowie deren zu verschießenden Raketen waren zuvor bereits optisch auf weite Distanzen identifizierbar.

Kalter Krieg

Im Kalten Krieg waren Kreuzer die größten und kampfstärksten Überwasserschiffe (außer den Flugzeugträgern selbst). Primär dienten sie der Flugabwehr zum Schutz von Trägerkampfgruppen, dem Führen von Marineverbänden und verschiedenen Mehrzweckaufgaben. Kreuzer des Kalten Krieges verfügten oft über eine Verdrängung von 9.000 bis zu mehr als 15.000 Tonnen. Sie waren mit schweren Lenkwaffen ausgerüstet. Zu den bekanntesten Vertretern der Kreuzer zählten während des Kalten Krieges die amerikanische Ticonderoga- und die sowjetische Slawa-Klasse. Wie »schwammig« die Einteilungen in Kreuzer, Zerstörer und Fregatten ist, zeigt die Tatsache, dass viele amerikanische Schiffe der US Navy erst im Jahr 1975 von »großen Fregatten« in Kreuzer umklassifiziert wurden. Die bereits erwähnten Lenkwaffenkreuzer der Ticonderoga-Klasse wurden hingegen aufgrund ihrer Größe und Schwere der Bewaffnung vom Zerstörer zum Kreuzer umklassifiziert.
Zerstörer wurden hingegen zu vielseitigen Flottenbegleitern mittlerer Größe (typischerweise 4.000 bis 10.000 Tonnen

Die britische Loch-Klasse – hier die HMS »Loch Alvie« (K428) – war ein erfolgreicher Fregattentyp der Royal Navy im Zweiten Weltkrieg (Foto: Royal Navy).

Die »Admiral Yumashev« der sowjetischen Kresta II-Klasse aus den 1960er Jahren war ein Kreuzer mit schwerer Lenkwaffenausstattung (Foto: gemeinfrei).

Verdrängung), oftmals mit Spezialisierung auf Flugabwehr, U-Boot-Jagd oder Seezielbekämpfung. Als Beispiele gelten die amerikanische Spruance-Klasse (U-Boot-Jagd), die Arleigh Burke-Klasse (Flugabwehr), die deutsche Lütjens-Klasse (zur Flugabwehr, basierend auf der amerikanischen Charles F. Adams-Klasse) oder die sowjetische Kashin-Klasse (U-Boot-Jagd). Sie übernahmen zunehmend Aufgaben, die zuvor Kreuzer innehatten und näherten sich auch in Bezug auf die Größe früheren Kreuzern.

Fregatten waren in der Regel die kleineren und kostengünstigeren Einheiten (oft 2.500 bis 6.000 Tonnen Verdrängung). Der operationelle Schwerpunkt lag häufig auf der U-Boot-Jagd und dem Geleitschutz, später übernahmen Fregatten auch Mehrzweckaufgaben mit Lenkwaffen und Hubschraubern. Bekannte Beispiele sind die amerikanische US-Oliver-Hazard-Perry-Klasse, die britische Leander-Klasse oder die deutsche Bremen-Klasse. In vielen Marinen gelten Fregatten als »Arbeitspferde« für Alltagseinsätze.

Moderne Zeiten

Heute ist die Unterscheidung zwischen Zerstörern stark verwischt. Die Größe und Kampfkraft überlappen sich sehr stark

Moderne Lenkwaffenfregatten wie die hier abgebildete philippinische »Miguel Malvar« (FFG-06) verfügen über Stealth-Aufbauten zur Reduzierung der Radarsignatur, mit nur wenigen Öffnungen (Foto: BRP Miguel Malvar FFG06).

plante Fregatten der zukünftigen deutschen Klasse F127 werden wahrscheinlich die Marke von 10.000 Tonnen Verdrängung deutlich überschreiten, werden aber weiterhin als Fregatten bezeichnet. Es wurde zwar nie offiziell bestätigt, aber die Deutsche Marine scheint aus politischen Gründen wohl auf die Bezeichnung Zerstörer zu verzichten. Der Schiffstyp Kreuzer steht heute nur noch in geringen Stückzahlen bei der russischen und der amerikanischen Marine im Dienst. Wenn in wenigen Jahren die letzten Ticonderoga-Klasse-Kreuzer aus dem Bestand der US Navy gestrichen werden, dann hat nur noch Russland eine Handvoll Schiffe der Slawa- und der nuklear angetriebenen Kirow-Klasse im Dienst. Bei der US Navy herrscht momentan eine klare Hierarchie. Lenkwaffenkreuzer (Kennung CG) sind größer als Lenkwaffenzerstörer (Kennung

Moderne AEASA-Radarsysteme wie das hier gezeigte APAR-System auf der deutschen Fregatte »Hessen« sind in der Lage, Hunderte Ziele gleichzeitig zu verfolgen (Foto: User Rebell18190, gemeinfrei).

und Schiffe, die heute als Fregatte klassifiziert werden, sind wesentlich größer und kampfstärker als Zerstörer, die noch vor wenigen Jahrzehnten gebaut wurden. Als Beispiel kann hier die deutsche Flugabwehrfregatte der Sachsen-Klasse gelten, die mit 143 Metern Länge und einer Verdrängung von 5.800 Tonnen fast zweieinhalb Mal so groß ist, wie ein Zerstörer der Fletcher-Klasse, mit dem bei der Bundesmarine Anfang der 1960er Jahre das moderne Zeitalter eingeläutet wurde. Ge-

Auf den meisten modernen Kampfschiffen wird die Raketenbewaffnung in VLS-Startzellen gelagert, aus denen die Flugkörper auch gestartet werden (Foto: Saru44, CC BY-SA 4.0).

Mitunter sind moderne Lenkwaffenfregatten – wie die hier zu sehende deutsche »Sachsen« (F219) – deutlich größer als frühere Zerstörer (Foto: US Navy/MC2 Elizabeth Williams).

DDG), die wiederum größer sind als Lenkwaffenfregatten (Kennung FFG). Allerdings gibt es hier auch hier Ausnahmen, denn beispielsweise die drei futuristischen Stealth-Zerstörer der Zumwalt-Klasse (190 Meter Länge, 16.000 Tonnen Verdrängung) sind deutlich länger, breiter und schwerer als die Kreuzer der Ticonderoga-Klasse (173 Meter Länge, 9.800 Tonnen Verdrängung).

Fazit

Die Bezeichnung bzw. Klassifizierung eines Kampfschiffes hängt oftmals von politischer Wahrnehmung, Kosten und Rolle ab. Historisch und oft noch heute werden die größten und führungsstärksten Einheiten als Kreuzer bezeichnet. Ein teures, hochseetaugliches Mehrzweckschiff wird gerne »Zerstörer ≠genannt, ein etwas kleineres oder auf U-Boot-Jagd ausgelegtes wird oft als »Fregatte« bezeichnet. Gemeinsame Merkmale aller drei Typen heute: Lenkwaffen (oft in VLS-Zellen), Bordhubschrauber, leistungsstarke Sensorik, Multi-Mission-Fähigkeit (Luft-, See- und Unterwasserabwehr). In der Praxis entscheidet heute weniger die Bezeichnung über die Verwendung eines Schiffes. Vielmehr spielen hier Verdrängung, Sensoren, Bewaffnung und Einsatzkonzept die wichtigsten Rollen. Viele Marineexperten und Verteidigungsanalysten vertreten die Auffassung, dass die traditionellen Kategorien der Schiffskategorisierung weitgehend überholt sind und eher Traditionsnamen darstellen.

2. Deutschland

2.1 Die Entwicklung der Zerstörer und Fregatten

Beim »Zerstörer 4« (D178) der Bundesmarine handelte es sich um die ehemalige USS »Claxton« (DD-571). Sechs gebrauchte Zerstörer der Fletcher-Klasse waren die ersten Kampfschiffe der Bundesmarine (Foto: Wolfgang Fricke, CC BY 3.0).

Die Entwicklung der Zerstörer und Fregatten der Bundesmarine (Westdeutsche Marine) bis Ende der 1980er Jahre war stark von den Einschränkungen nach dem Zweiten Weltkrieg, dem NATO-Beitritt 1955 und dem schrittweisen Aufbau einer modernen Flotte geprägt.

Die Schulfregatte »Scharnhorst« (F213), bei der es sich um die ehemalige Black Swan-Korvette HMS »Mermaid« handelte. Die sieben aus Großbritannien stammenden Schulfregatten der Bundesmarine wurden bereits in den 1960er Jahren ausgemustert (Foto: Bundesarchiv).

Anfangs stützte man sich auf geliehene oder übernommene Schiffe aus alliierten Beständen, bevor eigene Neubauten folgten. Der Fokus lag auf U-Boot-Jagd, Geleitaufgaben und später Luftverteidigung im Rahmen der NATO-Verteidigung der Ostseezugänge und Nordatlantikrouten.

Überbrückungslösungen

Nach der Gründung der Bundesmarine 1956 gab es zunächst keine eigenen großen Überwasserkampfschiffe. Die Alliierten hatten den Überbleibseln des Dritten Reiches bzw. der jungen Bundesrepublik den Bau von Marineschiffen sowie generell jeder Art von Kriegsmaterial verboten. Dieses Marineschiffbauverbot wurde Mitte der 1950er Jahre unter strengen Auflagen und Tonnagebeschränkungen aufgehoben. Ehe die junge Bundesmarine in Deutschland gefertigte Kampfschiffe in Dienst stellen konnte, erhielt sie als Übergangslösung sechs amerikanische Zerstörer der Fletcher-Klasse (Klasse 119, 114 Meter Länge, 2.400 Tonnen Verdrängung). Es handelte sich dabei um US-Navy-Schiffe aus dem Zweiten Weltkrieg (»Anthony«, »Ringgold«, »Wadsworth«, »Claxton«, »Dyson«, »Charles Ausburne«). Sie kamen 1958 bis 1960 als Leihgabe (später wurden sie teilweise angekauft) in Dienst und dienten vor allem der U-Jagd und als Artillerieunterstützung. Die meisten blieben bis Anfang der 1980er Jahre im Dienst, ehe sie ausgemustert oder als Militärhilfe an die griechische Marine abgegeben wurden. Bei der Bundesmarine trugen die Fletcher-Klasse-Zerstörer keine individuellen Schiffsnamen. Stattdessen trugen sie die Bezeichnungen »Zerstörer 1« bis »Zerstörer 6«. Zusätzlich stellte die Bundesmarine ab Ende der 1950er Jahre sieben ehemalige, nicht zu einer einzelnen Klasse gehörenden britische Schiffe als Schulfregatten der Klasse 138 in Dienst. Sie wurden 1957 von Großbritannien angekauft, auf britischen Werften umgebaut und zwischen Oktober 1958 und Mai 1959 in Dienst gestellt. Die ehemaligen Geleitzerstörer dienten vor allem der Ausbildung (Artillerie-, Ortungs- und Kadettenschulung). Diese Schiffe waren die ersten Fregatten der Bundesmarine und halfen beim Aufbau der Ausbildung, bis eigene Neubauten verfügbar waren. Sie wurden zwischen 1964 und 1968 außer Dienst gestellt und später abgewrackt.

Der Zerstörer »Hessen« (D184) war die vierte Einheit der Zerstörer der Hamburg-Klasse, bei denen es sich um die ersten in Deutschland gebauten Zerstörer der Bundesmarine handelte (Foto: US Navy/PH1 Mussi).

Eigene Zerstörerneubauten

Bei den vier Schiffen der Hamburg-Klasse (Klasse 101/101A, 133,7 Meter Länge, 4.050 Tonnen Verdrängung) handelte es sich um die ersten nach dem Krieg in Deutschland gebauten Zerstörer, die erstmals Namen trugen und nach Bundesländern benannt waren: »Hamburg«, »Schleswig-Holstein«, »Bayern«, »Hessen«. Die Kiellegungen erfolgten ab Ende der 1950er, die Indienststellung zwischen 1964 und 1968. Gebaut wurden sie auf der Hamburger Stülcken-Werft, die Ende der 1960er Jahre vom Hamburger Konkurrenten Blohm + Voss übernommen und anschließend geschlossen wurde. Die vier Zerstörer der Hamburg-Klasse waren konventionell mit Artillerie, Torpedos sowie U-Jagd-Raketen bewaffnet und dienten als Mehrzweckzerstörer. In den 1970er/80er Jahren wurden sie modernisiert, erhielten u. a. Exocet-Seezielflugkörper zur Schiffsbekämpfung und wurden zu Flugkörperzerstörern umklassifiziert. Sie blieben bis in die 1990er Jahre im Dienst. Die nächsten drei Zerstörer wurden aufgrund ihrer Komplexität in den USA gebaut, da die deutsche Werftindustrie damals über keinerlei Erfahrungen beim Bau von Lenkwaffenschiffen hatte. Deshalb wurde die Lütjens-Klasse (Klasse 103/103A/103B, 134,5 Meter Länge, 4.162 Tonnen Verdrängung) bestehend aus den drei Lenkwaffenzerstörern »Lütjens«, »Mölders« und »Rommel zwischen 1966 und 1970 bei Bath Iron Works in den USA als modifizierte Charles-F.-Adams-Klasse gebaut. Die Indienststellungen erfolgten 1969/1970. Sie waren die ersten deutschen Schiffe mit modernem FüWES (Führungs- und Waffeneinsatzsystem), welches als SATIR (System zur Auswertung taktischer Informationen auf Raketenzerstörern) bezeichnet wurde, und Flugkörperbewaffnung (Tartar/Standard-Raketen für Luftverteidigung, plus ASROC und Artillerie). In den 1970er/80er Jahren erfolgten Modernisierungen (Umklassifizierungen in Klassen 103A und 103B). Die drei Schiffe bildeten das Rückgrat der Luftverteidigung und blieben bis Anfang des 21. Jahrhunderts im Dienst (die »Rommel« wurde 1999 außer Dienst gestellt, die »Lütjens« und »Mölders 2003). Die »Mölders« kann heute im Marinemuseum Wilhelmshaven besichtigt werden.

Der Zerstörer »Rommel« (D187) der aus drei Einheiten bestehenden Lütjens-Klasse. Sie waren die ersten drei Lenkwaffenzerstörer der Bundesmarine und wurden in den USA gebaut (Foto: US Navy/PHC Jeff Hilton).

Die Fregatte »Karlsruhe« (F223) der Köln-Klasse. Die Schiffe der Köln-Klasse nutzten als erste deutsche Marineeinheiten einen Gasturbinenantrieb (Foto: Bundesarchiv).

Die Fregatte »Niedersachsen« (F208) der Bremen-Klasse, von der in den 1980er Jahren acht Einheiten in Dienst gestellt wurden (Foto: US Navy/Photographer's Mate Airman Josh Kinter).

Fregattenneubauten

Bei der ersten Fregattenklasse der Bundesmarine handelt es sich um die Köln-Klasse (Klasse 120, 109,8 Meter Länge, 2.970 Tonnen Verdrängung), die die sechs Einheiten »Köln«, »Emden«, »Augsburg«, »Karlsruhe«, »Lübeck« und »Braunschweig« umfasste. Ursprünglich als »Geleitboote 55« geplant, wurden sie während der Bauphase zu Fregatten umklassifiziert. Wie die Zerstörer der Hamburg-Klasse wurden sie bei H. C. Stülcken in Hamburg gebaut. Die sechs Schiffe wurden zwischen 1961 und 1964 in Dienst gestellt. Die Fregatten der Köln-Klasse nutzten einen CODAG-Antrieb (Combined Diesel And Gas) bestehend aus vier 16-Zylinder-V-Dieselmotoren von MAN (je ca. 3.000 PS / 2.208 kW Leistung) für die wirtschaftliche Marschfahrt und zwei Gasturbinen von Brown Boveri & Cie (BBC, je ca. 12.000 PS / 8.832 kW Leistung) für die Zuschaltung zur Erreichung hoher Geschwindigkeiten. Es handelte sich dabei um die weltweit erste Anwendung eines solchen Antriebssystems auf Kriegsschiffen. Die Schiffe der Köln-Klasse waren vor allem U-Boot-Jäger mit Artilleriebewaffnung (ohne Lenkwaffen) und bildeten das 2. Geleitgeschwader in Wilhelmshaven. Ab den 1980er Jahren wurden sie schrittweise außer Dienst gestellt (als letzte Einheit die »Braunschweig« am 04. Juli 1989) und durch modernere Schiffe ersetzt. Die nachfolgende Bremen-Klasse (Klasse 122, 128 Meter Länge, 3.700 Tonnen Verdrängung) bestand aus den acht Mehrzweckfregatten »Bremen«, »Niedersachsen«, »Rheinland-Pfalz«, »Emden«, »Köln«, »Karlsruhe«, »Augsburg« und »Lübeck«. Die Planungen für die Klasse 122 begannen ab den frühen 1970er Jahren als Nachfolger der Köln-Klasse. Die Entwicklung lief zusammen mit der niederländischen Marine, die im gleichen Zeitraum die schiffbaulich verwandte Kortenaer-Klasse entwickelte. Der Auftrag ging im Jahr 1977 an die Bremer Vulkan Werft als Generalunternehmer. Der Bau erfolgte auf insgesamt fünf deutschen Werften. Die Schiffe wurden zwischen 1982 und 1990 in Dienst gestellt. Für die Bundesmarine war die Einführung der Bremen-Klasse ein »Quantensprung«, denn die Schiffe verfügten über eine moderne Elektronik inklusive umfangreicher EDV-Anlagen, optimierter Sonaranlagen, Flugkörper (Harpoon-Seezielflugkörper, Sea Sparrow-Flugabwehrraketen, später RAM-Nahbereichsverteidigungssysteme) und erstmals bordgestützte Hubschrauber (Westland Mk.88/88A Sea Lynx). Damit schloss die Bundesmarine an den Standard atlantischer NATO-Seestreitkräfte an. Die acht Schiffe wurden zwei Fregattengeschwadern in Wilhelmshaven zugeordnet. Alle acht Einheiten der Bremen-Klasse wurden zwischen 2012 und 2022 ausgemustert.

Die ehemalige »Köln« (F) ist als einzige Einheit der Köln-Klasse nicht verschrottet worden und dient heute als Ausbildungs-/Trainingshulk in Neustadt in Holstein (Foto: Matthias Esmann, CC BY-SA 3.0).

Die als Küstenschutzschiff »Karl Marx« bezeichnete Fregatte der Riga-Klasse führt 1974 eine Formation der Volksmarine der DDR an (Foto: Bundesarchiv).

Die »Berlin – Hauptstadt der DDR« (142) war eine von drei Fregatten der Koni-Klasse, die in den 1970er/80er Jahren in den Dienst der Volksmarine gestellt wurden (Foto: US Navy/ PH1 Jeff Hilton).

Volksmarine

Das ostdeutsche Gegenstück zur Bundesmarine, die Volksmarine der DDR, verfügte über zwei Klassen von Fregatten, die offiziell zumeist als Küstenschutzschiffe bezeichnet wurden. Bei der ersten Fregattengeneration der Volksmarine handelte es sich um vier in den 1950er Jahren aus der Sowjetunion importierten Fregatten der Riga-Klasse (Projekt 50, 90,9 Meter Länge, 1.050 Tonnen Verdrängung). Die vier Schiffe »Ernst Thälmann«, »Karl Marx«, »Karl Liebknecht« und »Friedrich Engels« kamen zwischen 1956 und 1959 in Dienst und dienten als U-Jagd- sowie Geleitschiffe. Sie wurden bis Mitte der 1970er Jahre außer Dienst gestellt. Die zweite ostdeutsche Fregattenklasse waren importierte Schiffe der sowjetischen Koni-Klasse (Projekt 1159, auch Rostock-Klasse, 96,51 Meter Länge, 1.760 Tonnen Verdrängung). Drei für die damalige Zeit moderne Schiffe wurden in den späten 1970er und 1980er Jahren aus der Sowjetunion geliefert. Die Schiffe trugen die Namen »Rostock«, »Berlin – Hauptstadt der DDR« und »Halle«. Diese U-Jagd-Fregatten mit CODAG-Antrieb, Flugabwehrraketen SA-N-4 und U-Abwehrbewaffnung bildeten bis zur Auflösung der Volksmarine 1990 das Rückgrat der größeren Überwassereinheiten. Nach der Deutschen Wiedervereinigung wurden sie nur sehr kurz in die Bundesmarine übernommen und bald abgewrackt.

Deutsche Marine

Im Jahr 1995 – fünf Jahre nach der Deutschen Wiedervereinigung – wurde aus der Bundesmarine die Deutsche Marine (die Volksmarine hatte mit der Wiedervereinigung aufgehört zu existieren). Die ab Mitte der 1990er Jahre in Dienst gestellten Fregatten der Deutschen Marine und die zukünftigen geplanten Einheiten stellen wir Ihnen in den nachfolgenden Kapiteln 2.2 bis 2.6. ausführlich vor. An dieser Stelle werfen wir nun noch einen kurzen Blick auf die Korvetten der Braunschweig-Klasse (Klasse K130). Fünf Einheiten eines ersten Loses (»Braunschweig«, »Magdeburg«, »Erfurt«, »Oldenburg« und »Ludwigshafen am Rhein«) wurden zwischen 2008 und 2013 in den Dienst der Deutschen Marine gestellt. Ein zweites Los (»Köln«, »Emden«, »Karlsruhe«, »Augsburg« und »Lübeck«) befindet sich derzeit im Bau bzw. der Erprobung. Die 89 Meter langen und 1.840 Tonnen verdrängenden Einheiten tragen die Nato-Fregattenkennungen F260 bis F269, weil sie aufgrund ihrer Größe, Bewaffnung, Seeausdauer und Rolle international und in der NATO wie leichte Fregatten behandelt werden. Sie weisen Stealth-Eigenschaften zur Verringerung der Radarsignatur auf, sind mit schlagkräftigen RBS15-Seezielflugkörpern bewaffnet, die auch gegen Landziele verwendet werden können und sie verfügen über Fähigkeiten zur Seeraumüberwachung sowie Einsätzen in Küstengewässern und multinationalen Verbänden. Bei den Einheiten der Braunschweig-Klasse verschwimmt die klassische Trennung zwischen Korvetten und Fregatten. Ursprünglich sollten 15 Einheiten der Korvettenklasse K130 insgesamt 20 Raketenschnellboote der Klassen 143/143A ersetzen. Die Deutsche Marine bezeichnet die Korvetten der Braunschweig-Klasse (K130) teilweise sogar als »Boote«, weil sie keinen Ersten Offizier (XO) an Bord haben und der Kommandant die Einheit selbst führt. International werden die Korvetten jedoch nicht zuletzt aufgrund ihrer F-Fregattenkennung als Leichte Fregatte anerkannt. Bei der Deutschen Marine werden mittlerweile jedoch nur noch große Kampschiffe mit mindestens 4.900 Tonnen Verdrängung (Brandenburg-Klasse) als Fregatten geführt. Sie sind ungefähr doppelt so groß wie die Zerstörer der Fletcher-Klasse, mit denen bei der damaligen Bundesmarine alles angefangen hat. Die neueren Fregatten der Sachsen- und Brandenburg-Klasse sind sogar nochmals deutlich größer und weisen mittlerweile Maße von Zerstörern oder sogar leichten Kreuzern des Zweiten Weltkrieges auf.

Die Korvette »Emden« (F266) der Braunschweig-Klasse. Bei den zehn Einheiten dieser Klasse verschwimmen die Grenzen zwischen Korvette und Fregatte. Die Schiffe tragen NATO-Fregattenkennungen (Foto: Boevaya mashina, CC BY-SA 3.0 DE).

2.2 Fregatten der Brandenburg-Klasse / Klasse F123

Die Fregatte »Mecklenburg-Vorpommern« (F218) im Juni 2017 im Marinestützpunkt Kiel (Foto: Verfasser).

Die vier Mitte der 1990er Jahre auf vier verschiedenen Werften gefertigten Fregatten der Brandenburg-Klasse – auch bekannt als Klasse F123 – bilden seit drei Jahrzehnten das Rückgrat der Überwasserflotte der Deutschen Marine.
Die Klasse 123 wurde schon in den 1980er Jahren als Ersatz für die vier noch aus den 1960er Jahre stammenden Zerstörer der Hamburg-Klasse (Klasse 101A) entwickelt.

Das Bauprogramm

Der Bauauftrag für die vier je 5.400 Tonnen verdrängenden, bis dahin größten deutschen Fregatten wurde im Jahr 1989 erteilt. Hauptaufgabe der neuen Fregattenklasse sollte die Eskorte von Versorgungskonvois aus Nordamerika sein. Diese Aufgabe sollten die Schiffe während NATO-REFORGER-Großmanövern übernehmen oder – als die Schiffe geplant wurden, war der Eiserne Vorhang noch nicht gefallen – in einem möglichen Dritten Weltkrieg, der damals – zumindest in der Theorie – jederzeit losbrechen konnte. Die Klasse F123 wurde mit Waffensystemen zur Flugabwehr und zur U-Boot-Jagd ausgerüstet. Der operationelle Schwerpunkt sollte aber von Beginn an auf der Bekämpfung von gegnerischen U-Booten liegen. Erst die nachfolgende Klasse F124 (Sachsen-Klasse), die technisch auf der Klasse F123 aufbaut, wurde mit einer umfangreichen Flugabwehrausstattung zur Abwehr von Raketen und Flugzeugen ausgestattet. Das Bauprogramm der Klasse F123 – bald nach dem Typschiff als Brandenburg-Klasse bezeichnet – wurde unter der Federführung der Hamburger Werft Blohm + Voss umgesetzt. Zur Stärkung der damals schwächelnden Schiffbauindustrie wurden alle vier

Einheiten auf unterschiedlichen deutschen Werften gefertigt. Die »Brandenburg« (F215) bei Blohm + Voss, die »Schleswig-Holstein« (F216) bei HDW in Kiel, die »Bayern« (F217) bei den Thyssen Nordseewerken in Emden und die »Mecklenburg-Vorpommern« (F218) bei der Vulkan-Werft in Bremen.

Die Technik

Viele Komponenten und schiffbauliche Lösungen wurden von der vorangegangenen Bremen-Klasse (Klasse F122) übernommen. Erstmals wurden bei einer deutschen Fregatte bereits vorgefertigte Module zum Bau verwendet. Neu war auch der Entwurf von Rumpf und Aufbauten in Stealth-Bauweise zur Verringerung der Radarsignatur. Durch die um bis zu 14 Grad geneigten Schrägflächen der Rumpfaußenseite und den zwischen 7 und 11 Grad geneigten Aufbauten konnte die Radarsignatur im Vergleich zur vorangegangenen Klasse F122 um rund 90% gesenkt werden. Verglichen mit der Klasse F122 verfügt die Klasse F123 über ein größeres Platzangebot im Innenraum und eine höhere Standfestigkeit. Bei der Konzeption spielten Erfahrungen, die die britische Royal Navy im Falkland-Krieg 1982 gesammelt hatte, eine Rolle. Als Antrieb wird ein CODOG (Combined Diesel or Gas)-System bestehend aus zwei General Electric LM 2500-Gasturbinen mit 19.000 kW Leistung und zwei MTU 20V 956 TB92-Dieselmaschinen genutzt. Jeweils eine Gasturbine und ein Diesel sind mit einem Getriebe verbunden, das auf eine Schiffswelle wirkt. Mittels Kupplungen können die Dieselmaschinen und die Gasturbinen abwechselnd das Schiff über zwei Schiffswellen mit je einem Fünfblatt-Verstellpropeller antreiben. Die Gasturbinen kommen hauptsächlich dann zum Zug, wenn mit einer höheren Geschwindigkeit als 20 Knoten gefahren werden soll. Die genaue Höchstgeschwindigkeit ist geheim; sie liegt aber bei über 29 Knoten. Zur Stromgewinnung sind an Bord vier Deutz MWM TBD-602-V16K-Dieselmotoren vorhanden.

Die Bewaffnung

Als erste deutsche Schiffsklasse wurde die Klasse F123 mit einem Mk 41-Vertical Launching System (VLS) mit 16 Startzellen ausgerüstet. Ursprünglich waren darin Flugabwehrraketen des Typs RIM-7 Sea Sparrow gelagert, die radargesteuert hauptsächlich zur Bekämpfung von Seezielflugkörpern verwendet werden, aber auch gegen kleinere Seeziele verwendet werden können. Ab dem Jahr 2014 wurde begonnen, die weiterentwickelte Version RIM-162 Evolved Sea Sparrow Missile (ESSM) in die Fregatten der Klasse F123 einzurüsten. Als Schiffsgeschütz wird das OTO Melara 76/62 Compact-76-mm-Geschütz verwendet. Es hat eine Reichweite von 18 Kilometern und kann bei einer Kadenz von 85 Schuss pro Minute sowohl gegen Boden- und Seeziele sowie auch gegen Flugziele eingesetzt werden. In zwei Doppelstartanlagen werden insgesamt vier MM38-Exocet-Seezielflugkörper ge-

RAM-Werfer zur Nachbereichsverteidigung achtern, STIR-Zielbeleuchtungsradar und LW-08 2D-Luftraumüberwachungsradar (von links nach rechts gesehen, Foto: Matthias Klingspohn).

Blick auf das OTO Melara 76/62 Compact-Bordgeschütz sowie den vorderen RAM-Werfer. Auf dem Mast befindet sich die Antenne des SMART-S-Radars (Foto: Matthias Klingspohn).

Bemerkenswert sind die auf den Aufbauwänden verlegten Leitungen zum Waschen des Schiffes gegen ABC-Kampfmittel (Foto: Matthias Klingspohn).

lagert, die zur Bekämpfung von feindlichen Schiffen verwendet werden. Durch die Außerdienststellung der Klasse F122 wurden AGM-84 Harpoon-Seezielflugkörper aus amerikanischer Produktion verfügbar, die auf der Brandenburg-Klasse eingerüstet wurden. Für die U-Boot-Bekämpfung sind an Bord vier UT Mk 32-Torpedorohre zum Abschuss des amerikanischen Mk 46-Standard-Leichtgewichtstorpedos an Bord. Für die Nahbereichsverteidigung sind jeweils zwei Rolling Airframe Missile (RAM)-Starter vorhanden, in denen sich jeweils 21 RIM-116-Flugkörper befinden, die infrarotgesteuert gegen hochwendige Seezielflugkörper eingesetzt werden. Sie basieren technisch auf der Luft-Luft-Rakete Sidewinder, die bei vielen NATO-Luftwaffen zum Standard gehört. Zwei MLG-27 27-mm-Marineleichtgeschütze von Rheinmetall runden die Bewaffnung der Klasse F123 ab.

Sensoren

Die Fregatten der Brandenburg-Klasse (F123) wurden mit dem Führungs- und Waffeneinsatzsystem SATIR (System zur Auswertung Taktischer Informationen auf Rechnerschiffen) ausgerüstet – speziell in der Variante SATIR F123 bzw. SATIR-III. SATIR war das Standard-FüWES der Deutschen Marine ab den Lütjens-Zerstörern und wurde auch auf den Fregatten der Klasse F122 eingesetzt. Es handelte sich um ein zentralrechnerbasiertes System. Ab etwa 2011 wurde SATIR durch SABRINA 21 (System zur Auswertung und Bearbeitung von Realzeitdaten in Netzwerk-Architekturen des 21. Jahrhunderts) ersetzt. Es basiert auf dem Thales TACTICOS-System (ähnlich dem System auf der Sachsen-Klasse F124). SABRINA 21 ermöglichte die komplette Vernetzung aller Sensoren an Bord, wie dem Bugsonar DSQS-23BZ von Atlas Elektronik oder dem passiven phasengesteuerten Radar SMART-S von Thales Naval Nederland mit den Waffensystemen der Fregatte. Weiterhin sind an Bord ein Elektronisches Kampfführungssystem FL 1800 S, ein Zielbeleuchtungsradar STIR 180 und ein LW 08 2D-Weitbereichs-Luftraumüberwachungsradar von Thales vorhanden. Die Fähigkeiten zur U-Boot-Jagd der Fregatte werden durch die Wirkmittel von bis zu zwei Westland Sea Lynx Mk. 88A-Helikoptern verstärkt, der auch für Transport- sowie Such- und Rettungsaufgaben genutzt wird. Die Bordhelikopter werden im Doppelhangar hinter dem Helikopterlandedeck untergebracht.

Internationale Einsätze

Die Schiffe der Brandenburg-Klasse sind dem 2. Fregattengeschwader in Wilhelmshaven unterstellt und gehören zur Ein-

Blick auf die beiden Kamine. Deutlich ist die Neigung nach außen zu erkennen. Links im Bild der mittschiffs RAS-Mast. Über ihn werden Treibstoffschläuche, Munition, Vorräte oder Personal mittels einer gespannten Stahlseilverbindung von Schiff zu Schiff übertragen (Foto: Matthias Klingspohn).

Die zwei fest auf 45 Grad zur Schiffsachse eingebauten Torpedorohre. Auf der anderen Rumpfseite befinden sich ebenfalls zwei Torpedorohre (Foto: Matthias Klingspohn).

satzflottille 2. Sie gelten als »Arbeitspferde« der Deutschen Marine und haben in den letzten 30 Jahren praktisch alle wichtigen Marineeinsätze der Bundeswehr mitgetragen – von der Bündnisverteidigung im Nordflankenraum bis zu Krisenmanagement und Peacekeeping weit entfernt von Deutschland. So sind die vier Fregatten der Brandenburg-Klasse seit ihrer Indienststellung (1994 bis 1996) regelmäßig in nationalen, NATO-, EU- und UN-Missionen weltweit im Einsatz gewesen. Eine wichtige Mission war UNIFIL (United Nations Interim Force in Lebanon, seit 2006) zur Seeraumüberwachung vor der libanesischen Küste. Dabei wurde das laufende Waffenembargo überwacht und die libanesische Marine ausgebildet. Mehrere F123-Einheiten waren hier im Einsatz (u. a. »Brandenburg« als Flaggschiff 2006 und erneut 2024/2025 sowie »Schleswig-Holstein« 2007). Weiterhin nahmen die Schiffe an der NATO-Operation Active Endeavour im Mittelmeer zur Terrorismusbekämpfung teil, führten während des Libyen-Krieges 2011 Evakuierungseinsätze durch und waren auf Patrouille am Horn von Afrika im Rahmen der Operation Atalanta (EU NAVFOR, darunter »Brandenburg« 2009 und 2014, als Flaggschiff, »Schleswig-Holstein« 2010). Die Schiffe der Brandenburg-Klasse sind zudem immer wieder Teil der beiden ständigen NATO-Einsatzverbände Standing NATO Maritime Group 1 (SNMG 1) im Nordatlantik sowie der Nord- und Ostsee und Standing NATO Maritime Group 2 (SNMG 2) im Mittelmeer.

Blick auf den Mast über der Brücke der »Mecklenburg-Vorpommern«, an dessen Ende sich die SMART-S-Antenne und das FL 1800 S EloKa-System direkt unterhalb der Radarantenne befindet (Foto: Verfasser).

Weiterhin nehmen sie regelmäßig eine zentrale Rolle während der BALTOPS-Ostseemanöver ein. Besondere mediale Aufmerksamkeit erregte die mehrmonatige Einsatzfahrt der Fregatte »Bayern« 2021/22 in den Indopazifik (auch als Indo-Pacific-Deployment bezeichnet) mit Hafenbesuchen in Australien und Ostasien sowie der Teilnahme an internationalen Marinemanövern wie ANNUALEX mit den Seestreitkräften Japans, Australiens, Kanadas und der USA.

Die Schiffe der Brandenburg-Klasse

Kennung	Name	Rufzeichen	Kiellegung	Bauwerft	Stapellauf	Indienststellung
F215	»Brandenburg«	DRAH	11. Februar 1992	Blohm + Voss Hamburg	28. August 1992	14. Oktober 1994
F216	»Schleswig-Holstein«	DRAI	1. Juli 1993	Howaldtswerke Kiel	8. Juni 1994	24. November 1995
F217	»Bayern«	DRAJ	16. Dezember 1993	Nordseewerke Emden	30. Juni 1994	15. Juni 1996
F218	»Mecklenburg-Vorpommern«	DRAK	23. November 1993	Bremer Vulkan	23. Februar 1995	6. Dezember 1996

Die Antenne des LW-08-Radars auf dem Hangar der »Schleswig-Holstein« (Foto: Matthias Klingspohn).

Die 16 Zellen des Mk. 41-VLS-Startsystemes vor der Brücke der »Mecklenburg-Vorpommern«, aus denen Sea Sparrow oder Evolved Sea Sparrow-Flugabwehrraketen verschossen werden (Foto: Verfasser).

Modernisierungsmaßnahmen

Derzeit werden die vier Fregatten der Klasse F123 dem bisher umfangreichsten Modernisierungsprogramm einer deutschen Fregattenklasse bisher unterzogen. Dieses Programm wird als »Sicherstellen der Einsatzverfügbarkeit F123« (SdEV F123) bzw. als Mid-Life Update bezeichnet. Ziel ist es, die Schiffe bis mindestens 2035 einsatzfähig zu halten und ihre Fähigkeiten – insbesondere in der U-Boot-Jagd (ASW) – an aktuelle Bedrohungen anzupassen. Das BAAINBw vergab den zentralen Auftrag im Juli 2021 an Saab (Auftragswert ca. 4,6 Mrd. SEK). Der Vertrag umfasst ein neues Führungs- und Waffeneinsatzsystem Saab 9LV (ersetzt das bisherige System vollständig,), die Radare Sea Giraffe 4A (Weitraumüberwachung, ersetzt LW 08) und Sea Giraffe 1X (Mittel-/Nahbereich, ersetzt SMART-S), die Feuerleitanlage CEROS 200 und die Integration weiterer Systeme. Saab fungiert als Generalunternehmer; die Werftarbeiten laufen über deutsche Partner (u. a. Abeking & Rasmussen, ESG für

Die Fregatte »Bayern« (F217) aufgenommen im November 2021 während des medial vielbeachteten Indo-Pacific-Deployments in der Philippinensee (Foto: US Navy/Juahn Gaskins).

Logistik). Geplant ist die Einrüstung moderner Schleppsonare (Berichten zufolge von einer kanadischen Elbit-Tochter). Die Fregatten sollen auch nach der Modernisierung primär für die U-Jagd eingesetzt werden. Es wird eine hohe Systemgleichheit mit den zukünftigen F128-Fregatten (MEKO A-200 DEU, siehe Kapitel 2.6.) angestrebt. Aus Platzgründen können die Fregatten der Klasse 123 den zukünftigen Standardhelikopter der Deutschen Marine – den NH90 Sea Tiger – nicht tragen. Es sollen daher vermehrt unbemannte Drohnen vom Flugdeck der modernisierten Schiffe eingesetzt werden. Im Zuge der Modernisierungen sollen auch die Lenkflugkörper auf den neuesten Stand gebracht werden. Die Modernisierung soll die operative Verfügbarkeit der Klasse bis zum Zulauf neuer Fregatten sicherstellen und die Kampfkraft (Lagebild, Sensorfusion, Waffeneinsatz, Cyber-Resilienz) deutlich steigern. Das Programm ist teuer und komplex. Rund 1,2 Milliarden Euro wurden 2024 vom Bundestag für das »Sicherstellen der Einsatzverfügbarkeit F123«offiziell genehmigt; interne Schätzungen der Bundeswehr liegen deutlich höher bei etwa 5,5 Milliarden Euro. Die Modernisierung leidet zudem unter den üblichen Verzögerungen bei großen Marineprojekten, gilt aber als notwendig, um die Flottenstärke in der Übergangszeit zu halten. Kritiker der Modernisierungsmaßnahmen argumentieren, dass für diesen finanziellen und zeitlichen Aufwand gleich neue Fregatten gebaut werden könnten. Gemäß den derzeitigen Planungen (Stand August 2026) soll die erste modernisierte Einheit ab 2029 ausgeliefert werden. Die Fregatten »Schleswig-Holstein« und »Mecklenburg-Vorpommern« werden im Unterauftrag von

So sollen die vollständig von SAAB modernisierten Fregatten der Brandenburg-Klasse nach der erneuten Auslieferung an die Deutsche Marine ab 2029 aussehen. Auffällig ist der neue, geschlossene Mast (Grafik: Saab).

Abeking & Rasmussen auf der Emder Werft und Dock GmbH in Emden modernisiert, die »Bayern« auf der Neuen Jadewerft in Wilhelmshaven (gehört zu Rheinmetall). Gemäß verschiedener Medienberichte wurde die Modernisierung der »Brandenburg« gestoppt. Die Umrüstung dieses vierten Schiffes wurde vorerst ausgesetzt. Der Haushaltsausschuss des Deutschen Bundestages hat eine Überprüfung angeordnet.

Fazit

Die nächsten Jahre werden zeigen, ob die derzeit laufende, beispiellos aufwendige Modernisierung der Brandenburg-Klasse ohne weitere signifikante Verzögerung gelingt und ob die oft als Arbeitspferde der Deutschen Marine bezeichneten Schiffe dann ab 2029 mit den parallel zulaufenden Neubauten der Klasse MEKO A-200 DEU tatsächlich auf einer Höhe sind. Zu diesem Zeitpunkt werden die Schiffe bereits seit dreieinhalb Jahrzehnten im Dienst der Deutschen Marine stehen!

Technische Daten Brandenburg-Klasse (Klasse F123)	
Abmessungen	138,9 Meter Länge, 16,7 Meter Breite, 6,8 Meter Tiefgang
Verdrängung	5.400 Tonnen
Antrieb	1× CODOG (Combined Diesel or Gas)-System aus 2× General Electric LM 2500-Gasturbinen sowie 2× MTU20V 956 TB92 Diesel auf 2× Schiffswellen mit je 1× Fünfblatt-Verstellpropeller wirkend
Leistung	38.000 kW (51.666 PS, Gasturbinen)
Höchstgeschwindigkeit	29+ Knoten
Bewaffnung	1× 76/62 OTO Melara-76-mm-Schiffsgeschütz, 16× Zellen Lockheed Martin Mk 41 Vertical Launching System mit RIM-7 Sea Sparrow-Flugabwehrraketen oder (ab 2014) RIM-162 Evolved Sea Sparrow Missile (ESSM)-Flugabwehrraketen, 4× Exocet MM 38-Seezielflugkörper oder (ab 2014) Harpoon-Seezielflugkörper, 2× Nahbereichsverteidigungssysteme RIM-116 Rolling Airframe Missile, 2× 2 Mark 32-Leichtgewichtstorpedowerfer, 2× Marine-Leicht-Geschütz MLG 27
Sensoren	1× Passiv phasengesteuertes Radar SMART-S von Thales Naval Nederland, 1× Zielbeleuchtungsradar STIR 180, 1× LW 08 2D-Weitbereichs-Luftraumaufklärungsradar von Thales, 1× Bugsonar DSQS-23BZ von Atlas Elektronik, 1× Führungs- und Waffeneinsatzsystem SATIR F123, ab 2010 1× Führungs- und Waffeneinsatzsystem SABRINA 21, 1× FL 1800 S EloKa-System
Sensoren nach Modernisierung (Auslieferung ab 2029)	1× Führungs- und Waffeneinsatzsystem Saab 9LV (ersetzt das bisherige System vollständig,), 1×Radar Sea Giraffe 4A (Weitraumüberwachung, ersetzt LW 08), 1× Radar Sea Giraffe 1X (Mittel-/Nahbereich, ersetzt SMART-S), 1× Feuerleitanlage CEROS 200, 1× Schleppsonar
Luftfahrzeuge	2× Westland Sea Lynx Mk. 88A zur U-Boot-Jagd sowie Transport und SAR-Aufgaben

2.3 Fregatten der Sachsen-Klasse (Klasse F124)

Die Fregatte »Hamburg« (F220) im März 2013 als Teil der Flugzeugträgerkampfgruppe um die USS »Dwight D. Eisenhower« (CVN-69) im Mittelmeer (Foto: US Navy/MC Andrew Schneider).

Zwischen 2003 und 2006 stellte die Deutsche Marine mit den drei Fregatten der Sachsen-Klasse ihre bis dahin kampfstärksten und in Bezug auf die Sensorausstattung komplexesten Schiffe in Dienst.

Die Grundlagen der Schiffe gehen dabei zurück bis in die 1980er Jahre und die Entwicklung lief parallel zu ähnlich ausgelegten europäischen Flugabwehrschiffen. Insbesondere mit den niederländischen Fregatten der De Zeven Provincien-Klasse gibt es viele Gemeinsamkeiten.

Rahmenbedingungen

Aufgrund stetig steigender Entwicklungs-, Produktions- und Unterhaltskosten hatten sich damals Großbritannien, Westdeutschland, die Niederlande, Frankreich, Italien, Spanien, Kanada und die USA bei der Entwicklung eines neuen Fregattentyps mit U-Jagd-Fokussierung zusammengeschlossen. Das Projekt trug den Namen NFR-90 (NATO Frigate Replacement for the 1990s) und sah einen Schiffsentwurf mit rund 5.000 Tonnen Verdrängung vor, von dem mindestens 50 Einheiten gebaut werden sollten. Da bei diesem Projekt unterschiedliche nationale Interessen aufeinanderprallten und vor allem in Be-

Das 76-mm-Bordgeschütz von Oto Melara auf dem Vorschiff der »Hamburg«, dahinter einer der beiden RAM-Werfer zur Nahbereichsverteidigung (Foto: Matthias Klingspohn).

zug auf das Luftabwehrsystem Uneinigkeit herrschte, lief die Entwicklung des Schiffes nur sehr schleppend. Im Jahr 1990 kam es deshalb zur Auflösung des NFR-90-Projektes. Zu diesem Zeitpunkt hatte sich der Fokus des Projektes bereits auf die Verbandsflugabwehr verschoben. Die USA konzentrierten sich daraufhin vollkommen auf die Entwicklung der Zerstörer der Arleigh Burke-Klasse (der ein weit größeres Schiff ist als die projektierte NFR-90-Fregatte) und es bildeten sich zwei europäische Arbeitsgruppen zur Entwicklung von Flugabwehrschiffen. Großbritannien, Frankreich und Italien zählten zu den Ländern, die ein rein europäisches Flugabwehrsystem favorisierten, welches nicht auf US-Technik aufbaute. Die britisch-, französisch- und italienische Arbeitsgruppe brachte nach vielen Verzögerungen die Zerstörer der Horizon-Klasse (Frankreich, Italien) und der Daring-Klasse (Großbritannien) hervor. Die Niederlande, Spanien und Deutschland taten sich 1992 zur Trilateral Frigate Corporation zusammen, aus der letztendlich die deutsche Sachsen-Klasse (Klasse F124), die spanische Alvaro de Bazan-sowie die niederländische De Zeven Provinciën-Klasse hervorging. Alle drei Schiffsentwürfe weisen in Bezug auf Sensoren und Waffensysteme einen hohen Anteil US-Technik auf. Spanien ging sogar noch einen Schritt weiter, denn man orientierte sich bei der Alvaro de Bazan-Klasse auch beim Schiffsentwurf und in Bezug auf die Verwendung des amerikanischen SPY-1-Radars deutlich an der amerikanischen Arleigh Burke-Klasse. Die deutsche Sachsen- und die niederländische De Zeven Provinciën-Klasse hingegen nutzen bei aller eingebauten US-Technik jedoch jeweils einen nationalen Schiffsentwurf sowie europäische Radarsysteme zur Flugabwehr.

Deutsch-niederländische Kooperation

Bei der deutschen Sachsen-Klasse handelt es sich um eine auf die Flugabwehr hin ausgerichtete Weiterentwicklung der Mitte der 1990er Jahre gebauten Brandenburg-Klasse, die die drei Flugabwehrzerstörer der Lütjens-Klasse (Typ amerikanische Charles F. Adams-Klasse) aus den 1960er Jahren ersetzen sollte. Die Niederlande suchten hingegen Ersatz für vier Fregatten der Tromp-Klasse und zwei Schiffe der Jacob van Heemskerck-Klasse. Sowohl die zu ersetzenden deutschen wie auch die niederländischen Schiffe nutzten als Hauptbewaffnung die inzwischen völlig veralteten SM-1-Flugabwehrraketen in Verbindung mit dem langsamen und wartungsintensiven Mk 13-Einzelarm-Starter (der im Vergleich zu den VLS-Startern mit »Feldern« von Abschusszellen nicht mehr zeitgemäß war). Bei der gemeinsamen Entwicklung der Mehrzweckfregatten der niederländischen Kortenaer- und der deutschen Bremen-Klasse in den 1970er Jahren hatten die niederländische und die deutsche Marine mit der Zusammenarbeit hervorragende Erfahrungen gesammelt. Die beiden Partner einigten sich auf ein gemeinsames Führungs- und Waffeneinsatzsystem (Combat Management System) und ein noch in der Entwicklung befindliches Sensorenpaket des niederländischen Unternehmens Hollandse Signaalapparaten B.V. (heute als Thales Nederland firmierend). Beide Länder wählten für den Antrieb eine Kombination aus Gasturbinen und Dieselmaschinen aus. Die Entwürfe der deutschen Sachsen- und der niederländischen De Zeven Provinciën-Klasse sind ähnlich, aber nicht gleich.

Das aus 32 Zellen bestehende VLS-Startsystem vor der Brücke der »Hamburg«. Aus ihm werden SM-2- und ESSM-Flugabwehrraketen verschossen (Foto: Matthias Klingspohn).

Der vordere Mast mit den vier quadratischen APAR-Radarantennen an der Spitze (Foto: Matthias Klingspohn).

Der hintere Mast mit dem SMART L-Multimissionsradar (Foto: Matthias Klingspohn).

Pro Schiffsseite ist eine Revolverkanone vom Typ MLG-27 hinter der Brücke aufgestellt (Foto: Matthias Klingspohn).

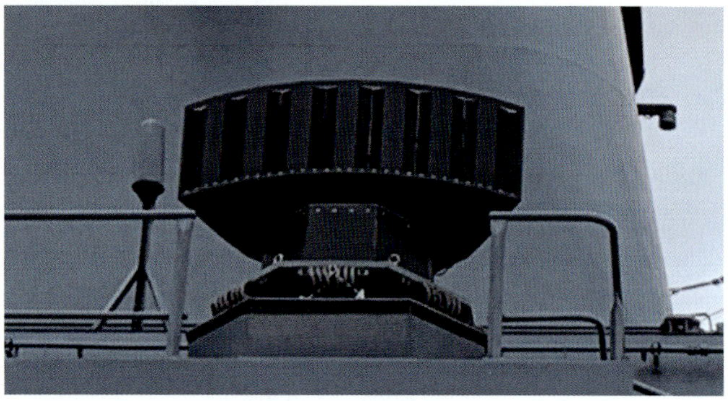

Der MASS-Täuschkörperwerfer dient zur Abwehr anfliegender Seezielflugkörper (Foto: Matthias Klingspohn).

Die deutschen Schiffe

Die Sachsen-Klasse basiert wie bereits erwähnt auf der Brandenburg-Klasse (Klasse F123). Die Länge beträgt 143 Meter bei einer Breite von 17,44 Metern und einem Tiefgang von 5 Metern. Den Sonardom mitgerechnet kommt die Schiffsklasse auf 7 Meter Tiefgang. Die Verdrängung beträgt vollausgerüstet 5.780 Tonnen. Gebaut wurden die Schiffe nach MEKO-Standard mit sieben wasserdichten Abteilungen, was der inneren Aufteilung der Klasse F123 entspricht. Dadurch sollten Kosten gesenkt und die Wartung vereinheitlicht werden. Im Schiffsdesign wurden zusätzliche Reserven von 270 Tonnen eingeplant, um zu einem späteren Zeitpunkt weitere Ausrüstung oder neue Waffensysteme integrieren zu können, ohne die Stabilität zu gefährden. Die Fregatten der Sachsen-Klasse sind mit zwei unabhängigen Wellenanlagen ausgestattet, an deren Ende sich je ein Fünfblatt-Verstellpropeller befindet. Die Dieselmotoren des Typs MTU 20V 1163 TB93 mit je 7,4 MW Leistung sind in schalldichten Kabinen gelagert. Ein einzelnes Ruder, das mit einem »Rudder Roll-System« ausgestattet ist, ermöglicht dem Schiff einen Drehradius von 570 Metern. Eine GM LM2500-Gasturbine mit 23,5 MW Leistung ergänzt die beiden Antriebsmotoren. Der Antrieb ist als CODAG (Combined Diesel and Gas)-System ausgelegt, bei dem die Dieselmaschinen und die Gasturbine zusammen auf die Schiffswellen geschaltet werden. Erreicht wird mit der gesamten Leistung von Dieselmotoren und Gasturbine eine Höchstgeschwindigkeit von 29 Knoten. Nur mit Dieselmotoren erreicht das Schiff 18 Knoten bei einer Reichweite von 7.400 Kilometern. Vier Dieselgeneratoren mit einer Gesamtleistung von 1 MW versorgen die elektrischen Anlagen an Bord mit 400 und 115 Volt. Laut Medienberichten liegen die Fregatten bis zu einem Wellengang von Sea State 5 (Seegangsstufe 5 mit Wellenhöhen bis durchschnittlich 4 Meter) beispiellos stabil im Wasser. Wie auch die vorangegangene Brandenburg-Klasse wurde die Sachsen-Klasse zur Unterstützung der deutschen Schiffbauindustrie auf drei verschiedenen Werften gefertigt: die »Sachsen« (F219) von 1999 bis 2002 bei Blohm + Voss in Hamburg, die »Hamburg« (F220) von 2000 bis 2004 bei der Howaldtswerke-Deutsche Werft (HDW) in Kiel und die »Hessen« (F221) von 2001 bis 2005 bei den Nordseewerken in Emden. Die Anschaffungskosten pro Schiff betrugen 700 Millionen Euro. Die Option auf eine vierte Einheit der Sachsen-Klasse, die den vorläufigen Namen »Thüringen« (vorläufige Kennung F222) trug, wurde aus Budgetgründen von der Deutschen Marine nicht wahrgenommen. Die Fregatten der Sachsen-Klasse sind im 2. Fregattengeschwader als Teil der Einsatzflotille 2 der Deutschen Marine in Wilhelmshaven stationiert.

Waffensysteme

Als 76-mm-Schiffsgeschütz fungiert das OTO Melara Typ 76/62 Compact. Es erreicht eine Kadenz von 100 Schuss in der Minute. Bei einer Mündungsgeschwindigkeit von 925 Metern pro

Sekunde können die Geschosse eine Reichweite von bis zu 16 Kilometern erzielen. Die VLS-Senkrechtstartanlage vor der Brücke aus dem Hause Lockheed Martin vom Typ Mark41 besteht aus 32 Zellen. In ihr sind Rakten vom Typ SM-2 Block IIA und ESSM gelagert. Im Zuge von Fähigkeitserweiterungen ist die potenzielle Verwendung von SM-3 Flugkörpern geprüft worden. Die SM-3 sind in der Lage, Ziele außerhalb der Atmosphäre zu bekämpfen. Nach dem derzeitigen Stand (August 2026) werden jedoch keine SM-3 auf den Fregatten der Sachsen-Klasse nachgerüstet (sie kommen möglicherweise bei den zukünftigen Fregatten der Klasse F127 zum Einsatz). Zwischen dem APAR-Mast und der Replenishment at Sea (RAS)-Seeversorgungsanlage befinden sich acht Starter der RGM-84 Harpoon-Seezielflugkörper, die selbständig navigieren. Kurz vor dem Ziel aktiviert sich das bordeigene Radar. Der Gefechtskopf wird schließlich zeitverzögert im Inneren des Ziels zur Explosion gebracht. Die Reichweite des Flugkörpers wird mit mehr als 140 Kilometern angegeben. Mittschiffs, ein Deck unter der Harpoon-Anlage, befinden sich je Seite ein Drillingssatz Torpedorohre vom Typ MK 32, aus denen Torpedos vom Typ MU90 gestartet werden. Dieser Torpedotyp kann sowohl aus dem Starter verschossen, als auch vom Bordhelikopter der Fregatte abgeworfen werden. Der Torpedo kann Geschwindigkeiten von bis zu 50 Knoten erreichen und funktioniert in Tiefen bis zu 1.000 Metern. Der bordeigene Sucher arbeitet ähnlich wie ein Scanned Array-System. Der Gefechtskopf wiegt 32 kg. Der Torpedomotor wird über eine mit Seewasser aktivierten Batterie gespeist. Über die Bordelektronik wird die benötigte Leistung angepasst. Auf dem Vorschiff und dem Hangar der Sachsen-Klasse befindet sich jeweils eine RAM-Startanlage zur Nahbereichsverteidigung. Aus der Anlage werden Flugkörper vom Typ RIM-116 gestartet, die auf der Luft-Luft-Rakete AIM-9 Sidewinder basieren und mit einem Stinger-Sucher ausgestattet sind. Hinter den Brückennocken ist je Seite eine Revolverkanone vom Typ Marineleichtgeschütz (MLG)-27 installiert. Vier MASS-Wurfanlagen für Täuschkörper sind als Ersatz für die zu Beginn der Einsatzzeit genutzten Mk 36 SRBOC-Anlagen an Bord. Auf dem Achterschiff befindet sich das Helikopterlandedeck mit Doppelhangar für zwei Hubschrauber vom Typ Westland Mk88A Sea Lynx. Die Hubschrauber-Verfahranlage transportiert die Helikopter vom Flugdeck in den Hangar und in umgekehrte Richtung.

Sensoren

Die Sensorausstattung an Bord der Sachsen-Klasse ist die umfangreichste der deutschen Marinegeschichte. Das wichtigste Element ist das Führungs- und Waffeneinsatzsystem CDS (Combat Direction System), welches 17 Rechner über einen redundanten ATM-Bus miteinander verbindet. Das System fungiert als Gegenstück zum amerikanischen AEGIS-System, das auf Zerstörern der US Navy, aber auch auf japanischen, süd-

Einer der beiden Dreifach-Torpedowerfer vom Typ Mk 32 auf der »Hamburg« (Foto: Matthias Klingspohn).

Blick in den Backbordhangar des Doppelhangars der »Hamburg«. Unten im Bild erkennbar die Hubschrauberverfahranlage, mit der ein Helikopter in und aus dem Hangar transportiert werden kann (Foto: Matthias Klingspohn).

Einer von zwei Vierfach-Startern zum Abschuss von Harpoon-Seezielflugkörpern auf der »Hamburg« (Foto: Clemens Vasters, CC BY 2.0).

koreanischen und spanischen Schiffen weit verbreitet ist. Das CDS führt alle Sensoren und Aktoren zu einem Netzwerk zusammen, mit dem bis zu 1.000 Ziele gleichzeitig verfolgt werden können. Das Radar-System APAR mit seinen charakteristischen vier quadratischen Radarflächen auf dem Mast über der Brücke, ist in der Lage, sogar Flugkörper mit Stealth-Eigenschaften zu bekämpfen. Es verfügt über eine Reichweite von 150 Kilometern und kann bis zu 250 Ziele gleichzeitig verfolgen. Im Endanflug der eigenen Flugkörper wirkt es als Zielbeleuchter. Es sind keine separaten Zielbeleuchter nötig, wie sie auf US-Schiffen vorhanden sind. Mit den vier Radarflächen können jeweils bis zu vier Flugkörper geführt werden. Das 76-mm-Schiffsgeschütz wird ebenfalls über dieses System geleitet. Das Standard ELOKA System der Deutschen Marine, das FL1800 S, ist an der oberen Kante des APAR-Mastes montiert. Es arbeitet im Bereich 0,5 bis 18 GHz. Zur Störung von feindlichen Radaren wird der Frequenzbereich von 7,5 bis 18 GHz abgedeckt. Das 1800 S besitzt außerdem Fähigkeiten zur gepulsten Rauschstörung und verfügt über die Möglichkeit der Entfernungsabschätzung. Das SMART L-Weitbereichsradar verfügt über eine Reichweite von 400 Kilometern, ist über dem Hangar angebracht und funktioniert als rotierende Phased-Array Antenne. Das Radar aus dem Hause Thales, vormals Signaal, kann sogar Flugzeuge mit Tarnkappentechnologie erfassen. Ein Nachteil dieser hohen Genauigkeit ist, dass es sogar Vögel auf große Entfernung erfasst. Das auf dem D-Band bei 1 bis 2 GHz arbeitende Radar generiert eine Leistung von 4 kW, die durch Leistungsverstärker auf 100 kW gepulst verstärkt wird. Das Bugsonar DSQS-24B von Atlas Elektronik funktioniert ähnlich wie ein Phased Array-System. Es kann virtuelle Signalkeulen bilden und individuell geschwenkt werden, wodurch die Roll- und Stampfbewegungen der Fregatte kompensiert werden können. Es nutzt die Frequenzbereiche von 2 bis 11 kHz im passiven Modus und von 6 bis 9 kHz im aktiven Betrieb.

Einsatzgeschichte

Da die Hauptaufgabe der Sachsen-Klasse die Verbandsflugabwehr ist, wurde die »Hessen« im Jahr 2010 versuchsweise bei der Flugzeugträgerkampfgruppe der USS »Harry S. Truman« (CVN-75) eingesetzt. Im Jahr 2013 war die »Hamburg« Bestandteil der Dwight D. Eisenhower-Flugzeugträgerkampfgruppe und mit der Flugabwehr betraut. Die deutsche Fregatte war das erste ausländische, vollständig in eine amerikanische Trägergruppe integrierte Flugabwehrschiff. Seitdem sind die drei Fregatten der Sachsen-Klasse regelmäßig als Teil amerikanischer Flugzeugträgerkampfgruppen im Einsatz. Im Juni 2018 befanden sich die Fregatte »Sachsen« und die Fregatte »Lübeck« (F214, mittlerweile ausgemusterte Klasse F122)

Blick auf die Brücke der »Hessen« (F221) beim Hafenbesuch im Juli 2012 in Boston (Foto: US Navy/ Mark O'Donald).

Abschuss einer SM2-Rakte aus dem Mk 41 VLS der »Sachsen« im August 2004 (Foto: ©Bundeswehr/Plankenhorn/FLICKR-Fotos, CC BY 2.0).

Blick in die Operationszentrale – kurz OPZ oder auch CIC (Combat Information Center) – der Fregatte »Hamburg«. Sicherheitsrelevante Informationen wurden unkenntlich gemacht (Foto: Allied Joint Force Command Brunssum).

gemeinsam in der Nähe des Polarkreises im Manöver, wo die »Sachsen« einen Lenkflugkörper SM-2 Block IIIA startete. Dieser explodierte allerdings schon in direkter Nähe des Schiffes und verbrannte die Farbe der Brücke und die VLS-Zelle. An Bord kam niemand zu Schaden, allerdings musste das bestehende VLS-System durch ein in den USA nachbestelltes ersetzt werden. Im August 2022 erfolgte von der »Sachsen« aus der erste Einsatz einer Hochenergie Laseranlage im Seegebiet

Die Schiffe der Sachsen-Klasse								
Kennung	**Name**	**Rufzeichen**	**Bauwerft**	**Kiellegung**	**Stapellauf**	**Ablieferung**	**Indienststellung**	**Heimathafen**
F219	»Sachsen«	DRAA	Blohm + Voss, Hamburg	01. Februar 1999	20. Januar 2001	29. November 2002	31. Dezember 2003	Wilhelmshaven
F220	»Hamburg«	DRAB	HDW, Kiel	01. September 2000	16. August 2002	September 2004	13. Dezember 2004	Wilhelmshaven
F221	»Hessen«	DRAC	Nordseewerke, Emden	14. September 2001	26. Juli 2003	07. Dezember 2005	21. April 2006	Wilhelmshaven

Die »Hessen« wird im November 2009 vor der US-Ostküste vom Flugzeugträger USS »Dwight D. Eisenhower« (CVN-69) mit Treibstoff versorgt (Foto: US Navy/MC2 Gina K. Wollman).

vor Putlos (einem Truppenübungsplatz in Schleswig-Holstein). Dabei konnten anfliegende Drohnen im Nah- und Nächstbereich erfolgreich bekämpft werden.

Probleme

Beim Einsatz der Fregatte »Hessen« (F221) im Roten Meer im Rahmen der EU-Mission Aspides (Februar bis April 2024) gab es technische und logistische Probleme, die medial und öffentlich stark diskutiert wurden. Am 24./25. Februar 2024 (kurz nach Ankunft des Schiffes im Einsatzgebiet) erfasste die »Hessen« ein unidentifiziertes unbemanntes Flugobjekt (UAV) ohne IFF-Transponder-Signal. Nach erfolglosen Identifizierungsversuchen und in Abstimmung mit Verbündeten feuerte sie zwei SM-2-Flugabwehrraketen ab. Beide Flugkörper verfehlten das Ziel aufgrund eines technischen Fehlers an einer Radaranlage. Später stellte sich heraus, dass es sich bei dem abzufangenden Flugobjekt um eine US-amerikanische MQ-9 Reaper-Drohne handelte. Kurz darauf (26./27. Februar 2024) versagte eine ESSM-Flugabwehrrakete gegen eine Huthi-Drohne. Diese wurde dann mit dem 76-mm-Geschütz abgeschossen. Eine zweite Drohne wurde erfolgreich mit dem RAM-System bekämpft. Später gelangen weitere Abschüsse (u.a. eine Überwasserdrohne per Bordhubschrauber und ein anfliegender Flugkörper am 06. April 2024). Insgesamt eskortierte die »Hessen« 27 Handelsschiffe und wehrte mehrere Angriffe ab. Zusätzlich wurden Probleme bei Munition und Ausrüstung öffentlich. So fuhr die Fregatte voll aufmunitioniert aus, aber der Nachschub war sehr begrenzt: Für manche Flugkörperarten gab es kaum oder keinen Ersatz aus deutschen Beständen, und industrielle Kapazitäten fehlten teilweise. Experten und Marinevertreter warnten vor der Durchhaltefähigkeit – bei hohem Verbrauch wäre der Einsatz schnell beendet gewesen. Militärisch war der Einsatz insgesamt ein Erfolg (mehrere erfolgreiche Abwehrmaßnahmen, Schutz von Handelsschiffen, Auszeichnung der Besatzung), politisch und medial aber ein Problemfall, der Mängel bei der Ausstattung der Marine offenlegte.

Modernisierung

Die Fregatten der Sachsen-Klasse werden nicht mehr umfassend modernisiert (das große Projekt »Obsoleszenzbeseitigung und Fähigkeitserweiterung Luftverteidigung F124« / ObsWuF LV F124 wurde 2024/2025 weitgehend gestoppt). Stattdessen verfolgt die Marine einen pragmatischen Ansatz: gezielte, punktuelle Ertüchtigungen während regulärer Werftliegezeiten, um die Verfügbarkeit der Schiffe bis zu ihrer Ablösung (voraussichtlich Mitte der 2030er-Jahre durch die zukünftigen Fregatten der Klasse F127) möglichst hochzuhalten. Zu den wichtigsten Modernisierungsmaßnahmen zählt der Ersatz der Anlagen zur Elektronischen Kampfführung (EloKA). Das bisher genutzte System FL 1800 S (bereits über 40 Jahre alt) wird durch moderne Anlagen der KORA-Familie (von Rohde & Schwarz, speziell KORA 40) ersetzt. Diese erfassen, identifizieren und analysieren Radar- und Kommunikationssignale und umfassen auch elektronische Gegenmaßnahmen (inkl. Radar-Störer). Die Umrüstung der drei Schiffe soll bis ca. 2030 abgeschlossen sein. Parallel werden Landanlagen für Ausbildung und Tests beschafft. Weiterhin war ursprünglich der Ersatz des SMART-L-Radars durch das moderne Weitbereichsradar TRS-4D/LR ROT mit AESA-Technologie von Hensoldt geplant – mit verbesserter Reichweite und Fähigkeit zur Detektion Ballistischer Flugkörper. Ein System wurde bereits an die

Marinetechnikschule in Parow geliefert. Die Integration in das bestehende Führungs- und Waffeneinsatzsystem gilt jedoch als komplex und risikoreich, weshalb die Einrüstung ausgesetzt wurde. Im Rahmen der Modernisierungen sollen auch die bisherigen Westland Sea Lynx Mk88A Helikopter durch den größeren und schwereren Airbus NH90 Sea Tiger ersetzt werden. Dafür werden Flugdeck und Hangar auf den Schiffen baulich angepasst. Der Auftrag wurde an die Firma Turbo-Technik in Wilhelmshaven (ein seit 1967 existierendes Schifffahrtsdienstleistungsunternehmen) vergeben. Der Umbauzeitraum für alle drei Schiffe ist für 2025 bis 2030 angesetzt. Zusätzlich erhielten alle drei Fregatten bei August 2026 ein externes Gateway um den modernen NATO-Datenlink 22 nutzen zu können, ohne dabei tief in das Führungs- und Waffeneinsatzsystem eingreifen zu müssen. Weiterhin wurden und werden die Flugabwehrflugkörper ESSM auf den Standard Block 2 und die Nahbereichsverteidigungsanlage RAM auf den Standard Block 2B gebracht sowie weitere kleinere Software- und Hardwareanpassungen vorgenommen.

Die »Sachsen« im Mai 2021 bei einer Überführung im Nord-Ostsee-Kanal (Foto: Thomas Nägele †).

Fazit

Die Maßnahmen sollen die Einsatzfähigkeit erhalten und verbessern, ohne die Schiffe jahrelang außer Dienst zu stellen. Trotz dieser Upgrades bestehen weiterhin Lücken gegenüber neueren Bedrohungen (z. B. Drohnen, Hyperschall- oder Ballistische Flugkörper). Die F124 bleiben bis zu ihrer Ablösung die einzigen spezialisierten Flugabwehrschiffe der Deutschen Marine. Die zukünftigen Fregatten der Klasse F127 sollen in den 2030 Jahren die Schiffe der Sachsen-Klasse ersetzen und dann auch in der Lage sein Ballistische Raketen und Hyperschallflugkörper zu bekämpfen.

Technische Daten Sachsen-Klasse	
Abmessungen	143 Meter Länge, 17,44 Meter Breite, 5 Meter Tiefgang / 7 Meter inkl. Sonar
Verdrängung	5.780 Tonnen (voll beladen)
Antrieb	1× CODAG (Combined Diesel and Gas)-System bestehend aus 1× GM LM2500-Gasturbine mit 23,5 MW Leistung und 2× MTU 20V 1163 TB93 Dieselmaschinen mit je 7,4 MW Leistung auf 2× Schiffswellen mit je 1× Fünfblatt-Verstellpropeller wirkend
Die Höchstgeschwindigkeit	29+ Knoten
Reichweite	7.400 Kilometer bei Marschfahrt von 18 Knoten
Besatzung	255 Personen
Bewaffnung	SM-2- und Evolved Sea Sparrow (ESSM)-Flugabwehrraketen in 1× Mk-41-VLS mit 32× Startzellen, 1× OTO Melara 76/62 Compact 76-mm-Schiffsgeschütz, 8× RGM-84 Harpoon-Antischiffsflugkörper, 2× RIM-116 Rolling Airframe Missile (RAM)-Nahbereichsverteidigungssysteme, 2× Marineleichtgeschütze MLG-27, 2× Dreifach-Torpedorohre Mk 32 mit MU90-Leichtgewichtstorpedos, 4× MASS-Wurfanlagen für Täuschkörper
Sensoren	1× 3D-Radar SMART-L, 1× Active Electronically Scanned Array (AESA)-Radar APAR, 1× Führungs- und Waffeneinsatzsystem CDS (Combat Direction System), 1× EloKA-System FL1800S, 1× EloKA-System KORA 40 (nach Modernisierung), 1× Bugsonar DSQS-24B von Atlas Elektronik
Luftfahrzeuge	2 Westland Mk.88 Sea Lynx-Helikopter, 2× Airbus NH-90 Sea Tiger (nach Modernisierung)

2.4 Fregatten der Baden-Württemberg-Klasse (Klasse F125)

Die »Baden-Württemberg« (F222) im Juli 2024 während des internationalen RIMPAC-Manövers vor Hawaii (Foto: US Navy/Petty Officer 1st Class John Bellino).

Zum Zeitpunkt der Kiellegung im November 2011 wurde die Fregatte »Baden-Württemberg« (F-222) – das Typschiff einer vollkommen neuartigen Marineschiffklasse – von der Presse als »Super-Patrouillenboot« bezeichnet.

Aufgrund eines Mehrbesatzungskonzeptes sollten die zukünftige »Baden-Württemberg« und ihre drei Schwesterschiffe lange im Einsatzgebiet verweilen können, ohne eine Werft zur Wartung ansteuern zu müssen. Bei der Planung der neuen Schiffsklasse war eine mögliche Einsatzdauer von bis zu zwei Jahren die Vorgabe. Im Rahmen solcher Einsätze lagen die Missionsschwerpunkte auf Aufklärung und Nachrichtengewinnung, der Kontrolle des Schiffsverkehrs und der Embargoüberwachung – im Marinejargon als Stabilisierungsaufgaben bezeichnet. Eine weitere Aufgabe ist die taktische Führung von Einsatzkräften vor Ort.

Die Schiffe

Zwischen 2019 und 2021 wurden die »Baden-Württemberg« (F222), die »Nordrhein-Westfalen« (F223), die »Sachsen-Anhalt« (F224) und die »Rheinland-Pfalz« (F225) an die Deutsche Marine geliefert. Die vier Einheiten wurden von der Arbeitsgemeinschaft ARGE F125 gebaut, einem Joint Venture von ThyssenKrupp Marine Systems (TKMS) und Lürssen. Die Bugsektionen (vordere Teile, inklusive Vorausrüstung) fertigte die Lürssen-Gruppe an ihren Werften in Bremen (für F222 und F223) und Wolgast (Peene-Werft für F224 und F225), während die Hecksektionen bei Blohm + Voss in Hamburg gebaut wurden. Diese Aufteilung ergab sich nach der Übernahme der Peene-Werft durch Lürssen im Jahr 2013, als zwei Vorschiffe komplett von Bremen nach Wolgast verlagert wurden. Alle Bugsektionen wurden vorausgerüstet und anschließend bei Blohm + Voss in Hamburg mit den Hecksektionen zusammengefügt. Ausrüstung und See-Erprobungen erfolgten ebenfalls bei Blohm + Voss in Hamburg unter Führung von TKMS. Mit 149,4 Metern Länge, 18,8 Metern Breite, bis zu 5 Metern Tiefgang und einer Verdrängung von 7.200 Tonnen ist die Baden-Württemberg-Klasse weltweit die größte Fregatte und das größte Kampfschiff der Deutschen Marine. Angetrieben werden die Einheiten von zwei Elektromotoren von je 4.500 kW, die auf je einen Propeller wirken. Vier MTU-Dieselmotoren 20V 4000 M53B mit je 2.900 kW Leistung werden als Generatoren genutzt und liefern den für das Schiff notwendigen Strom. Eine General Electric LM2500-Gasturbine mit 20 MW Leistung ergänzt den Antrieb. Sie kann zum Erreichen höherer Geschwindigkeiten über ein Getriebe hinzugeschaltet werden. Diese Antriebsart wird als CODLAG (Combined Diesel eLectric And Gasturbine) bezeichnet. Dadurch kann die Fregatte eine Geschwindigkeit von 28 Knoten erreichen. Als Manöverhilfe in Häfen sowie engen Fahrgewässern ist ein Bugstrahlruder mit 1.000 kW Leistung installiert. Alle vier Schiffe gehören zum 4. Fregattengeschwader der Einsatzflottille 2 und sind im Marinestützpunkt Wilhelmshaven (Heppenser Groden) stationiert.

Waffensysteme

Das von Leonardo, ehemals OTO Melara, gefertigte Geschütz, das auf der Baden-Württemberg-Klasse verwendet wird, ist das 127/64 Lightweight. Der Aufbau des Geschützes ist so ausgeführt, dass er das Laden von gerade nicht verwendeten Magazinen ermöglicht, während das Geschütz in Betrieb ist. Dadurch ist auch die Nutzung von verschiedenen Munitionsarten möglich. Wenn Geschosse der Vulcano-Munitionsfamilie genutzt werden, kann die Reichweite von 30 auf 100 Kilometer erhöht werden. Das Geschütz kann sowohl gegen See- und Landziele als auch (eingeschränkt) gegen tieffliegende Luftziele eingesetzt werden. Mittschiffs zwischen den Aufbauten sind zwei Vierfach-Starter für RGM-84 Seezielflugkörper angebracht. Der Harpoon-Flugkörper mit einem Gefechtskopf von 221 kg wird mittels eines Turbojet-Triebwerkes angetrieben. Während der Startphase wird er durch einen Booster zusätzlich beschleunigt. Ein internes Trägheitsnavigationssystem leitet den Seezielflugkörper ins Ziel. Der Gefechtskopf zündet zeitversetzt, um im Inneren des Zieles eine größere Wirkung zu erzielen, als es bei der Verwendung eines Aufschlagzünders möglich wäre. Die Harpoon-Seezielflugkörper sollen in der Zukunft durch Naval Strike Missile-Anti-Schiff-Raketen von Kongsberg ersetzt werden. Zur Nahbereichsverteidigung wird das bewährte RIM-116 Rolling Airframe Missile (RAM)-System mit zwei Einheiten genutzt. Jeweils eine Einheit befindet sich auf dem Vorschiff und dem Helikopterhangar. Die auf der Baden-Württemberg-Klasse verwendete Block-II-Variante besitzt eine größere Agilität und verfügt über eine erhöhte Reichweite von bis zu 13 Kilometern im Vergleich zur Ursprungsversion. Mit dem von Leonardo gelieferten Hitrole steht der Schiffsbesatzung eine fernbedienbare Waffenplattform zur Verfügung. Mit dieser nach außen schwenkenden Plattform, auf der eine 12,7-mm-Maschinenwaffe installiert ist, kann direkt entlang der Bordwand gewirkt werden. Fünf Stationen sind auf den Schiffen der Baden-Württemberg-Klasse vorgesehen – zwei je Seite, eine am Bug. Zusätzlich sind mittschiffs zwei Marineleichtgeschütze MLG27 von Rheinmetall montiert. Erstmals befinden sich auf der Baden-Württemberg-Klasse sogenannte Non Lethal Weapons (nicht tödliche Waffen) in Form von Schall- und Lichtwaffen an Bord. Vier Rheinmetall MASS-Täuschkörperwerfer vervollständigen die Bewaffnungsausrüstung.

Sensoren

Auffälligstes Merkmal am vorderen und hinteren ARPA-Mast, der auch als Aufbauinsel bezeichnet wird, sind die Sensorflächen des Hensold TRS-4D Radars. Dieses im C-Band (NATO G-Band) operierende Array System kann 1.500 Ziele im 3D-Tracking in einer Entfernung von 250 km erfassen. Die Update-Rate liegt dabei bei unter einer Sekunde. Die Navigationsradare von Raytheon arbeiten im S- und X-Band und befinden sich auf dem Steuerhausdach. Je ein weiteres Gerät ist auf der Rückseite der achteren Insel montiert. Das von Gedis hergestellte KORA 18 R-ESM/C-ESM System ist für die elektronische Aufklärung zuständig. Das MSP-600-System von Rheinmetall ist vorn und achtern auf den Inseln vorhanden und wird für die Video- und Infrarot Zielverfolgung verwendet. Von Hensold stammt das Monopulse Secondary Surveillance IFF – das Freund/Feind-Identifikations-Radar. Diehl steuert das SIMONE IRST bei, ein 360°-Infrarot Überwachungssystem, das an den Rumpfseiten

Im Sommer 2020 befand sich die »Baden-Württemberg« zu Nachbesserungen bei der Bauwerft (Foto: Verfasser).

Heckansicht der im Sommer 2021 noch nicht abgelieferten »Rheinland-Pfalz«, die am Kieler Marinestützpunkt festgemacht hat. Als Heimathafen fungiert noch das am Heck sichtbare Hamburg (Foto: Verfasser).

angebracht ist. Als mobiles Taucherdetektionsradar dient das Cerberus von Atlas Elektronik. Es ist das einzige auf den Fregatten der Baden-Württemberg-Klasse vorhandene Sonar.

Probleme

Als die Fregatten der Baden-Württemberg-Klasse Anfang des 21. Jahrhunderts geplant wurden, waren sie auf die Bekämpfung von asymmetrischen Bedrohungen (Piraterie- und Anti-Terror-Einsätze) ausgelegt. Während des Baues in den 2010er Jahren drehte sich die politische Weltlage – u.a. durch die russische Annexion der Krim im Jahr 2014. Im Fokus standen nun wieder vermehrt die Bündnis- und Landesverteidigung bzw. ein Bedrohungsszenario durch die russische Marine und die immer schneller wachsenden chinesischen Seestreitkräfte. Hier stehend die sehr großen, dafür aber vergleichsweise gering bewaffneten Schiffe der Baden-Württemberg-Klasse etwas abseits. Die Abnahme der »Baden-Württemberg« verzögerte sich massiv und führte im Januar 2018 zur erstmaligen Ablehnung eines Schiffes durch das Bundesamt für Ausrüstung, Informationstechnik und Nutzung der Bundeswehr (BAAINBw) in der deutschen Marinegeschichte. Das Schiff wurde an die ARGE F125 zurückgegeben. Zu den gravierendsten Problemen zählte eine anhaltende Krängung (Schlagseite) von ca. 1,3° nach Steuerbord, verursacht durch ungleichmäßige Gewichtsverteilung. Weiterhin war das Schiff schwerer als geplant. Das begrenzte die Leistungsfähigkeit (u. a. die Geschwindigkeit), erhöhte die Betriebskosten und schränkte vor allem die Möglichkeiten für spätere Modernisierungen und Aufrüstungen stark ein, da kaum Gewichtsreserven vorhanden waren. Dazu kamen Probleme mit dem Führungs- und Waffeneinsatzsystem – dem Atlas Naval Combat System. Die meisten Systeme an Bord der »Baden-Württemberg« waren neu und hatten zuvor nie zusammen funktioniert. Dadurch konnten Funktionsnachweise in den Bereichen Waffen und Führungsmittel nicht abgeschlossen werden. Weitere Mängel umfassten Defekte am Radar, Probleme mit dem Wasseraufbereitungssystem, der Lebensmittelkühlung sowie der feuerfesten Beschichtung der Treibstofftanks. Nach Nachbesserungen nahm das BAAINBw das Schiff am 30. April 2019 an; die offizielle Indienststellung erfolgte am 17. Juni 2019 – mehr als zwei Jahre verspätet. Die nachfolgenden Einheiten verzögerten sich dadurch ebenfalls.

Das Mehrbesatzungskonzept

In den ersten Einsatzjahren nutzte die Baden-Württemberg-Klasse ein Mehrbesatzungskonzept mit zwei Besatzungen pro Schiff (bezeichnet als »Alpha«- bis »Hotel«-Besatzung), die zwischen den Schiffen rotierten. Durch dieses Konzept sollte die Verfügbarkeit der Schiffe jederzeit gewährleistet sein. Im September 2024 wurde dieses Verfahren jedoch aufgegeben und seit 2025 verfügt jede Fregatte der Baden-Württemberg-Klasse nur noch über eine Besatzung. Aufgrund der hohen Automation an Bord besteht diese nur noch aus 126 Personen. Zusätzlich können bis zu 50 Soldaten der Spezialkräfte an Bord untergebracht werden. Für diesen Zweck führt die Fregatte vier Festrumpfschlauchboote vom Typ SFB10,1 der Firma Fassmer in eigenen Bootsnischen mit. Bis zu 20 weitere Personen zusätzlich kommen an Bord, wenn die beiden Westland Mk.88A Sea Lynx- (Außerdienststellung noch 2026) oder Airbus NH90-Hubschrauber eingeschifft sind.

Modernisierungen

Die Fregatten der Baden-Württemberg-Klasse sollen in den nächsten Jahren vor allem in der Luftverteidigung deutlich aufgerüstet werden. Der Schwerpunkt liegt auf der Integration des mittelreichweitigen Flugabwehrsystems IRIS-T SLM von Diehl Defence. Dazu erhält jede Fregatte zwei senkrecht stehende Startgeräte mit je 16 Flugkörpern (insgesamt 32 IRIS-T SLM pro Schiff). Die Startbehälter stehen dauerhaft vertikal (ohne die Hydraulik des Landsystems), um Gewicht und Komplexität zu sparen. Unter den Startern wird eine Ablenkplatte montiert, die das Deck vor der Abgaswärme schützt. Die

Die »Sachsen-Anhalt« (F224) im Juni 2026 als Flaggschiff der Kieler Woche im Marinestützpunkt Kiel (Foto: Verfasser).

Reichweite des IRIS-T SLM-Systems beträgt ca. 40 Kilometer, die Einsatzhöhe ca. 20 Kilometer. Damit können Seezielflugkörper, Drohnen, Flugzeuge und Hubschrauber bekämpft werden. Die Einrüstung von IRIS-T SLM schließt die bisherige große Lücke in der mittleren Luftverteidigung. Bereits im Oktober 2025 wurde zu Testzwecken ein Demonstrator erfolgreich von der »Baden-Württemberg« abgefeuert. Ein Prototyp des neuen Starters soll 2027 fertig sein. Die »Baden-Württemberg« soll im Frühjahr 2027 als erstes Schiff die navalisierte Version eingebaut bekommen und weiter erprobt werden. Danach folgen nacheinander die drei Schwesterschiffe. Weiterhin sollen die Fregatten der Baden-Württemberg-Klasse als erste Schiffe der Deutschen Marine das neue Führungs- und Waffeneinsatzsystem (FüWES) CMS 330 von Lockheed Martin Canada erhalten. Nach der IRIS-T-Integration ist für die »Baden-Württemberg« eine längere Midlife-Conversion (umfassende Generalüberholung) geplant. Der technisch-logistische Betreuungsvertrag mit dem Werftkonsortium der ARGE F125 wurde bis März 2029 verlängert, um die Einsatzbereitschaft zu sichern. Zusätzlich sollen die Schiffe eine Befähigung zur Landzielbekämpfung erhalten. So verschoss die Fregatte „Sachsen-Anhalt“ am 01. September 2026 erstmals eine Ballistische Rakete des Typs LORA von Israel Aerospace Industries (IAI) mit bis zu 500 km Reichweite in einem zuvor geheim gehaltenen Test. Eine Beschaffung von LORA-Flugkörpern, die in portablen Startcontainern gelagert werden, gilt als wahrscheinlich.

Technische Daten Baden-Württemberg-Klasse	
Bauwerft	Werftkonsortium ARGE F125 (TKMS und NVL/Lürssen)
Abmessungen	149,4 Meter Länge, 18,8 Meter Breite, 5 Meter Tiefgang
Verdrängung	7.200Tonnen
Antrieb	1× CODLAG (Combined Diesel eLectric And Gasturbine)-System aus 2× Elektromotoren mit je 4.500 kW Leistung, 1× General Electric LM2500 Gasturbine mit 20 MW Leistung auf 2× Schiffswellen mit je 1× Verstellpropeller wirkend, 4× MTU-Dieselmotoren 20V 4000 M53B mit je 2.900 kW Leistung als Generatoren, 1× Bugstrahlruder mit 1.000 kW Leistung
Höchstgeschwindigkeit	28 Knoten
Reichweite	8.000 Seemeilen
Besatzung	126 Personen
Bewaffnung	1× OTO Melara 127/64 Lightweight 127-mm-Schiffsgeschütz, 8× RGM-84 Harpoon Seezielflugkörper, 2× RIM-116 Rolling Airframe Missile (RAM)-Nahbereichsverteidigungssysteme, 5× 12,7-mm-Waffenstationen Hitrole von Leonardo, 2× MLG27 Marineleichtgeschütze von Rheinmetall, 4× MASS Täuschkörperwerfer von Rheinmetall, nicht tödliche Waffen, Naval Strike Missile-Seezielflugkörper von Kongsberg (nach Modernisierung), 32× IRIS-T SLM Flugabwehrraketen (nach Modernisierung)
Sensoren	1× Hensold TRS-4D Radar, 1× Gedis KORA 18 R-ESM/C-ESM System für elektronische Aufklärung, 2× MSP-600-System von Rheinmetall für Video- und Infrarot Zielverfolgung, 1× Hensold Monopulse Secondary Surveillance IFF Freund/Feind-Identifikations-Radar, 1× Diehl SIMONE IRST 360°-Infrarot Überwachungssystem, 1× mobiles Taucherdetektionsradar Cerberus von Atlas Elektronik, 1× Führungs- und Waffeneinsatzsystem Atlas Naval Combat System, 1× Führungs- und Waffeneinsatzsystem CMS330 von Lockheed Martin Canada (nach Modernisierung)
Luftfahrzeuge	2× Westland Mk.88A (Ausmusterung 2026), 2× Airbus NH90

2.5 Zukünftige Fregatten der Klasse MEKO® A-200 DEU

Grafische Darstellung der zukünftigen deutschen Fregatten der Klasse MEKO®-A200 DEU (Grafik: © TKMS).

Am 08. Juli 2026 genehmigte der Deutsche Bundestag die Beschaffung von vier U-Jagd-Fregatten des Typs MEKO® A-200 DEU, die auf einem erfolgreichen Exportmodell von TKMS aufbauen, und bei der Deutschen Marine zukünftig als Fregattenklasse 128 geführt werden. Es ist zum Redaktionsschluss dieses Buches (Stand August 2026) wahrscheinlich, dass in der zweiten Jahreshälfte des Jahres 2026 noch bis zu vier weitere Schiffe gleichen Typs geordert werden. Zusammen mit den rundumerneuerten Fregatten der Klasse 123B (siehe Kapitel 2.2.) hätte die Deutsche Marine dann Anfang der 2030er Jahre mindestens zehn in Bezug auf die Bewaffnung und Sensorik relativ homogene Schiffe im Bestand. Ursprünglich wollte die Deutsche Marine mit der Klasse 126 (Niedersachsen-Klasse) einen ganz anderen, deutlich größeren Fregattentyp beschaffen. Massive Probleme bei Koordinierung und Konstruktion hatten aber im Juni 2026 zum Abbruch des Projektes geführt.

F126

Laut dem 2023 veröffentlichten Zielbild der Deutschen Marine für das Jahr 2035 sollte die zukünftige Zahl deutscher Fregatten ab Mitte der 2030er Jahre 15 Einheiten betragen, deren »Flottenmix« sich wie folgt zusammensetzen sollte: 3x Baden-Württemberg-Klasse/F-125 (Stabilisierung und Krisenmanagement), 6x Niedersachsen-Klasse/F126 (Seekrieg Unterwasser) und 6x Klasse F127 (Seekrieg Überwasser mit Fokus Flugkörperabwehr). Die Baden-Württemberg-Klasse ohne Sonar und Flugabwehrmöglichkeiten wird hauptsächlich für Stabilisierungseinsätze genutzt. Von der Niedersachsen-Klasse waren im Juni 2020 bereits vier Einheiten in Auftrag gegeben worden, die im Verbund der Peene-Werft in Wolgast, der German Naval Yards in Kiel sowie von Blohm + Voss in Hamburg gefertigt werden sollten. Als Generalunternehmer fungierte die niederländische Werft Damen Naval, die erstmals in der deutschen Marinegeschichte einen signifikanten Auftrag für die deutschen Seestreitkräfte für sich verbuchen konnte. Die eigentliche Fertigung der 166 Meter langen, 21,7 Meter breiten und 10.550 Tonnen verdrängenden Fregatten sollte jedoch vollständig in Deutschland stattfinden. Die Hecksektion der F126 sollte auf der Peene-Werft in Wolgast gefertigt, während die vordere Rumpfsektion in Kiel gebaut werden sollte. Hier wären beide Rumpfhälften miteinander verbunden und danach die Einheit für die Endausrüstung, die Inbetriebnahme und die Erprobung zu Blohm+Voss nach Hamburg geschleppt worden. Im Juni 2024 wurde die Option zur Beschaffung von zwei weiteren Einheiten der Niedersachsen-Klasse durch das Beschaf-

Im Juni 2026 stoppte das Bundesverteidigungsministerium die Beschaffung der Fregattenklasse 126 (Grafik: Damen Naval).

fungsamt der Bundeswehr ausgelöst und der Bauvertrag über die beiden zusätzlichen Schiffe Anfang Juli 2024 unterzeichnet. Der Kaufpreis für die beiden Schiffe betrug 3,1 Milliarden Euro. Die Niedersachsen-Klasse sollte über einrüstbare und austauschfähige Missionsmodule je nach Einsatzart verfügen (bspw. »U-Boot-Bekämpfung« oder »Gewahrsam«). Die vorgesehenen Schiffe der Niedersachsen-Klasse sollten über 16 VLS-Startzellen für Flugabwehrflugkörper, ein 127-mm-Schiffsgeschütz, acht Seezielflugkörperstarter für Kongsberg Naval Strike Missiles, RAM-Nahbereichsverteidigungssysteme sowie verschiedenen Geschütze verfügen. Bei einer geplanten Verdrängung von mehr als 10.000 Tonnen wäre die Niedersachsen-Klasse im internationalen Vergleich jedoch deutlich unterbewaffnet gewesen. Die geplanten sechs Einheiten sollten der Deutschen Marine zwischen 2028 und 2034 zulaufen.

Abbruch F126

Am Mittwoch, den 24. Juni 2026 kam es in der deutschen Marinewelt dann zu einem totalen Umbruch. Denn an diesem Tag gab das Bundesverteidigungsministerium den Abbruch des Fregattenprojektes F126 bekannt. Bereits kurz nach der Bestellung der fünften und sechsten Einheit der Niedersachsen-Klasse im Sommer 2024 mehrten sich die Zeichen, dass es »hinter den Kulissen« zu massiven Problemen gekommen war, denn der niederländische Generalunternehmer Damen Naval schaffte es nicht, verwendbare Konstruktionsunterlagen an die deutschen Werften zu übermitteln, die mit dem tatsächlichen Bau der Schiffe betraut worden waren. Damen hatte neue Konstruktionssoftware (u. a. von Dassault) eingesetzt. Die digitalen Unterlagen ließen sich laut Medienberichten schlecht oder gar nicht in die Systeme der deutschen Werften und Zulieferer übertragen. Nach über zwei Milliarden »versenkter Steuergelder« zog Verteidigungsminister Boris Pistorius wie erwähnt am 24. Juni 2026 »den Stecker« und gab das Ende des ambitionierten Projektes bekannt. Kurz zuvor war noch geprüft worden, den Generalunternehmer zu wechseln. Der Rüstungskonzern Rheinmetall, der zuvor NVL (ehemals Lürssen) übernommen hatte, stand schon in den Startlöchern. Doch letztendlich entschied sich das Verteidigungsministerium gegen das F126-Projekt, denn weitere Verzögerungen, neue Kostensteigerungen und eine unsichere Rechtslage in Bezug auf mögliche Schadensansprüche gegen Damen Naval zeichneten sich ab, weshalb man sich gegen eine Fortführung des Projektes entschied. Anschließend konnten sich das Bundesverteidigungsministerium und die Deutsche Marine nun voll auf den Erwerb einer im Export seit vielen Jahren bewährten Schiffsklasse konzentrieren – der MEKO® A-200 DEU – die jedoch mit 121 Metern Länge und rund 4.000 Tonnen Verdrängung deutlich kleiner als die F126 ausfällt.

Die zukünftigen Fregatten der Klasse MEKO® A-200 DEU basieren auf der MEKO® A-200, die bereits an die Marinen Südafrikas, Algeriens und Ägyptens verkauft wurde (Foto: © TKMS).

Die MEKO® A-200 DEU

Vor der Streichung der Fregatten der Klasse F126 plante die Deutsche Marine mit vier rundumerneuerten Fregatten der Klasse F123 und sechs Fregatten der Klasse F126 als spezi-

Die für Algerien gebaute Fregatte »El Moudamir« (911) am Ausrüstungskai in Kiel. Die Aufnahme entstand im Juni 2016 (Fotos: Verfasser).

Die ägyptische Fregatte »Al Aziz« (904) im Juni 2022 bei einer Erprobungsfahrt auf der Kieler Förde (Foto: Verfasser).

alisierte U-Jagd-Einheiten. Bereits im Sommer 2025 zeichnete sich ab, dass sich sowohl die Modernisierung der F123 und die neu zu bauenden F126-Fregatten massiv verzögern würden. Deshalb kam es ab August 2025 zu ersten Überlegungen für eine Alternativlösung in Form der bewährten Exportfregatten des MEKO®-200-Entwurfes, deren jüngste Version in Form der Stealth-Fregatte MEKO® A-200 bereits an die Marinen Südafrikas (vier Fregatten), Algeriens (zwei Fregatten) und Ägyptens (drei Fregatten und eine weitere Einheit derzeit in der Endausrüstung) verkauft worden war. Diese Alternativlösung billigte der Haushaltsausschuss des Deutschen Bundestages im Januar 2026 und sorgte für deren finanzielle Absicherung. Anfang Februar 2026 schlossen der Anbieter der Fregatten – der Marinerüstungskonzern TKMS – und das Bundesamt für Ausrüstung, Informationstechnik und Nutzung der Bundeswehr einen Vorvertrag, damit TKMS mehrere Unterauftragnehmer mit der Fertigung von Komponenten und Materialpaketen der zukünftigen deutschen MEKO® A-200-Fregatten beauftragen konnten. Dadurch konnte bei der Fertigung der Schiffe Zeit gewonnen werden, da zum Zeitpunkt der offiziellen Beauftragung (der Auftragswert für vier Schiffe liegt bei 6,3 Milliarden Euro) im Juli 2026 bereits vorbereitende schiffbauliche Maßnahmen vollzogen waren. So hatte laut Informationen des offiziellen Bundeswehrnachrichtenportals bundeswehr.de die Kiellegung der ersten Einheit der nun als MEKO® A-200 DEU (für Deutschland) bezeichneten Fregatten bereits im Mai 2026 stattgefunden. Die nun fest beauftragten vier Fregatten der Klasse MEKO® A-200 DEU sollen auf den Werften der Rönner-Gruppe aus Bremerhaven gefertigt werden, wo zuvor bereits drei Exportfregatten des MEKO® A-200-Entwurfes für Ägypten gebaut worden waren. Bereits im Dezember 2029 soll die erste Fregatte des Typs MEKO® A-200 DEU an die Deutsche Marine übergeben werden – rund dreieinhalb Jahre nach der Beauftragung. Im deutschen Marinebeschaffungswesen dauerten die Entwicklungs- und die Bauphase einer neuen Fregattenklasse zuvor zumeist bis zu einem Jahrzehnt. Anfang 2030 sollen die Waffenanlagen der ersten MEKO® A-200 DEU von der Marine abgenommen werden und das Schiff danach offiziell in die Flotte aufgenommen werden. Die weiteren Einheiten sollen dann alle neun Monate folgen. Anfang 2026 waren zuerst vier MEKO® A-200 DEU als Brückenlösung bis zur (vermuteten) mehrjährigen verzögerten Indienststellung der ersten F126-Fregatte geplant. Nach der vollständigen Terminierung des F126-Projektes im Juni 2026 wuchs der Bedarf an MEKO® A-200-Fregatten von vier auf acht Einheiten – aus der Brückenlösung wurde schließlich die Ersatzlösung. Bei der Unterzeichnung des Bauauftrages zwischen dem BAINBW und TKMS im Juli 2026 für die ersten vier Einheiten des Typs MEKO® A-200 DEU der Deutschen Marine wurde die Option zum möglichen Erwerb von vier weiteren Einheiten vereinbart. Es gilt als wahrscheinlich, dass diese Option für vier weitere Schiffe bis Ende 2026 ausgelöst wird, um den Bedarf der Deutschen Marine an acht Fregatten zu stillen. Laut dem Wunsch der Politik und verschiedener Medienberichte zufolge können möglicherweise Werften, denen durch die Streichung des F126-Projektes massive Umsatzeinbußen drohen und die dadurch potenziell Arbeitsplätze abbauen müssten, am Bauauftrag des zweiten Loses MEKO® A-200 DEU-Fregatten als Unterauftragnehmer beteiligt werden.

Der Schiffsentwurf

Mit einer Länge von 121 Metern, einer Breite von 16,4 Metern, einem Tiefgang von 4,4 bis 6,1 Metern (an der Rumpfstelle des Sonars) und einer Verdrängung von voll beladen rund 4.150 Tonnen ist die MEKO® A-200 DEU ein relativ kompaktes U-Jagd-Schiff mit einer Stammbesatzung von 121 Personen (Kapazität für weitere 35 Personen ist an Bord vorhanden). Als Antrieb fungieren zwei Dieselmotoren und eine Gasturbine für einen zusätzlichen Wasserstrahlantrieb. Die Antriebsart wird als CODAG-WARP (Combined Diesel and Gas turbine, Waterjet and Refined Propellers)-Antrieb bezeichnet. Dabei treiben Dieselmotoren konventionelle Propeller an, während eine Gasturbine einen zusätzlichen Wasserstrahlantrieb (Waterjet) speist. Auf einen Schornstein wird verzichtet, dafür werden die Abgase des Verbrennungsmotors auf oder unter die Wasserlinie geleitet und dabei aktiv gekühlt, was wiederum die Infrarotsignatur des Schiffes verringert. Trotz ihrer kompakten Größe werden die Schiffe mit einem Bugsonar des Typs ASO 713 von TKMS Atlas Elektronik, einem Schleppsonar des Typs ACTAS 2 von TKMS Atlas Elektronik sowie einem Torpedostartsystem B515/2 von Eurotorp zum Einsatz von MU90 Leichtgewichtstorpedos ausgestattet sein. Ein Helikopterlandedeck mit Hangar erlaubt die Mitnahme eines Airbus NH-90 Sea Tiger-Helikopters, der mit seiner eigenen Sonaranlage und mitgeführten Torpedos die U-Jagd-Fähigkeiten der Fregatte verstärkt. Zudem befindet sich an Bord der neuen U-Jagd-Fregatten ein Mk-41-VLS-System mit 16 Zellen zum Abschuss von Flugabwehrraketen und ein 76-mm-Schiffsgeschütz von Leonardo. Dazu kommen Startcontainer für 16 Seezielflugkörper des Typs NSM von Kongsberg sowie mehrere 30- und 12,7-mm-Geschütze. Zur Nahbereichsverteidigung wird das bei der Deutschen Marine bewährte RAM-Flugabwehrsystem in der Version Block 2a/b von Raytheon verwendet.

Saab

Wie am 16. Juli 2026 bekannt wurde, hat der schwedische Rüstungskonzern Saab einen Vertrag mit TKMS geschlossen, der die Lieferung und Integration von Verbundstrukturen, Sensoren und Führungs- und Waffeneinsatzsystemen der neuen Fregatten umfasst. Die Komponenten und Dienstleistungen sollen durch Saab zwischen 2029 und 2032 geliefert werden. Dabei handelt es sich um die Aufbauten aus Verbundwerkstoffen (angebracht über der Brücke), das Langstrecken-Luftraumüberwachungsradar Sea Giraffe 4A Fixed Face, das leichte Multi-Mission-Überwachungsradar Sea Giraffe 1X, passive Sensoren und das Führungs- und Waffeneinsatzsystem (FüWES) 9LV, dessen Softwareprogrammierung in Deutschland erfolgen soll. Als Feuerleitsystem kommt das Ceros 200 von Saab zum Einsatz.

Frontal- und Heckansicht der MEKO® A-200 DEU (Grafik: © TKMS).

Fazit

Durch die nun erfolgte Beschaffung von zunächst vier (später acht) Fregatten des Typs MEKO® A-200 DEU erhält die Deutsche Marine ab Ende 2029 dringend benötigte und der NATO zugesagte Fregatten zur U-Boot-Jagd. Da das FuWES 9LV und die beiden Sea Giraffe-Radare in der derzeit laufenden Modernisierung auch auf den Fregatten der Klasse 123 eingerüstet werden, wird eine hohe Kompatibilität zwischen den dann schon über 30 Jahre alten Fregatten der Klasse 123 und den neuen Fregatten der Klasse MEKO® A-200 DEU bestehen. Dadurch erhält die Deutsche Marine dann innerhalb weniger Jahre eine relativ homogene U-Jagd-Teilflotte von mehr als zehn Einheiten.

Technische Daten MEKO® A-200 DEU	
Bauwerft	TKMS, Kiel / Rönner-Gruppe, Bremerhaven (Unterauftragnehmer)
Abmessungen	121 Meter Länge, 16,4 Meter Breite, 4,4 bis 6,1 Meter Tiefgang
Verdrängung	circa 4.150 Tonnen voll beladen
Antrieb	1× CODAG-WARP (Combined Diesel and Gas turbine, Waterjet and Refined Propellers)-Antrieb aus 2× Dieselmotoren auf 2× Schiffswellen sowie 1× Gasturbine auf einen Wasserstrahlantrieb (Waterjet) wirkend
Geschwindigkeit	27,5+ Knoten
Reichweite	Mehr als 4.800 Seemeilen bei 18 Knoten
Seeausdauer	28 Tage
Besatzung	121 Personen (zuzüglich Unterbringungskapazität für weitere 35 Personen)
Bewaffnung	1× Mk-41-VLS mit 16 Zellen zum Abschuss von Flugabwehrraketen, 1× 76-mm-Schiffsgeschütz von Leonardo, Startcontainer für 16× Seezielflugkörper NSM von Kongsberg, mehrere 30- und 12,7-mm-Geschütze, 1× RAM-Flugabwehrsystem Version Block 2a/b von Raytheon zur Nahbereichsverteidigung, 1× Torpedostartsystem B515/2 von Eurotorp für MU90 Leichtgewichtstorpedos
Sensoren	1× Bugsonar ASO 713 von TKMS Atlas Elektronik, 1× Schleppsonar ACTAS 2 von TKMS Atlas Elektronik, 1× Langstrecken-Luftraumüberwachungsradar Sea Giraffe 4A Fixed Face, 1× leichtes Multi-Mission-Überwachungsradar Sea Giraffe 1X, 1× Führungs- und Waffeneinsatzsystem (FüWES) 9LV, 1× Feuerleitsystem Ceros 200 von Saab
Luftfahrzeuge	1× Airbus NH-90 Sea Tiger, 2× unbemannte UAVs der 300-kg-Klasse

3. Vereinigte Staaten

3.1 Entwicklung der Kreuzer, Zerstörer und Fregatten

Das Einsatzkonzept der Schlachtschiffe – hier die USS »Tennessee« (BB-43) im Jahr 1941 – hatte sich nach dem Ende des Zweiten Weltkrieges überholt (Foto: Leo van Ginderen Collection).

Nach dem Zweiten Weltkrieg verfügte die US Navy über eine riesige Flotte aus dutzenden Flugzeugträgern, über 20 Schlachtschiffen, mehr als 70 Kreuzern und Hunderten U-Booten sowie Zerstörern und Fregatten.

Der Zerstörer USS »Uhlmann« (DD-687) der Fletcher-Klasse. Die 115 Meter langen, rund 2.100 Tonnen verdrängenden Schiffe wurden 175-mal während des Zweiten Weltkriegs auf elf Werften gebaut. Wie bei den meisten Zerstörerklassen des Zweiten Weltkriegs wurden die Schiffe mit maximal möglicher Artilleriebewaffnung ausgestattet (Foto: US Navy).

Die meisten dieser Schiffe waren recht jung und wurden in einer gewaltigen nationalen Kraftanstrengung auf Dutzenden über die gesamten USA verstreuten Werften zwischen 1941 und 1945 gebaut.

Im Kalten Krieg

Das Gros dieser Einheiten diente bis in die 1970er Jahre, mit Ausnahme der meisten Schlachtschiffe, deren Einsatzkonzept sich am Ende des Krieges als überholt erwiesen hatte. Lediglich die vier letztgebauten Schlachtschiffe der Iowa-Klasse dienten – nach teilweise jahrzehntelangen Liegezeiten in der Reserve – hochmodernisiert und mit Tomahawk-Marschflugkörpern bis in die 1990er Jahre. Einige der großen Kreuzer wurden Ende der 1950er Jahre/Anfang der 1960er Jahre für die Aufnahme von gelenkten Raketen für Land- und Seezielbeschuss umgerüstet und als erste Lenkwaffenkreuzer klassifiziert. Dazu kam ab 1959 der Neubau USS »Long Beach« (CGN-9), der erste amerikanische Kreuzerneubau nach dem Zweiten Weltkrieg, der als erstes Überwasserkriegsschiff überhaupt mit einem Nuklearantrieb ausgestattet war. Ab den frühen 1960er Jahren bis Ende der 1970er Jahre wurden 26 große

Nach dem Zweiten Weltkrieg verfügte die US Navy über 72 Kreuzer mit Artilleriebewaffnung wie die hier abgebildete USS »Fall River«. (CA-131, Foto: Leo van Ginderen Collection).

Lenkwaffenschiffe der Leahy-, Truxtun, Belknap-, Bainbridge-, California- und Virginia-Klassen gebaut (teilweise konventionell, teilweise atomar angetrieben), die auf Zerstörerrümpfen basierten, von der US Navy anfänglich als Fregatten bezeichnet wurden und in den 1970er Jahren zu Lenkwaffenkreuzern umklassifiziert wurden (Kennung CG/CGN). Das, was man bei anderen Marinen gemeinhin als »Fregatte« versteht, wurde bei der US Navy bis in die 1970er Jahre als leichter Zerstörer bzw. Begleitzerstörer klassifiziert und erst im Jahr 1975 als Fregatte bzw. Lenkwaffenfregatte umklassifiziert (Kennung FF oder FFG). Dabei handelt es sich überwiegend um die Einheiten der Bronstein-, Garcia- und Knox-Klassen – kleine, preiswerte und einfach zu bauende Einheiten.

Der amerikanische Zerstörer

Im Ersten und Zweiten Weltkrieg zählten Zerstörer in der Schiffsklassifizierung zu den mittelgroßen Einheiten. Nach dem Zweiten Weltkrieg übernahmen die Zerstörer die Rolle als Sicherungsschiffe für die Flugzeugträger, deren Hauptbedrohung nun nicht mehr gegnerische Schlachtschiffe waren, sondern hauptsächlich feindliche U-Boote und Angriffsflugzeuge. Zerstörer sind vielseitig zur Bekämpfung von Unterseebooten oder anderen Überwasserschiffen, zur Luftverteidigung eines Flottenverbandes und zum Angriff auf Landziele einsetzbar. Nach dem Zweiten Weltkrieg ging der Anteil an Geschützen auf den Zerstörern in den meisten Flotten drastisch zurück. Heute kommen auf modernen Zerstörern hauptsächlich gelenkte Flugkörper (Raketen und Marschflugkörper) zum Einsatz, weshalb man in der Regel von Lenkwaffenzerstörern spricht (im englischen als Guided Missile Destroyer bezeichnet, Kennung DDG). Bei der US Navy kommen seit 2005 nur noch als DDG gekennzeichnete Schiffe der Arleigh Burke-Klasse in der Zerstörerrolle zum Zug. Nachfolgend betrachten wir die drei wichtigsten Zerstörer- und Fregattenentwürfe der US Navy nach dem Zweiten Weltkrieg, die heute nicht mehr in Dienst stehen.

Der im Jahr 1959 in Dienst gestellte Lenkwaffenkreuzer USS »Long Beach« (CGN-9) war das erste durch einen Atomantrieb angetriebene Überwasserschiff der Welt (Foto: US Navy).

Die Charles F. Adams-Klasse

Die 29 Schiffe der Charles F. Adams-Klasse (US Navy-Design SCB 155, Bauzeitraum 1958 bis 1967) waren die ersten amerikanischen Schiffe, die von Anfang an als Lenkwaffenzerstörer klassifiziert waren. 23 Einheiten wurden für die US Navy gebaut, zusätzlich jeweils drei Einheiten für die Royal Australian Navy (RAN) und die westdeutsche Bundesmarine (hier bekannt als Lütjens-Klasse, bestehend aus den Schiffen »Lütjens« (D-185), »Mölders« (D-186) und »Rommel« (D-187)). Das Schiffsdesign der Charles F. Adams-Klasse basierte noch auf der vorangegangenen Forrest Sherman-Klasse, die allerdings noch als konventionelle (artillerielastige) Zerstörer konzipiert waren. Die zwischen 1953 und 1958 gebauten Schiffe der Forrest-Sherman-Klasse waren die ersten nach dem Zweiten Weltkrieg gebauten amerikanischen Zerstörer überhaupt. Die Schiffe der

In den 1960er und -70er Jahren wurden 26 auf Zerstörerrümpfen basierende, als Fregatten bezeichnete Lenkwaffenschiffe in Dienst gestellt, die Mitte der 1970er Jahren zu Lenkwaffenkreuzern umklassifiziert wurden. Im Bild sieht man die USS »Belknap« (CG-26, Foto: Leo van Ginderen Collection).

weiterentwickelten Charles F. Adams-Klasse erhielten in der Rumpfmitte eine Verlängerung von 5,8 Metern, um Platz für eine Startanlage für Anti-U-Boot-Raketen vom Typ RUR-5 ASROC (eine Abkürzung für Anti-Submarine ROCket) zu schaffen. Die 133 Meter langen, 14 Meter breiten und voll beladen rund 4.500 Tonnen verdrängenden Schiffe dieser Klasse waren die letzten US-Zerstörer mit Dampfturbinenantrieb. Alle nachfolgenden Zerstörer wurden mit dem heute bestens bewährten und wesentlich einfacher zu handhabenden Gasturbinenantrieb ausgestattet. Da für den Bau der Charles F. Adams-Klasse sechs amerikanische Werften zum Zug kamen (Bath Iron Works in Bath, Maine; New York Shipbuilding Corporation in Camden, New Jersey; Defoe Shipbuilding Company in Bay City, Michigan; Todd Pacific Shipyards in Seattle, Washington; Avondale Marine in Bridge City, Louisiana und Puget Sound Bridge and Dredging Company in Seattle, Washington) konnten die 23 amerikanischen Schiffe (DDG-2 bis 24) zwischen September 1960 und August 1964 in Dienst gestellt werden. Die Kennung DDG-1 war ursprünglich im Jahr 1957 für einen erstmals mit Lenkwaffen ausgerüsteten, umgebauten konventionellen Zerstörer der Gearing-Klasse, der USS »Gyatt« (ehemals DD-712), verwendet worden, der noch aus dem Zweiten Weltkrieg stammte. Mitte der 1970er Jahre zeichnete sich ab, dass die Charles F. Adams-Klasse nicht mehr auf der Höhe der Zeit und zur Abwehr von modernen Kampfflugzeugen und Seezielflugkörpern nur noch bedingt geeignet war. Deshalb initiierte die US Navy ein Modernisierungsprogramm namens New Threat Upgrade (NTU) für die Klasse, das aus umfangreichen Erneuerungen im Bereich der Bordwaffen, Sensoren und Kommunikationsausrüstung bestand. Als Anfang der 1980er Jahre die neugewählte Regierung von Ronald Reagan in Washington Einzug hielt, verfolgte diese das Ziel einer aus 600 schwimmenden Einheiten bestehenden US-Flotte. Zu diesem Zweck wurde ein großangelegtes Marinebauprogramm aufgelegt, in dem die Produktion der Lenkwaffenkreuzer der Ticonderoga-Klasse (siehe Kapitel 3.2.) beschleunigt und ausgeweitet wurde. Da sowohl die Ticonderoga-Klasse wie auch die nachfolgende Arleigh Burke-Klasse (siehe Kapitel 3.3.) über das hochmoderne AEGIS-System verfügten, wurden in den 1950er Jahren entwickelte Charles F. Adams-Schiffe mit dem wesentlich leistungsschwächeren NTU-Upgrade als nicht mehr zeitgemäß erachtet. In Folge wurden lediglich drei Einheiten den vollen Modernisierungsmaßnahmen unterzogen. Einige der Charles F. Adams-Zerstörer durchliefen noch ein teilweises Moderni-

Die im Juni 1961 in Dienst gestellte USS »Sampson« (DDG-10) war ein Zerstörer der Charles F. Adams-Klasse, der ersten von Grund auf als Lenkwaffenzerstörer konzipierten Schiffsklasse der US Navy (Foto: U.S. Naval History and Heritage Command).

sierungsprogramm, bei dem sie mit dem AN/SLQ-32-System zur Elektronischen Kriegsführung und Harpoon-Seezielflugkörpern ausgestattet wurden. Das Ende des Kalten Krieges und der zahlenmäßig große Zulauf der Arleigh Burke-Klasse führten dazu, dass die US Navy im April 1993 den letzten Zerstörer der Charles F. Adams-Klasse ausmusterte. Die Charles F. Adams-Klasse war wegweisend für die Zerstörerentwicklung der US Navy und ihr schiffbauerisches Grundlayout sowie ihr Einsatzprofil als auf die Flugabwehr spezialisierte Flugzeugträgereskorte kann heute noch in den modernen Zerstörern der Arleigh Burke-Klasse erahnt werden.

Die Spruance-Klasse

Die 31 Schiffe der Spruance-Klasse wurden von 1972 bis 1983 vollständig bei Ingalls Shipbuilding in Pascagoula, Mississippi in Sektionsbauweise gefertigt. Die Spruance-Klasse war dazu auserkoren, rund 100 verbliebene Zerstörer der Allen M. Sumner- und Gearing-Klassen aus dem Zweiten Weltkrieg zu ersetzen. Mit einer Länge von 172 Metern, eine Breite von 16,8 Metern und einer Verdrängung von voll beladen mehr als 8.000 Tonnen waren die Spruance-Schiffe allerdings mehr mit zeitgenössischen Kreuzern vergleichbar. Diese Größe erlaubte nicht nur erstmals bei einem amerikanischen Zerstörer die Installation eines Helikopterlandedecks, sondern auch eines vorgelagerten Hangars mit Raum für zwei mittelgroße Marinehubschrauber wie beispielsweise dem Sikorsky SH-60 Seahawk. Die »Spruance« war die erste größere Marineeinheit, die mit einem Gasturbinenantrieb ausgestattet wurde, der aus vier General Electric LM2500-Gasturbinen auf zwei Schiffswellen wirkend bestand, die dem Schiff bei einer Leistung von insgesamt 80.000 PS (60 MW) eine offizielle Höchstgeschwindigkeit von 33 Knoten ermöglichten. Die Zerstörer der Spruance-Klasse erhielten eine Kennzeichnung als »DD«-Schiffe – was der Kennzeichnung von klassischen Zerstörern mit waffentechnischem Schwerpunkt auf der Schiffsartillerie entsprach – anstatt der Kennzeichnung als »DDG«-Schiff mit Schwerpunkt auf den Lenkwaffen. Grund hierfür war die Tatsache, dass die Spruance-Klasse neben

Die Zerstörer USS »Hewitt« (DD-966), USS »Kinkaid« (DD-965) und USS »John Young« (DD-973) der Spruance-Klasse, aufgenommen in Pearl Harbor im März 1980, nachdem sie an der Übung RIMPAC 80 teilgenommen hatten (Foto: U.S. Navy Naval History and Heritage Command).

der schwerpunktmäßigen Anti-U-Boot-Bewaffnung lediglich mit acht Luftabwehrraketen vom Typ Sea Sparrow ausgestattet war. Ab Mitte der 1980er Jahre erhielten 24 Spruance-Zerstörer ein aus 61 Zellen bestehendes vertikales Mark-41-Startsystem (VLS) für den Abschuss von Tomahawk-Marschflugkörpern. Die restlichen sieben Schiffe ohne VLS wurden bereits ab der zweiten Hälfte der 1990er Jahre ausgemustert. Die 24 modernisierten Schiffe behielten allerdings ihre Klassifizierung als konventionelle Zerstörer, da ihnen weiterhin eine umfassende Flugabwehrbewaffnung fehlte. Trotz dieser im gesamten Schiffsleben der Spruance-Klasse fehlenden Verbands-Flugabwehrbefähigung waren die Spruance-Zerstörer überaus leistungsfähige Schiffe. Während der Anfangszeit in den 1970er Jahren mokierten sich einzelne Mitglieder des US-Kongresses über die Hauptbewaffnung der Spruance-Klasse bestehend aus lediglich zwei Schiffsgeschützen sowie einer Sea Sparrow- und einer ASROC-Startanlage, die im Vergleich zu den damals martialisch wirkenden, waffenstrotzenden Sowjetschiffen eher bescheiden wirkte. Auch Bewaffnungs-Vergleiche mit der zuvor beschriebenen Charles F. Adams-Klasse verliefen für die USS »Spruance« und ihre Schwesterschiffe eher unvorteilhaft. Aufgrund der hervorragenden Seeeigenschaften, der hohen Geräuscharmut und der Möglichkeit, zwei Helikopter zur U-Boot-Bekämpfung einzuschiffen, erwiesen sich die Spruance-Zerstörer in der Anti-U-Boot-Rolle als sehr erfolgreich. Die ersten 30 Schiffe der Spruance Klasse wurden zwischen dem 20. September 1975 (USS »Spruance« DD-963) und dem 12. Juli 1980 (USS »Fletcher«, DD-992) in den Dienst der US Navy gestellt. Diese beispiellose Indienststellungsrate von sechs großen Zerstörern pro Jahr ist bis heute von der US Navy nicht mehr erreicht worden und auf die große Leistungsfähigkeit im seriellen Schiffbau bei Ingalls zurückzuführen. 1978 autorisierte der US-Kongress einen »Nachzügler«, der zuerst als Spruance-Spezialversion mit vergrößertem Helikopterlandedeck für bis zu vier Hubschrauber entstehen sollte. Die hohen Entwicklungskosten für dieses Einzelschiff führten allerdings zu einer Umwandlung des Bauauftrages in einen solchen zum Bau einer Standard-»Spruance«. Die daraus resultierende USS »Hayler« (DD-997) wurde schließlich am 20. Oktober 1980 bei Ingalls auf Kiel gelegt und am 05. März 1983 in den Dienst der US Navy gestellt. Damit war das Bauprogramm der Spruance-Klasse abgeschlossen.

Die USS »Kidd« (DDG-993, links) ist ein ursprünglich für den Iran georderter Flugabwehrzerstörer, der auf der Spruance-Klasse basiert. Daneben sieht man die auf die U-Jagd spezialisierte USS »Peterson« (DD-969) der Spruance-Klasse (Foto: US Navy/Don S. Montgomery).

Die USS »Bronstein« wurde 1963 als Begleitzerstörer mit der Kennung DE-1037 in Dienst gestellt und 1975 zur Fregatte mit der Kennung FF-1037 umklassifiziert (Foto: US Navy).

Zeitgleich lief bereits die Fertigung der Lenkwaffenkreuzer der Ticonderoga-Klasse (siehe Kapitel 3.2.), die den Rumpf und das Antriebssystem von der »Spruance« übernahmen. Aufgrund ihrer umfangreichen Bewaffnung und ihrer geradezu revolutionären Flugabwehrbefähigung wurden die Schiffe der Ticonderoga-Klasse von der US Navy als Lenkwaffenkreuzer klassifiziert. Die fehlenden vier Kennungen der Spruance-Klasse zwischen DD-992 und DD-997 lassen sich übrigens durch den zwischenzeitlichen Einschub der Kidd-Klasse erklären – einer weiteren auf der »Spruance« basierenden Schiffsklasse. Bei den vier Schiffen der Kidd-Klasse handelte es sich um vier vom Shah von Persien vor der Islamischen Revolution in Auftrag gegebenen Flugabwehrzerstörer, deren Rumpf und Aufbauten von der Spruance-Klasse übernommen wurde. Nachdem sich die Beziehungen zum Iran verschlechtert hatten, stellte die US Navy die vier Zerstörer der zuvor als Kouroush-Klasse bezeichneten Schiffe als Kidd-Klasse zwischen 1981 und 82 in Dienst. Die vier Schiffe wurden als Lenkwaffenzerstörer klassifiziert und erhielten die Kennungen DDG-993 bis DDG-996 (sie bekamen zwar die Kennzeichnung als »DDG«, behielten jedoch die Nummernfolge der konventionellen Zerstörer der Spruance-Klasse bei). Während der Operation Desert Storm verschossen Zerstörer der Spruance-Klasse insgesamt 112 Tomahawk-Marschflugkörper auf Ziele im Irak. Nachdem ab der Jahrtausendwende immer mehr Schiffe der Arleigh Burke-Klasse des Bauloses Flight IIA mit Helikopterhangars in Dienst gestellt wurden, entschied sich die US Navy zur vorzeitigen Ausmusterung der Spruance-Klasse, bis zum Jahr 2005, um die relativ hohen Betriebskosten dieser großen und besatzungsintensiven Schiffe (mit Besatzungen bis zu 380 Personen) zu sparen. Die vier Schiffe der Kidd-Klasse stehen stark modernisiert als Kee Lung-Klasse seit 2005 in Diensten der taiwanesischen Marine und sind nach wie vor deren mit Abstand stärksten Überwassereinheiten.

Oliver Hazard Perry-Klasse

Die Oliver Hazard Perry-Klasse war eine Übergangsschiffklasse, deren Auslegung verschiedene Probleme der US Navy der 1970er Jahre lösen und gleichzeitig operationelle Flexibilität bieten sollte. Die Schiffe wurden primär als U-Jagd-Fregatte entworfen, mit den Sekundärrollen Luftabwehr und Überwasserkriegsführung. Die Fregattenklasse wurde während einer Zeitperiode geplant, in der die US Navy ihre große aus dem Zweiten Weltkrieg stammende Zerstörerflotte ausmusterte Die Perry-Klasse wurde als Low-Cost-Ergänzung zu den Zerstörern der Spruance-Klasse und den Lenkwaffenkreuzern der Ticonderoga-Klasse entwickelt. Die Entwicklung der Perry-Klasse begann im Jahr 1973, vor der Ära der VLS-Abschusszellen und vor der Einführung von modularen Schiffsentwürfen. Damals stellte die Sowjetunion die größte Bedrohung für die USA bzw. die sowjetische Marine die größte Bedrohung für die US Navy dar. In den 1960er Jahren hatte die Sowjetmarine massiv in ihre Flotte investiert, um ihrem amerikanischen Pendant, dessen Kernelement seit dem Ende des Zweiten Weltkrieges die Flugzeugträgerkampfgruppe war, etwas entgegensetzen zu können. Um das Jahr 1965 führte die sowjetische Marine neue Kreuzer- und Zerstörerklassen sowie U-Boote ein, die speziell dazu ausgelegt waren, amerikanische Trägerverbände zu verfolgen. Ab den 1970er Jahren waren diese Schiffe nicht mehr – wie oftmals zuvor – einfache Kopien von westlichen Schiffen, sondern kampfkräftige Eigenentwicklungen. Im Jahr 1976 gab der damalige amerikanische Chief of Naval Operations James Holloway zu Protokoll, dass der technologische Vorsprung der US Navy gegenüber der Sowjetmarine nur noch gering sei.

Die 1972 als Begleitzerstörer in Dienst gestellte USS »McCandless« (DE-1084) wurde 1975 zur Fregatte (FF-1084) umklassifiziert. Das Schiff war eine von 46 Schiffen der Knox-Klasse (Foto: US Navy).

Zur gleichen Zeit schrumpfte die US Navy aufgrund der großen Zahl an Außerdienststellungen von noch aus dem Zweiten Weltkrieg stammenden Einheiten. Dazu kamen unzureichende Budgets und Schwierigkeiten bei der Personalgewinnung – Faktoren, die beim Entwurf der Oliver Hazard Perry-Klasse eine Rolle spielten. Für die damalige Zeit hatte die Klasse mit einer Besatzung von 163 Personen einen relativ geringen Personalbedarf und konnte – da preisgünstig in der Fertigung – in großer Zahl gebaut werden, um der zu einer echten »Blue Water Navy« gewordenen Sowjetmarine auch zahlenmäßig etwas entgegenzusetzen. Die Perry-Klasse sollte – so wollte es die damalige Marineführung um Admiral Elmo Zumwalt – der Navy Zeit erkaufen, die sie benötigte, um festzulegen, wie sie am besten auf die mittlerweile riesige sowjetische Marine reagieren sollte. Die »Perrys« waren als Begleitschiffe für Fracht- und Logistik-Konvois und Versorger-Verbände ausgelegt.

Die Schiffe

Die Perrys waren etwas länger als die vorausgegangene Knox-Klasse, verfügten aber über eine geringere Verdrängung. Die Schiffe wurden von zwei LM 2500-Gasturbinen von General Electric angetrieben, die auf eine einzelne Welle wirkten. Daraus ergab sich eine Höchstgeschwindigkeit von mehr als 29 Knoten bei 41.000 PS Leistung. Zwei 350-PS-Motoren in ausfahrbaren Gondeln verbesserten die Manövrierbarkeit in den Häfen und konnten im Notfall selbst als Schiffsantrieb fungieren, bei einer Maximalgeschwindigkeit von fünf bis sechs Knoten. Die Hauptbewaffnung bestand bei der Einführung der Schiffsklasse aus einer einzelnen Mk. 13-Startanlage, die in der Lage war, 36 SM-1MR Standard-Luftabwehrraketen und vier RGM-84 Harpoon Seezielflugkörper zu verschie-

Das Typschiff der 51 Schiffe umfassenden Oliver Hazard-Perry-Klasse, die USS »Oliver Hazard Perry« (FFG-7) mit den Schwesterschiffen USS »Antrim« (FFG-20) und USS »Jack Williams« (FFG-24) im Jahr 1982 (Foto: U.S. Defense Imagery)

Die USS »Wadsworth« (FFG-9) war die erste bei Todd gefertigte Perry-Fregatte und die dritte Einheit insgesamt. Das Schiff ist heute noch in der polnischen Marine als »Tadeusz Kościuszko« in Dienst (Foto: Verfasser).

ßen. Dazu kamen ein 76-mm-Schiffsgeschütz des Typs Mk. 75, mehrere Maschinengewehre, Phalanx Nahbereichsverteidigungssysteme und Torpedowerfer zum Einsatz gegen gegnerische U-Boote. Entgegen vieler anderer zeitgenössischer Schiffsentwürfe war die Perry-Klasse nicht mit einer Sonaranlage in einem Bugwulst ausgestattet, sondern mit einem AN/SQS-56, das an der Rumpfunterseite angebracht war. Der ursprüngliche Schiffsentwurf war 136 Meter lang und bot Platz für einen Kaman SH-2 Seasprite Helikopter, der als LAMPS Mk I (Light Airborne Multi-Purpose System) bezeichnet wurde. Auf diese als Flight I oder Short Hull bezeichnete Version der Perry-Klasse folgte eine zwei Meter längere Flight II-Version/Long Hull, die Platz für zwei Sikorsky SH-60B Seahawk Helikopter (LAMPS Mk III) bot. Diese neue Version wurde mit einem RAST (Recovery, Assisst, Secure and Traverse)-System ausgestattet, das die Abfertigung von Helikoptern vereinfachte und dabei für weit größere Sicherheit sorgte. Zusätzlich kam ein TACTAS-Schleppsonar hinzu, welches die Perry-Klasse in eine effiziente Anti-U-Boot-Plattform transformierte. In den 1980er Jahren wurden auch die restlichen Flight I-Schiffe auf den technischen Stand von Flight II gebracht.

Bauliche Herausforderungen

Bei der Perry-Klasse wurde ein anderer baulicher Ansatz gewählt als bei der Spruance-Klasse, der von der Navy als »fly-before-buy« bezeichnet wurde. Dadurch kann das Typschiff USS »Oliver Hazard Perry« fast als Prototyp betrachtet werden, da zwischen seiner Fertigstellung und der zweiten Einheit USS »McInerney« (FFG-8) mehr als zwei Jahre lagen. Dadurch war es möglich, etliche »Kinderkrankheiten« des Typschiffes beim zweiten Schiff »auszumerzen«. Die Perry-Klasse wurde so entworfen, dass sie von jeder Werft gebaut werden konnte, die in der Lage war, Marineschiffe in Zerstörergröße zu fertigen. Um sicherzustellen, dass dies gelang, wurde der Schiffsentwurf im Team erstellt, bestehend aus Mitarbeitern des Naval Ship Engineering Center, der führenden Bauwerft Bath Ironworks und ihrem Design-Unterauftragnehmer, der Schiffsarchitekturfirma Gibbs and Cox, sowie einer möglichen Nachbauwerft, der Todd Shipbuilding Corporation. Die Todd-Werft in Seattle (im Pazifischen Westen der USA) hatte beispielsweise deutlich weniger Hellinge und kleinere Kräne im Gegensatz zu der Bath-Werft in Neuengland (an der US-Ostküste). Die Kapazitäten und die Einrichtungen der beiden Schiffbauzentren waren so sehr gegensätzlich, dass dies bedeutete, wenn der Schiffsentwurf auf diesen beiden Werften gebaut werden konnte, dann konnte er buchstäblich überall gebaut werden (was viel später auf den internationalen Nachbauwerften in Spanien, Australien und Taiwan geschah). Der Bauauftrag für die Perry-Klasse ging schließlich sowohl an Bath in Maine wie auch an Todd in Seattle sowie zusätzlich an die örtliche Todd-Werft in San Pedro/Los Angeles in Kalifornien. Jede der drei Werften hatte Einrichtungen, die die anderen Werften nicht besaßen und jede der drei Werften ging das Bauprogramm der Perry-Klasse auf andere Weise an. Nach den ersten beiden bei Bath gefertigten Schiffen wurde die dritte Einheit USS »Wadsworth« (FFG-9) bei Todd in San Pedro und die vierte Einheit USS »Duncan« (FFG-10) bei Todd in Seattle gebaut. In diese beiden Schiffe konnten bereits wertvolle Erkenntnisse aus dem Bau der bei Bath gefertigten Schiffe einfließen.

Frühe Ausmusterung

Bis 1989 stellte die US Navy insgesamt 51 Schiffe der Perry-Klasse in Dienst. Nach dem Ende des Kalten Krieges fand sich die amerikanische Marine in einer veränderten weltpolitischen Lage wieder, in der sie – nach dem damaligen Ermessen – zu viele Einheiten in ihrer Flotte hatte. Dies führte ab Mitte der 1990er Jahre zu ersten Ausmusterungen von Fregatten der Perry-Klasse, die noch keine 15 Dienstjahre »auf dem Buckel« hatten – sehr zur Freude einiger befreundeter Marinen, die die relativ jungen Einheiten als günstige Gebrauchtschiffe übernahmen. Ab ca. 2008 Jahren bis 2015 wurden alle noch verbliebenen »Perrys« bei der US Navy ausgemustert. Seitdem gibt es keine als Fregatten klassifizierten Schiffe mehr im Bestand der US Navy.

3.2 Kreuzer der Ticonderoga-Klasse

Die USS »Yorktown« (CG-48) war der zweite Lenkwaffenkreuzer der Ticonderoga-Klasse. Auf dem 1985 aufgenommenen Foto erkennt man die beiden Mark-26-Raketenstarter (Foto: US Navy).

Die von 1980 bis 1994 gebauten 27 Schiffe der Ticonderoga-Klasse repräsentieren den leistungsfähigsten auf die Luftabwehr spezialisierten amerikanischen Marineschiffstyp, der jemals konstruiert wurde.
Die Wurzeln der Ticonderoga-Klasse reichen zurück bis zu den Erfahrungen, die die US Navy im Zweiten Weltkrieg mit den japanischen Kamikaze-Angriffen gemacht hatte. Dies führte nach dem Krieg zur Weiterentwicklung der Luftabwehrartillerie und zur Neuentwicklung von auf die Luftabwehr spezialisierten Lenkwaffen.

Lange Entwicklung
Im Laufe der 1950er Jahre setzte sich bei den Marineverantwortlichen schon bald die Einsicht durch, dass ein koordinierter gegnerischer Luftangriff aus mehreren Richtungen die Flugabwehrsysteme der damaligen Zeit an ihre Grenzen bringen würden. Deshalb wurde 1958 die Entwicklung des Typhon Combat Systems begonnen, einem analogen Führungs-/Kampfsystem, dessen Herzstück das phasengesteuerte AN/SPG-59-Radar war, dessen Entwicklungskosten allerdings explodierten und das nicht auf zufriedenstellende Weise auf die Bedrohungen aus der Luft reagieren konnte. Deshalb wurde das Projekt 1963 gestrichen und 1964 durch das Advanced Surface Missile System (ASMS) ersetzt. Im Dezember 1969 wurde ASMS offiziell in AEGIS umbenannt, benannt nach dem Schild des griechischen Göttervaters Zeus (zu deutsch Ägis). Entwickelt wurde das AEGIS-Kampfsystem von RCA; heute produziert der Luft- und Raumfahrtgigant Lockheed-Martin das in der Marinetechnik bahnbrechende System. Wenig bekannt ist, dass AEGIS als Abkürzung für Advanced Electronic Guided Interceptor System steht (zu deutsch etwa: fortgeschrittenes elektronisches gelenktes Abfangsystem); diese Abkürzung wird jedoch nur selten verwendet. 1970 übernahm Captain Wayne E. Meyer –

Blick in die Operationszentrale – das Combat Information Center (CIC) – der USS »Ticonderoga« (CG-47). Auf den Monitoren werden die Informationen des AEGIS-Kampfsysems dargestellt (Foto: National Archives and Records Administration/JOC Harrison).

Die USS »Anzio« (CG-68, Heckansicht) und die USS »Monterey« (CG-61, Frontalansicht). Die Aufnahme entstand am 13. Oktober 2012, dem 237. Geburtstag der US Navy, weshalb die Schiffe festliche Beflaggung führen (Foto: Verfasser).

der heute als Vater des AEGIS-Systems angesehen wird – die Leitung des Projektes, das daraufhin endlich Fahrt aufnahm. Der erste Prototyp – das sogenannte first Engineering Development Model (EDM-1) – wurde auf dem noch aus dem Zweiten Weltkrieg stammenden ehemaligen Wasserflugzeug-Mutterschiff USS »Norton Sound« installiert. Während der Testfahrten der »Norton Sound« machte sich Admiral Hyman G. Rickover, der in den 1950er Jahren bereits das amerikanische Atom-U-Boot-Programm »auf Kurs« gebracht hatte, dafür stark, das AEGIS-System auf nuklear angetriebenen großen Lenkwaffenkreuzern mit einer Verdrängung von rund 17.200 Tonnen zu installieren. Diese großen als Strike Cruiser bezeichneten AEGIS-Atom-Kreuzer beruhten konstruktiv auf den vorangegangenen Atom-Kreuzern der California- und Virginia-Klassen. Diese sehr kostenintensiven Schiffe sollten durch eine größere Anzahl konventionell angetriebener AEGIS-Zerstörer ergänzt werden, die auf der für die U-Boot-Jagd hin ausgerichteten Spruance-Klasse basierten. Diese sollten als Lenkwaffenzerstörer mit der DDG-Kennung klassifiziert werden (ab Kennung DDG-47). Nach der Streichung des Strike Cruiser-Konzeptes aufgrund explodierender Kosten wartete das Team um Admiral Rickover mit einem leichteren und kostengünstigeren Atom-Kreuzer-Konzept auf, der auf der Virginia-Klasse aufbauen und ebenfalls für AEGIS optimiert sein sollte. Dieser Schiffsentwurf wies eine Verdrängung von rund 12.100 Tonnen auf. Letztlich wurde auch diese Schiffsklasse von der Carter-Regierung gestrichen und infolgedessen die auf der Spruance-Klasse basierende AEGIS-Zerstörerklasse zu Lenkwaffenkreuzern mit der Kennung CG umklassifiziert. Das erste Schiff, die USS »Ticonderoga«, wurde am 22. September 1978 geordert und am 21. Januar 1980 bei Ingalls Shipbuilding auf Kiel gelegt. Ursprünglich war die »Ticonderoga« mit der Zerstörer-Kennung DDG-47 versehen, wurde aber kurz vor Baubeginn am 01. Januar 1980 zum vollwertigen Kreuzer mit der Kennung CG-47. Da sie ihre Zerstörer-Bordnummer »47« in die Kreuzer-Klassi-

Aktive Kreuzer der Ticonderoga-Klasse	
Name	**Indienststellung**
USS »Princeton« (CG-59)	11. Februar 1989
USS »Robert Smalls« (CG-62)	04. November 1989
USS »Gettysburg« (CG-64)	22. Juni 1991
USS »Chosin« (CG-65	12. Januar 1991
USS »Shiloh« (CG-67)	18. Juli 1992
USS »Lake Erie« (CG-70)	10. Mai 1993
USS »Cape St. George« (CG-71)	12. Juni 1993

fizierung übernahm, verursachte dies eine Lücke in der Kreuzer-Zahlenfolge zwischen dem letzten Atom-Kreuzer USS »Arkansas« (CGN-41) und der USS »Ticonderoga« (CG-47).

Weiterentwicklung

Das Schiffs-Design der Ticonderoga und ihrer noch folgenden 26 Schwesterschiffe basiert auf dem Grundlayout der Spruance-Klasse, mit der sie sich den Rumpf teilt. Die Aufbauten sind allerdings komplett verändert und von der Stealth-/Tarnkappenbauweise geprägt. Auf dem Rumpf befinden sich zwei große Deckshäuser, die die Verdrängung – auch bedingt durch das Platz- und Gewichtsintensive AEGIS-System – von 6.900 Tonnen der Spruance-Klasse auf 9.600 Tonnen bei der »Ticonderoga« erhöhten; bei einer Länge von 173 Metern, einer Breite von 16,8 Metern und einem Tiefgang von 10,2 Metern. Nach der Streichung des Strike Cruiser-Programms erhielten die Schiffe der Ticonderoga-Klasse Einrichtungen für einen Führungsstab und die Rolle als Flaggschiff einer Flotte, was ebenfalls zu der gestiegenen Verdrängung beitrug. Auf jedem der beiden Deckshäuser befinden sich zwei der markanten achteckigen AN/SPY-1-Radarflächen – die Radarflächen mit Ausrichtung in Richtung Bug sowie nach Steuerbord auf dem vorderen Deckshaus und die Radarflächen mit Ausrichtung nach achtern sowie nach Backbord auf dem hinteren Deckshaus. Um das phasengesteuerte AN/SPY-1-Radar herum ist das AEGIS-System aufgebaut, welches dem Schiff eine bis dahin einmalige konstante 360-Grad-Radar-Luftraumabdeckung ermöglicht. Da die flachen Radarantennen in den 3,- 6,- 9- und 12-Uhr-Positionen des Schiffes angebracht sind, können viele Ziele zur gleichen Zeit und ohne Unterbrechung geortet und verfolgt werden (bei einem klassischen sich drehenden Radar kommt es während jedem Drehvorgang zu einer Unterbrechung in der Zielortung). Die passive elektronische Strahlschwenkung ermöglicht den AEGIS-Bedienern in der Operationszentrale der Ticonderoga-Klasse zwischen verschiedenen Zielen in Millisekunden hin- und herzuschalten. Wie die vorangegangene Spruance-Klasse wird auch die Ticonderoga-Klasse von vier General Electric LM2500-Gasturbinen angetrieben, die auf zwei fünfblättrige Verstellpropeller wirken. Im Gegensatz zur Spruance-Klasse, die vollständig bei Ingalls gebaut wurde, zog die US Navy Mitte der 1980er Jahre mit Bath Iron Works eine zweite Bauwerft zum Ticonderoga-Bauprogramm hinzu, die acht von insgesamt 27 Schiffen fertigte.

Die vordere und die hintere VLS-Abschussanlages beinhalten jeweils 61 Zellen für unterschiedliche Flugkörper, hier aufgenommen auf der USS »Normandy« (Foto: Verfasser).

Baulose

Die ersten fünf Schiffe der Klasse wurden mit je zwei Mark-26-Raketenstartern auf dem Vorschiff und dem Heckbereich ausgestattet, was die Mitnahme von 88 Flugkörpern ermöglichte. Typischerweise setzten sich diese über die zweiarmige Mark-26-Startanlage verschossenen Flugkörper aus 68 RIM-66 Standard-Raketen (SM-2 MR) zur Flugabwehr und 20 RUR-5 ASROC Anti-U-Boot-Raketen zusammen. Die Mark-26-Startanlage war eines der letzten auf Schienen laufenden Startsysteme der US Navy, welches es ermöglichte, von nur einer Person bedient zu werden und gleichzeitig zwei Raketen verschießen konnte. Die Nachladezeit betrug lediglich neun Sekunden. Mit der Indienststellung des sechsten Schiffes der Ticonderoga-Klasse – der USS »Bunker Hill« (CG-52) – am 20. September 1986 verfügte die US Navy erstmals über ein mit zwei vertikalen Raketenstartanlagen vom Typ Mark 41 Vertical Launching System (VLS) ausgestattetes serienreifes Marineschiff. Die Startanlage des Typs Mark 41 ist heute Standard auf den meisten größeren Kampfschiffen der US Navy sowie den Schiffen zahlreicher verbündeter Marinen. Das VLS bestehend aus zwei Anlagen zu je 61 Flugkörperzellen ermöglicht die Mitnahme eines wechselnden Flugkörpermixes aus Standard-Flugabwehrraketen, Evolved Sea Sparrow-Flugabwehrraketen sowie ASROC-Anti-U-Boot-Raketen. Wichtigste Neuerung ist aber die Befähigung zum Abschuss von Tomahawk-Marschflugkörpern, was mit den Mark-26-Startern der ersten fünf Schiffe der Ticonderoga-Klasse nicht möglich war. Wichtiger noch als die größere Anzahl der mitgenommenen Flugkörper ist der dauerhafte Stand-by-Status der Abschussanlage, da die Raketen und Marschflugkörper ohne Vorbereitung jederzeit verschossen werden können. Ein typischer Flugkörpermix einer »Ticonderoga« mit VLS besteht aus 80 SM-2-Flugabwehrraketen, 16 ASROC Anti-U-Boot-Raketen und 26 Tomahawk-Marschflugkörpern, die beim Abschuss schon im jeweiligen Startschacht gezündet werden. Sämtliche »Ticonderogas« aller Versionen sind mit je zwei 127-mm-Mark-45-Leichtgewichtsgeschützen, je zwei Startern für RGM-84-Harpoon-Seezielflugkörper, je zwei Mark-32-Dreifach-Torpedowerfern, je zwei CWIS-Nahbereichsverteidigungssystemen sowie verschiedenen Maschinengewehren ausgestattet. Neben der Ausrichtung auf die Luftverteidigung eines Flottenverbandes hin verfügen die Schiffe der Ticonderoga-Klasse auch über eine umfangreiche Ausstattung zur

Die USS »Lake Erie« (CG-70) feuert im Mai 2013 eine SM-3 Flugabwehrrakete aus dem vorderen VLS ab. SM-3-Raketen werden hauptsächlich zur Abwehr von Ballistischen Flugkörpern genutzt (Foto: US Navy).

U-Boot-Bekämpfung; unter anderem wurde die AN/SQS-63-Bugsonaranlage von der vorausgehenden Spruance-Klasse übernommen, die den Hauptgrund für den großen Tiefgang der »Ticonderogas« von über zehn Metern darstellt.

Die letzten Jahre

Aufgrund der Tatsache, dass die US Navy den deutlich leistungsschwächeren Mark-26-Starter ausmustern wollte, wurden die ersten fünf Ticonderoga-Kreuzer um die Jahrtausendwende in den Heimatschutzdienst nahe der amerikanischen Hoheitsgewässer überstellt und zwischen September 2004 und Dezember 2005 vollständig ausgemustert. Heute verrichten noch sieben der ehemals 27 Schiffe der Ticonderoga-Klasse ihren Dienst in der US Navy. Einige der frühen Schiffe sind inzwischen verschrottet worden, die meisten Einheiten befinden sich jedoch in der Reserve. Die letzten sieben »Ticonderogas« sollen in den nächsten Jahren durch die Zerstörer des Arleigh Burke-Bauloses Flight III (siehe Kapitel 3.3.) ersetzt werden.

Technische Daten Ticonderoga-Klasse	
Bauzeitraum	1980 bis 1994
Bauwerften	Ingalls Shipbuilding, Pascacoula Mississippi und Bath Ironworks, Bath, Maine
Abmessungen	173 Meter Länge, 16,8 Meter Breite, 10,2 Meter Tiefgang
Verdrängung	9.600 Tonnen
Antrieb	4×LM-2500-Gasturbinen von General Electric mit insgesamt 80.000 PS Leistung, auf 2×Antriebswellen wirkend, 2×Fünfblatt-Verstellpropeller
Höchstgeschwindigkeit	32,5 Knoten (offiziell)
Besatzung	330 Personen
Bewaffnung (letzte 22 Schiffe)	2×Mk45 127-mm-Bordgeschütze, 2× Mk 41 VLS mit je 61×Abschusszellen für SM2, SM-3 und ESSM Evolved Sea Sparrow-Flugabwehrraketen sowie Tomahawk-Marschflugkörper und ASROC-Raketen zur U-Boot-Bekämpfung, 8×Harpoon Seezielflugkörper, 2×Phalanx CIWS zur Nahbereichsverteidigung, 2×Dreifachtorpedowerfer Mk32, verschiedene Maschinengewehre
Sensoren	AN/SPY-1A/B Multifunktionsradar, AN/SPS-49 Air Search Radar, AN/SQS-53B/C/D Bugsonar, AN/SLQ-32 System zur Elektronischen Kampfführung, Mk 36 SRBOC Täuschkörperwerfer-System, AN/SLQ-25 Nixie geschlepptes Täuschkörpersystem
Luftfahrzeuge	2×Sikorsky MH-60R Seahawk-Helikopter

3.3 Zerstörer der Arleigh Burke-Klasse

Am 29. Dezember 2025 wurde nach den Erprobungen die USS »Ted Stevens« (DDG-128) als zweiter Zerstörer des Arleigh Burke Bauloses Flight III an die US Navy übergeben (Foto: US Navy/Huntington Ingalls Industries).

Die bisher 76 im aktiven Dienst stehenden Zerstörer (Stand Frühjahr 2026) der Arleigh Burke-Klasse sind dermaßen tief verwurzelt in den Strukturen der US Navy, dass sie aus deren Bestand nicht mehr wegzudenken sind.

Die Arleigh Burke-Klasse ist die weltweit zahlenmäßig größte Schiffsklasse seit dem Zweiten Weltkrieg und seit 1991 – mit der Auslieferung der USS »Arleigh Burke« (DDG-51) – fast ununterbrochen im Zulauf in die Flotte. Ständige Updates und Modernisierungen halten die Schiffe konstant auf dem neuesten technischen Stand. Der ursprüngliche Entwurf der »Arleigh Burke« geht zurück bis in das Jahr 1979. Wenn einmal in den 2030er Jahren die neuen »Schlachtschiffe« der Trump-Klasse (siehe Kapitel 3.9.) tatsächlich die Nachfolge der Arleigh Burke-Klasse antreten sollten, dürften bis dahin voraussichtlich rund 100 Schiffe der Arleigh Burke-Klasse in Dienst gestellt worden sein. Das ist beeindruckend für einen Schiffsentwurf, der im Grundlayout im Jahr 1979 konzipiert wurde. Nachfolgend werfen wir einen Blick auf die Entwicklungsgeschichte dieser äußerst langlebigen Schiffsklasse.

Die Entwicklung

Ein Grund für den langanhaltenden Erfolg der Arleigh Burke-Klasse ist sicherlich die Vielzahl an Einsatzmöglichkeiten. Die Arleigh Burke-Klasse wurde als Ersatz von drei noch aus den 1950er Jahren stammenden Zerstörerklassen konzipiert – den Mitscher(DL-2)-, Forrest Sherman(DD-931)- und Farragut(DDG-37)-Klassen, die Mitte der 1980er Jahre das Ende ihrer Lebensdauer erreichten. Bis auf die »Farraguts« handelte es sich bei den zu ersetzenden Schiffen um konventionelle Zerstörer, die nicht als Lenkwaffenschiffe klassifiziert waren. Gemäß dem damaligen Denkansatz bei der US Navy, sollte dieser Ersatz der 50er-Jahre-Zerstörer hauptsächlich auf die Luftverteidigung hin ausgerichtet sein und mit dem AEGIS-System ausgestattet werden, welches sich gerade bei den ab 1980 gebauten Ticonderoga-Kreuzern (siehe Kapitel 3.2.) in der Einführung befand. Als die Regierung von Ronald Reagan 1981 ihre Amtsgeschäfte übernahm, nahm das Projekt des neuen Zerstörers schnell Fahrt auf. Eine der wichtigsten Prioritäten der Reagan-Regierung war der Aufwuchs der US Navy von 300 auf 600 schwimmende Einheiten. Ein wichtiger Bestandteil dieser massiv erweiterten Flotte sollte der neue Zerstörer sein, der das AEGIS-Kampfsystem und den Gasturbinenantrieb faktisch unverändert von der Ticonderoga-Klasse übernehmen, dabei aber wesentlich kostengünstiger als die »Ticonderogas« ausfallen sollte, um ihn in weit größerer Stückzahl als die »Ticonderogas« herstellen zu können. Am 30. Juni 1981 wurde ein offizieller Leistungskatalog vom Office of the Chief of Naval Operations (OpNav) erstellt, dessen höchste Priorität eine gesteigerte Kampfkraft bei reduzierten Baukosten war. Weitere Ziele waren hohe Operabilität, Energieeffizienz und eine passive Überlebensfähigkeit sowie zukünftiges Wachstumspotenzial. Etwas weniger wichtig waren eine aktive Überlebensfähigkeit (hervorgerufen durch einen Mix an elektronischen Gegenmaßnahmen und einer Nahbereichsverteidigung beispielsweise durch Phalanx-CIWS-Systeme) sowie eine reduzierte Verdrängung. Die Bewohnbarkeit – also die Qualität der Besatzungsunterbringung – erhielt hingegen eine niedere Priorität. Da eine größere Automation – wie sie auf europäischen Fregatten zu beobachten ist – operationelle Risiken bedeutet, wurde weniger Wert auf eine reduzierte Besatzungsgröße gelegt. Nachdem mehrere unterschiedliche Entwürfe untersucht waren, konnte das endgültige Schiffsdesign im Februar 1982 ausgewählt werden. Die Rumpfform des von der Navy-Abteilung NavSea (Naval Sea Systems Command) entwickelten Entwurfes orientierte sich an den zeitgenössischen Sowjetschiffen, die oftmals über eine bessere Seegängigkeit als amerikanische Schiffe verfügten. Bis dahin waren die amerikanischen Schiffe auf hohe Geschwindigkeiten in relativ ruhigen Gewässern ausgelegt, was eine schlanke Form bedingte. Der neue Zerstörer hingegen sollte über eine größere Breite auf der Wasserlinie verfügen, was zwar die zu erreichende Höchstgeschwindigkeit einschränkte, aber auch die Überlebensfähigkeit erhöhte. Um doch die geforderte Höchstgeschwindigkeit von mehr als 30 Knoten zu erreichen, konnte die Leistungsfähigkeit der vier LM2500-Gasturbinen von 80.000 PS auf 100.000 PS erhöht werden. Da die bei den Spruance-Zerstörern und den Ticonderoga-Kreuzern verwendeten fünfblättrigen Schiffspropeller diese Leistungssteigerung verkraften konnten, wurden sie auch bei der neuen Zerstörerklasse verwendet. Diese war inzwischen nach einem der berühmten Zerstörerkommandanten des Zweiten Weltkrieges, Admiral Arleigh Albert Burke, benannt worden. Im Oktober 1982 wurde entschieden, dass sowohl der 154 Meter lange Rumpf wie auch die Aufbauten aus Stahl konstruiert werden sollten, um dem Schiff eine höhere Überlebensfähigkeit im Gefechtsfall zu ermöglichen. Das sichtbarste Element der erhöhten passiven Überlebensfähigkeit des Leistungskataloges waren die Maßnahmen zur Reduzierung des Radarquerschnittes. Sämtliche äußeren Oberflächen sind abgeschrägt voneinander, um gegnerische Radarstrahlen in verschiedene Richtungen abzulenken. Außerdem wurde das Schiff mit einem umfangreichen Schutz gegen ABC-Waffen ausgestattet sowie mit Maßnahmen zum Überleben von Elektromagnetischen Impulsen (EMPs) und Hitze- und Schockwellen. Der damalige Marineminister John F. Lehman bestimmte, dass der neue Zerstörer maximal 75% der Baukosten eines

Die USS »Arleigh Burke« (DDG-51), aufgenommen während der Erprobungsfahrten vor der Indienststellung im Jahr 1991 (Foto: Naval History and Heritage Command).

Die am 23. Oktober 1999 in Dienst gestellte USS »O'Kane« (DDG-77), aufgenommen im Januar 2014 beim Auslaufen aus Pearl Harbor (Foto: US Navy/Petty Officer 2nd Class Daniel Barker).

Die am 19. August 2000 in Dienst gestellte USS »Oscar Austin« (DDG-79) ist das erste Schiff des runderneuerten Bauloses Flight IIA, bei dem konstruktive Änderungen an Schiffsrumpf und Aufbauten erfolgten (Foto: Verfasser).

Kreuzers der Ticonderoga-Klasse aufweisen dürfe. Das bedeutet, dass die neue Zerstörerklasse wiederum 75% der Fähigkeiten der Ticonderoga-Kreuzer erhielt – so sind beispielsweise auf den Zerstörern nur drei AN/SPG-62-Feuerleitradare verbaut anstatt der vier Exemplare auf den Kreuzern. Das hat zur Folge, dass von den Zerstörern gleichzeitig lediglich drei SM-2-Luftabwehr-Raketen ins Ziel gesteuert werden können, während die Kreuzer dies simultan mit vier Flugkörpern tun können. In der Operationszentrale der Zerstörer fehlt ein zweites Paar Großbildschirme, welches auf den Kreuzern vorhanden ist. Da sämtliche von der Arleigh Burke-Klasse zu ersetzenden Schiffsklassen über keinerlei Helikopterunterbringungsmöglichkeiten verfügten, verzichtete man auch bei der »Arleigh Burke« auf die bei den »Ticonderogas« vorhandenen Helikopterhangars. Jedoch installierte man ein auf den Betrieb des Sikorsky SH/MH-60 Seahawk hin ausgelegtes Helikopterlandedeck, welches auf den Zerstörern der 1950er Jahre vollständig fehlte. Dies ermöglichte zumindest die Versorgung einer »Arleigh Burke« von Land aus oder innerhalb eines Flottenverbandes per Helikopter. Die damals vorherrschende Philosophie war, dass ein Zerstörer immer innerhalb eines Flottenverbandes unterwegs ist, in dem ausreichend Kapazitäten zur Beherbergung von Marinehubschraubern auf anderen Schiffen vorhanden sind. Die große Rumpfbreite von 20 Metern in Verbindung mit dem markanten Brückenhaus sorgte dafür, dass die »Arleigh Burke« im Vergleich mit den Fregatten und Zerstörern anderer Marinen als »bullig« erscheint. Im Gegensatz zu den Spruance- und Kidd-Zerstörern sowie den frühen Ticonderoga-Kreuzern wurde bei der Arleigh Burke-Klasse von Beginn an ein Mark-41-VLS bestehend aus 90 Startzellen verbaut. Dies gab den Schiffen eine größere Flexibilität bei den mitgenommenen Flugkörpern und 90 voneinander unabhängige Startmöglichkeiten für diese Flugkörper. Die Vorgängerschiffe liefen stetig Gefahr, im Falle eines mechanischen Versagens ihres Raketenstarters buchstäblich »außer Gefecht« zu sein. Das VLS hingegen erwies sich in der Praxis als äußerst zuverlässig, weil kein einziges kritisches Element in der Startzelle vorhanden ist, welches klemmen und somit den Raketenstart verhindern könnte. Da die Navy sich bei der Arleigh Burke für eine VLS-Version mit langen Startzellen entschied, waren die Zerstörer von Anfang an zum Mitführen und Abfeuern von Tomahawk-Marschflugkörpern gegen Landziele aus den VLS-Zellen heraus befähigt. Der ursprüngliche Schiffsentwurf hatte hinter den Aufbauten ein einzelnes 127-mm-Geschütz installiert, das letztendlich auf dem Vorschiff vor dem VLS platziert wurde. An seine Stelle trat ein zweites Nahbereichsverteidigungssytem vom Typ Phalanx CIWS. Um das Schiff kompakter als die Ticonderoga-Klasse zu gestalten, wurde die Zahl der Stromgeneratoren für das AN/SPY-1-Radar von zwei (in den zwei Deckshäusern der Aufbauten) auf eins reduziert. Dieser einzelne Stromgenerator befindet sich im vorderen Teil des Brückenhauses, an dem alle vier AN/SPY-1-Antennen angebracht sind.

Flight I

Der Bauauftrag für die erste Einheit – die »USS Arleigh Burke« (DDG-51), die erst verspätet am 06. Dezember 1988 auf Kiel gelegt wurde – wurde im Fiskaljahr 1985 an Bath Iron Works in Maine vergeben. Die schiffbauliche Entwicklung des Desig-

In der Heckansicht der »Oscar Austin« im Marinestützpunkt Kiel erkennt man den Doppelhangar zur Aufnahme von zwei Seahawk-Helikoptern (Foto: Verfasser).

nentwurfes übernahm das Marinearchitekturbüro Gibbs & Cox. Erst im Fiskaljahr 1987 wurden mit der USS »Barry« (DDG-52) und der USS »John Paul Jones« (DDG-53) die nächsten beiden Schiffe autorisiert. Bereits der Bauauftrag für die »Barry« wurde an Ingalls Shipbuilding in Mississippi erteilt, die von der Navy als zweite Bauwerft für das Arleigh Burke-Programm ausgewählt worden war. Da Ingalls mit dem Bau der »Barry« vor dem Stapelleauf der »Arleigh Burke« begann, kam es auch in Mississippi zu Verzögerungen, da die beiden Werften gravierende Probleme mit der schiffbaulichen Abstimmung bzw. dem Austausch der Baupläne hatten. Nachdem im Fiskaljahr 1988 gar keine Arleigh Burkes vom US-Kongress autorisiert wurden, genehmigte dieser im Fiskaljahr 1989 gleich fünf Einheiten (DDG-54 bis DDG-58). Danach pendelte sich die Autorisierung auf zumeist zwei oder drei Schiffe der Arleigh Burke-Klasse pro Jahr ein. Der Bau der Schiffe erfolgte ungefähr je zur Hälfte bei Bath Iron Works und Ingalls Shipbuilding. Die USS »Arleigh Burke« (DDG-51) wurde als Schiff des sogenannten Flight I kategorisiert, während die Schiffe von DDG-52 bis DDG-71 als Flight IA eingestuft wurden. Bei der »Barry« (DDG-52) wurde ein im Vergleich zur Arleigh Burke moderneres Helikopterlandedeck installiert, das das Auftanken und die Neubewaffnung der Helikopter mit Sonarbojen und Torpedos ermöglichte – diese Fähigkeiten fehlten ursprünglich bei der »Arleigh Burke«, wurden aber inzwischen nachgerüstet. Heute spricht man im Allgemeinen für die Schiffe mit den Kennungen von DDG-51 bis DDG-71 nur von einem Flight I.

Flight II

Die Schiffsklasse erfuhr mit der am 14. Februar 1998 in Dienst gestellten USS »Mahan« (DDG-72) ihr erstes größeres Update. Die »Mahan« und ihre folgenden sechs Schwesterschiffe (DDG-73 bis DDG-78) werden als Flight II klassifiziert. Das Hauptunterscheidungsmerkmal zum vorausgegangenen Flight I ist eine rundum erneuerte elektronische Ausstattung. Sie besteht u. a. aus dem neuen NATO-Datenlink Link 16, neuen AN/SLQ-32(V3)-Systemen zur elektronischen Kampfführung, Equipment für das Führen des Tomahawk-Marschflugkörpers als Seezielflugkörper zur Bekämpfung von feindlichen Schiffen und ein modernisiertes AEGIS-Kampfsystem. Einige dieser elektronischen Komponenten wurden bereits auf der USS »The Sullivans« (DDG-68) verbaut, das erste Schiff mit allen technischen Updates war jedoch die USS »Mahan« (DDG-72).

Flight IIA

Mit der darauffolgenden Version Flight IIA zogen bei der Arleigh Burke-Klasse erstmals schiffbauliche Änderungen ein. Die ersten Jahre nach dem Ende des Kalten Krieges brachten der Navy viele Erfahrungen mit allein operierenden Zerstörern – also außerhalb eines Flottenverbandes. Auch hatte der erste Golfkrieg 1991 gezeigt, dass sich Bedrohungen durch kleine angreifende Boote hervorragend mittels Helikoptern bekämpfen ließen. Diese operationellen Erfahrungen verdeutlichten der Navy die Notwendigkeit einer dauerhaften Einschiffungsmöglichkeit für Bordhelikopter an Bord der Arleigh Burke-Klasse. Ihren Ursprung hatte die neue Version Flight IIA in einer Studie aus dem Jahr 1991, die eine Optimierung und eine Kostenreduktion der laufenden Arleigh Burke-Produktion zum Ziel hatte. Die Studie empfahl die Installation eines Doppelhangars für zwei Seahawk-Helikopter vor dem Helikopterlandedeck. Dieses wurde daraufhin um rund 1,5 Meter verlängert und die Position der zwei Torpedowerfer wurde von Mittschiffs nach Achtern verlegt. Die beiden hinteren Radarflächen des AN/SPY-1-Radars wurden um rund 2,4 Meter höher positioniert, um Radar-Störungen durch das aufgrund des Hangars erhöhte Hinterschiff zu reduzieren. Bei den Schiffen des Flight I und II sind die vorderen und hinteren Radarflächen auf gleicher Höhe angebracht. Um Gewicht zu kompensieren, entfielen die Startcontainer für die Harpoon-Seezielflugkörper sowie das Schleppsonar der vorherigen Versionen. Weiterhin wurden ein Electro-Optical Director vom Typ Kollmorgen MK 46 über der Brücke hinzugefügt und die Ladekräne zum Nachladen des VLS auf See, die jeweils den Platz von drei VLS-Zellen am vorderen sowie hinteren VLS-System einnahmen, wurden gänzlich entfernt. Die Praxis hatte gezeigt, dass das Nachladen auf See beinahe niemals notwendig war. Außerdem können mit den Ladekränen keine schweren Tomahawk-Marschflugkörper nachgeladen werden, die sich inzwischen als wichtigste Bewaffnungsoption der Arleigh Burke-Klasse erwiesen hatte. Durch die Aussparung der Ladekräne stieg die Gesamtzahl der VLS-Zellen an Bord somit von 90 auf 96. Auch die Gasturbinen und das elektrische System der Schiffsklasse wurden mit der Version Flight IIA auf den

Das Heck der USS »Rafael Peralta« (DDG-115), dem ersten nach der Produktionsunterbrechung bei Bath Iron Works gebauten Zerstörer der Arleigh Burke-Klasse, aufgenommen am 31. Oktober 2015 anlässlich der Schiffstaufe (Foto: US Marine Corps).

Zerstörer der Arleigh Burke-Klasse im Verband: die USS »Paul Hamilton« (DDG-60, vorne) und die USS »Kidd« (DDG-100, hinten), am 22. Januar 2020. als Teil der Flugzeugträgerkampfgruppe um die USS »Theodore Roosevelt« (CVN-71) im Indopazifik (Foto: US Navy/MC3 Sean Lynch).

neuesten technischen Stand gebracht. Um die Überlebensfähigkeit der Flight IIA-Schiffe zu erhöhen, erhielten diese Mittschiffs fünf zusätzliche Schotten. Als erstes Schiff des Flight IIA wurde im Fiskaljahr 1994 die USS »Oscar Austin« (DDG-79) autorisiert, die am 19. August 2000 in Dienst gestellt wurde. Bis 2005 wurden 33 weitere Flight IIA-Schiffe autorisiert. Mit dem letzten Schiff, der USS »Michael Murphy« (DDG-112), sollte ursprünglich der Bau der Arleigh Burke-Klasse im Jahr 2012 abgeschlossen werden. Die Nachfolge sollte die Zumwalt-Klasse (siehe Kapitel 3.4.) übernehmen, die aber sowohl schiffbaulich hinter den Erwartungen blieb und sich durch eine massive Kostenexplosion auszeichnete Deswegen wurden im Fiskaljahr 2010 ein weiterer Zerstörer der Arleigh Burke-Version Flight IIA vom US-Kongress genehmigt, die USS »John Finn« (DDG-113), gefolgt von weiteren Schiffen in den Folgejahren. Im Jahr 2016 wurden mit DDG-123 und DDG-124 die eigentlich letzten Schiffe der Version IIA autorisiert. Ein zusätzliches Schiff, die USS »Patrick Gallagher« (DDG-127) wurde ebenfalls noch 2016 autorisiert, als klar wurde, das bei der schiffbaulichen Umsetzung der nächsten Arleigh Burke-Version, des sogenannten Flight III, Bath Iron Works dem Konkurrenten Ingalls Shipbuilding um Jahre hinterherhinkte. Der zusätzliche Zerstörer des Flight IIA soll den Übergang zum rundum erneuerten Flight III erleichtern. Auffälligstes Merkmal der neuen, wiederaufgelegten Flight IIA-Zerstörer ab Fiskaljahr 2010 ist die Eliminierung des Backbordankers am Bug.

Flight III

Am 04. Juni 2021 lief bei Ingalls mit der USS »Jack H. Lucas« (DDG-125) der erste Zerstörer des nächsten Bauloses vom Stapel, das von der US Navy als Flight III kategorisiert wird. Herzstück dieser neuen Version ist das AN/SPY-6(V)1 Air and Missile Defense Radar, welches einen Quantensprung in der Radartechnik von Überwasserschiffen darstellt. Um das we-

Im direkten Vergleich werden einige schiffbaulichen Änderungen zwischen dem Flight I (links »USS Ramage« DDG-61) und dem Flight IIA (rechts »USS Mustin« DDG-89) deutlich. Wichtigste Änderung war die Einführung des Doppelhangars zur Einschiffung von zwei Helikoptern (Fotos: DOD Media/David Tilton und US Navy/PH1 Robert Mcrill).

sentlich größere, schwerere und leistungsintensivere Radar mit Strom zu versorgen, gibt es beim Flight III umfassende Änderungen bei der Energieversorgung; so werden u. a. neue Stromgeneratoren von Rolls-Royce eingebaut. Das AN/SPY-6(V)1 ist 30 Mal so sensitiv wie das bisher genutzte AN/SPY-1D(V) und kann 30 Mal so viele Ziele wie sein Vorgänger gleichzeitig verfolgen. Sogar Ortungen von Periskopen getauchter U-Boote sollen mit dem neuen Radar möglich sein. Von Beginn an können die Schiffe des Flight III Aufgaben zur Luftverteidigung und Aufgaben zur Abwehr ballistischer Raketen gleichzeitig ausführen. Weiterhin sind aufgrund der Umkonstruktion der Energieversorgung ebenfalls einige Änderungen am Rumpf sowie an der Klimaanlage des Schiffes nötig. In der Operationszentrale – dem Combat Information Center (CIC) – werden drei zusätzliche Konsolen für das Personal des Air Warfare Commanders platziert, denn die Arleigh Burke Flight III soll die Rolle des Luftabwehrverbandsführers eines Flugzeugträgerverbandes von den Kreuzern der Ticonderoga-Klasse übernehmen, die ab 2022 sukzessive ausgemustert wurden. Auch die seitlichen Aufbauten neben den hinteren Schornsteinen werden weiter nach vorne verlängert, weshalb zwei Festrumpfschlauchbeiboote übereinander statt hintereinander gelagert werden. Am 03. März 2020 begannen bei Bath Iron Works die ersten Arbeiten an der zukünftigen USS »Louis H. Wilson JR.« (DDG-126), dem ersten Flight III-Zerstörer der Werft in Maine. Da man bei Bath Iron Works wesentlich länger an der Zumwalt-Klasse arbeitete als ursprünglich geplant, ging die Auftragsvergabe für das Lead Ship – also das erste Schiff einer neuen Version – erstmals nicht an Bath, sondern mit der zuvor beschriebenen »Jack H. Lucas« an Ingalls in Mississippi. Die USS »Jack H. Lucas« wurde als erste Flight III-Einheit an die US Navy ausgeliefert, gefolgt von voraussichtlich langwierigen Erprobungsfahrten, bedingt durch das bisher auf See vollkommen unerprobte neue AN/SPY-6(V)1-Radar.

Auf dieser Mitte Juni 2022 in Bath entstandenen Aufnahme sieht man rechts die USS »Harvey C. Barnum« (DDG-124) und links das erste Baumodul der USS »Patrick Gallagher« (DDG-127, Kiellegung am 30. März 2022), bei dem es sich um den letzten Arleigh Burke-Zerstörer der Version Flight IIA handelt (Foto: GDBIW).

Die geräumige und moderne Brücke der »Paul Ignatius«. Der mit »CO« markierte Sitz »gehört« dem Kommandanten (Foto: Verfasser).

Der Heckbereich der »Paul Ignatius«. Das Schiff verfügt über einen Doppelhangar; das Hangartor auf der Backbordseite ist geöffnet (Foto: Verfasser).

Ausblick

Seit 2017 gehören sämtliche vom US-Kongress autorisierten Arleigh Burke-Zerstörer dem Flight III an, Bisher wurden Schiffe bis zur Kennnummer DDG-149 autorisiert – der zukünftigen USS »Robert R. Ingram«. Seit der ursprünglichen USS »Arleigh Burke« mit der Kennung DDG-51 wurden folglich insgesamt 99 Zerstörer der Arleigh Burke-Klasse gebaut oder in Auftrag gegeben. Weitere Bauaufträge werden mit Sicherheit folgen, da mit dem projektierten Nachfolger realistischerweise nicht vor Ende der 2030er Jahre gerechnet werden kann.

Blick vom Bug in Richtung Brückenaufbau. Man erkennt das Mark 45 Mod 4-Bordgeschütz und auf der Plattform vor der Brücke das Nahbereichsverteidigungssytem Phalanx Mk-15 (Foto: Verfasser).

Technische Daten Arleigh Burke-Klasse Flight IIA	
Abmessungen	155,30 Meter Länge, 20,27 Meter Breite, 6,68 Meter Tiefgang ohne Sonardom, 9,72 Meter mit Sonardom
Verdrängung	9.400 Tonnen bei voller Beladung
Antrieb	4× LM2500-30-Gasturbinen (können sowohl mit Schiffsdiesel wie auch Flugbenzin/Kerosin betrieben werden), die auf zwei Wellen wirken, zwei fünfblättrige Verstellpropeller, Maximal 105.000 PS, Dauerleistung 90.000 PS
Energie	Insgesamt 7.500 kW über 3× Stromgeneratoren, die durch 501-K34-Gasturbinen angetrieben werden
Geschwindigkeit	Mehr als 31,6 Knoten
Aktionsradius	8.150 km bei Marschgeschwindigkeit von 20 Knoten
Besatzung	32 Offiziere/348 Unteroffiziere und Mannschaften (4/14 Helikopterpersonal), Unterkünfte für weibliche Besatzungsmitglieder vorhanden
Bewaffnung	2× VLS-Startmagazine MK 41 mit 32 Zellen vorne und 64 Zellen hinten, wechselnde Bewaffnung aus Standard-Raketen RIM-66 Standard Missile 2 (SM-2), RIM-161 Standad Missile 3 (SM-3), RUM-139 VL-ASROC Anti-U-Boot-Raketen sowie Tomahawk-Marschflugkörpern und Evolved Sea Sparrow Flugabwehrraketen, 12,7-cm-Mehrzweckkanone L/62 Mk 45 Mod. 4, zwei 20-mm-Nahabwehr-Geschützanlagen CIWS Phalanx, zwei 25-mm-Flachbahngeschütze L/75 Mk 38 Mod. 1 Bushmaster, vier 12,7-mm-Maschinengewehre, 2× Mark 32 Dreifachtorpedowerfer zum Abschuss von Mk 46, Mk 50 oder Mk 54 U-Jagdtorpedos, Anti-U-Bootwaffen Penguin und Hellfire für den Einsatz per Helikopter
Elektronik	Seegestütztes Multifunktionsradar AN/SPY-1D(V), SPS-67 Überwasser-Ortungsradar, SPS-73 Navigations-Ortungsradar, Sperry Marine BridgeMaster E-Navigationsradar, drei SPG-62-Radarbeleuchter, SQQ-89-Sonaranlage mit Bugsonar SQS-53, Anlagen zur elektronischen Kriegsführung, NATO-Links 11, 14 und 16
Helikopter	2 Sikorsky MH-60R Seahawk zur U-Bootbekämpfung

3.4 Zerstörer der Zumwalt-Klasse

Die USS »Zumwalt« (DDG-1000) mit dem Littoral Combat Ship USS »Independence« (LCS-2) im Jahr 2016 (Foto: US Navy/Petty Officer 1st Class Ace Rheaume).

Die drei Zerstörer USS »Zumwalt« (DDG-1000), USS »Michael Monsoor« (DDG-1001) und USS »Lyndon B. Johnson« (DDG-1002) zählen zu den futuristischsten Marineschiffen aller Zeiten. Ursprünglich waren sie auserkoren, Anfang des 21. Jahrhunderts die Nachfolge der Zerstörer der Arleigh Burke-Klasse (siehe Kapitel 3.3.) anzutreten. Jahrelange Verzögerungen und explodierende Kosten führten jedoch zu einer Reduktion auf lediglich drei Einheiten. Was als Erfolgsstory ersehen war, entwickelte sich zu einem Jahrzehnte währenden Bau- und Erprobungsprozess, in dem die Schiffe heftigster Kritik ausgesetzt waren. Doch nun scheint die US Navy eine Verwendung für die »Zumwalts« gefunden zu haben.

Die Entwicklung

Zeitgleich mit der Indienstellung des ersten Zerstörers der Arleigh Burke-Klasse im Jahr 1991 begann bei der US Navy die Suche nach einem Nachfolger, der als »Surface Combatant 21st Century« bezeichnet wurde. Dieser sollte vollständig nach Stealth-Gesichtspunkten gebaut werden, um die Radarsignatur zu reduzieren. Ursprünglich waren 32 Einheiten der neuen Schiffsklasse vorgesehen, die ab dem Jahr 2008 in Dienst gestellt werden sollten. Die Planungen umfassten den Bau von bis zu drei Schiffen pro Jahr bei den beiden »Zerstörerwerften« in Bath, Maine und Pascagoula, Mississippi. Aufgrund großer Abmessungen (knapp 186 Meter Länge) wurde immer wieder gefordert, die zukünftigen Einheiten als Kreuzer zu klassifizieren. Zu Anfang plante die US Navy mit Baukosten von 1,5 Milliarden US-Dollar pro Schiff; Kosten die durch Massenfertigung bei späteren Einheiten auf 750 Millionen Dollar reduziert werden sollten. Im Jahr 2001 wurde das Konzept nochmals geändert, um die Kosten zu senken und der Projektname in »DD-21« geändert (die Bezeichnung soll den Schiff-

Das Deckshaus der »Zumwalt« wird im Dezember 2012 auf den Rumpf gesetzt (Fotos: US Navy).

sentwurf als »Zerstörer für das 21. Jahrhundert« ausweisen). Ingalls Shipbuilding in Pascagoula erhielt als Teil des Notrhrop Grumman-Konzerns den Entwicklungs- und Bauauftrag. Die konkurrierende Werft Bath Ironworks in Bath als Teil des General Dynamics-Konzerns sollte als Subunternehmer fungieren. Weiterhin sicherten sich Lockheed Martin und der britische Rüstungskonzern BEA Systems weitere lukrative Teile des Kuchens. Schnell wurde die Gesamtzahl der Schiffe von 32 auf 24 Einheiten reduziert. Grund hierfür waren die rasch steigenden Entwicklungs- und Baukosten sowie sinkende Marinebudgets. Im Jahr 2008 wurde die Anzahl der Schiffe schließlich auf drei reduziert und stattdessen der Weiterbau (bzw. der Produktionsneustart) der Arleigh Burke-Klasse beschlossen. In der Zwischenzeit waren die Kosten pro Zumwalt-Einheit auf 3,5 Milliarden US-Dollar gestiegen, dazu kamen massive technische Probleme. Letztendlich wurde der Schiffsentwurf der Arleigh Burke-Klasse als ausgereift genug angesehen, auch während der nächsten Jahrzehnte gefertigt zu werden und das Rückgrat der Überwasserflotte der US Navy zu bilden. Nach einigem Hin und Her einigte man sich darauf, dass Bath Ironworks alle drei Einheiten der Zumwalt-Klasse fertigen würde, während Ingalls Shipbuilding als Führungswerft des Arleigh Burke-Neustarts fungieren sollte. Bei der Zuweisung der Schiffskennungen für die Zumwalt-Klasse ging die US Navy seltsame Wege und schloss an die letzten Zerstörer der Spruance-Klasse an – die letzte Einheit USS »Hayler« war bereits 1983 in Dienst gestellt worden und trug die Kennung DD-997 (das »G« eines Lenkwaffenzerstörers fehlte). Für die »Zumwalts« übersprang man zwei Nummern und benannte die drei Schiffe wie folgt: USS »Zumwalt« (DDG-1000, Indienststellung 15. Oktober 2016), USS »Michael Monsoor« (DDG-1001, Indienststellung 26. Januar 2019) und USS »Lyndon B. Johnson« (DDG-1002, Indienststellung voraussichtlich im Jahr 2027).

Die Schiffe der Zumwalt Klasse

Name	Indienststellung
USS »Zumwalt« (DDG-1000)	15. Oktober 2016
USS »Michael Monsoor« (DDG-1001)	26. Januar 2019
USS »Lyndon B. Johnson« (DDG-1002)	vstl. 2027

Der Schiffsentwurf

Mit einer Länge von 185,9 Metern, eine Breite von 25,5 Metern, einem Tiefgang von 8,4 Metern und einer Verdrängung von 15.656 Tonnen sprengten die geplanten Schiffe die gängigen Maßstäbe eines Zerstörers. Der Rumpf ist mit nach innen geneigten Seitenwänden versehen, weshalb die größte Breite auf der Wasserlinie und nicht auf der Höhe des Hauptdecks zu finden ist. Der nach hinten geneigte Bug – der Erinnerungen an die Kriegsschiffe Ende des 19./Anfang des 20.

Die USS »Zumwalt« verlässt nach der Indienststellung Baltimore und transferiert anschließend zum zukünftigen Heimatstützpunkt San Diego (Foto: US Navy/Liz Wolter).

Die zweite Zumwalt-Einheit USS »Michael Monsoor« (DDG-1001) aufgenommen im April 2021 im Pazifik (Foto: US Navy/MCS Shannon Renfroe).

Einlaufen der »Michael Monsoor« im Juni 2022 im Marinestützpunkt Pearl Harbor, Hawaii (Foto: US Navy/MC2 Jaimar Carson Bondurant).

Jahrhunderts weckt – dient zur Stabilisierung der Fahrt des Schiffes durch raue See. Dieser Bug durchschneidet eher die Wellen und wird weniger angehoben als traditionelle Bugformen. Auch das einzelne Deckshaus der Schiffsklasse verfügt über nach innen geneigte Wände, um gegnerischen Radar keine Fläche für Rückstrahlungen zu bieten. Da keine senkrechten Flächen vorhanden sind, sollen sämtliche auf das Schiff prallende Radarstrahlen seitlich in den Himmel abgelenkt werden. Neben den geometrischen Stealth-Eigenschaften wurden an Rumpf und Aufbauten zahlreiche Materialien mit niedrigen magnetischen Eigenschaften verwendet, die ebenfalls eine Ortung einer »Zumwalt« erschweren sollen. Der Antrieb der Zumwalt-Klasse erfolgt mittels zweier Hauptgasturbinen mit je 35,4 Megawatt von Rolls-Royce und zweier Hilfsgasturbinen mit je 3,8 Megawatt Leistung (ebenfalls von Rolls-Royce). Die dadurch erreichte Gesamtleistung von 78 Megawatt (105.000 PS) wird zum Betrieb von zwei als »Advanced Induction Motor« bezeichneten Elektromotoren genutzt, die auf zwei Schiffswellen wirken. Durch dieses Konzept wird eine Höchstgeschwindigkeit von 30 Knoten erreicht.

Die Bordsysteme

Die Zumwalt-Klasse ist mit einem 80 Startzellen umfassenden Advanced Vertical Launch System (AVLS) ausgestattet, welches technisch auf dem bewährten u.a. bei der Arleigh Burke-Klasse eingesetzten Mk. 41 VLS aufbaut. Aus diesem VLS können Tomahawk-Marschflugkörper, Evolved Sea Sparrow Missiles (ESSM) für die Flugabwehr von Flugkörpern im Nahbereich und SM-2- oder SM-3-Raketen für die Abwehr von Flugzeugen sowie Ballistischen Raketen sowie ASROC-Anti-U-Boot-Raketen verschossen werden. Zur Überwachung des Luftraumes dient das AN/SPY-3-Radar; die vier Flächenantennen sind in 90-Grad-Winkeln zueinander angeordnet. Vor dem Deckshaus sind zwei neuartige 15,5-cm-Mehrzweckgeschütze verbaut, die als Advanced Guns System (AGS) bezeichnet werden und vom britischen Rüstungskonzern BAE Systems entwickelt wurden. Damit ein potenzieller Gegner diese Geschütze nicht orten kann, sind sie unter Verkleidungen installiert, die für die Schussabgabe auf beiden Seiten aufgeklappt werden können. Die Beladung der Geschütze mit Munition geschieht vollautomatisch. An Bord der Schiffe können bis zu 600 Granaten für das Schiffsgeschütz gelagert werden; die Schussfolge wird mit bis zu zehn Schuss pro Minute angegeben. Das Besondere am Advanced Gun System ist die Nutzung von sogenannten Long Range Land Attack Projectile (LRAP-)Projektilen, die raketenbetrieben und GPS-gesteuert Ziele bis in eine Entfernung von 150 Kilometern treffen können. Dadurch sollten Wünsche des US Marine Corps erfüllt werden, die die Rückkehr von Fähigkeiten zum Landzielbeschuss beinhalteten – Fähigkeiten, die mit Außerdienststellung der Iowa-Klasse-Schlachtschiffe Anfang der 1990er Jahre verloren gegangen waren. Zusätzlich zu den 15,5-cm-Geschützen sind zwei konventionellere 5,7-cm-Geschütze des Typs Mk. 110 von BAE Systems verbaut, die ebenfalls unter ausklappbaren Verkleidungen montiert sind. Sie sollen tief- und hochfliegende Seezielflugkörper abwehren. Im Hangar der »Zumwalts« können zwei Sikorsky MH-60R Seahawk-Helikopter untergebracht werden, die sowohl für die U-Boot-Jagd, für Transportflüge und als Rettungshubschrauber genutzt werden können. Weiterhin können bis zu drei unbemannte Luftfahrzeuge, beispielsweise der RQ-8A Fire Scout von Northrop Grumman eingeschifft werden. Über eine Vorrichtung am Heck können zwei RHIB-Schlauchboote zu Wasser gelassen und wieder aufgenommen werden. Ein Hochleistungssonarsystem dient zur Ortung von Minen und gegnerischen U-Booten.

Geändertes Einsatzkonzept

Das ursprüngliche Einsatzkonzept sah die Integration der Zumwalt-Klasse in die Flugzeugträgerkampfgruppen als vollwertiger Zerstörer vor. Aufgrund der geringen Stückzahl von lediglich drei Einheiten und der daraus resultierenden niedrigen Verfügbarkeit (zumeist wird ein Schiff aktiv sein, während eines in der Wartung ist und eines in den Vorbereitungen auf eine Einsatzfahrt steckt) werden diese Planungen zunichtegemacht. Die US Navy hat die beiden in Dienst stehenden Einheiten USS »Zumwalt« und USS »Michael Monsoor« bisher ausschließlich als Einzelfahrer – also nicht in Trägerverbände integriert – genutzt. Anfang der 2020er Jahre entschied sich die US Navy, die drei Schiffe zu Trägern von Hyperschallwaffen umzubauen, die als »Conventional Prompt Strike (CPS) hypersonic weapons« bezeichnet werden. Den Anfang machte die USS »Zumwalt«, die von Ende 2022 bis November 2025 umgebaut wurde. Dabei wurden beide 15,5-cm-Geschütze entfernt, um Platz für die CPS-Startzellen zu schaffen. Im CPS-Gehäuse auf dem Vorschiff ist Platz für 12 CPS-Hyperschallwaffen, die in Zukunft auch auf den Jagd-U-Booten der Virginia-Klasse eingerüstet werden sollen. Die Umrüstung der zweiten Einheit USS »Michael Monsoor« hat laut Medienberichten Ende 2025 begonnen. Die dritte Einheit USS »Lyndon B. Johnson« wird bereits vor ihrer Indienststellung im Jahr 2027 auf den neuen Bewaffnungsstandard umgerüstet.

Die dritte Einheit USS »Lyndon B. Johnson« (DDG-1002) aufgenommen während der Bauphase im Dezember 2018 (Foto: Kristin S. Mason/DVIDS).

Die »Zumwalt« und die »Michael Monsoor« bei einer gemeinsamen Verbandsfahrt für die offiziellen Fotografen der US Navy (Foto: US Navy).

Technische Daten Zumwalt-Klasse	
Bauwerft	Bath Ironworks, Maine
Abmessungen	185,9 Meter Länge, 25,5 Meter Breite, 8,4 Meter Tiefgang
Verdrängung	15.656 Tonnen (voll beladen)
Antrieb	2× Rolls-Royce-Hauptgasturbinen mit je 35,4 Megawatt, 2× Rolls-Royce-Hilfsgasturbinen mit je 3,8 Megawatt (Gesamtleistung 78 Megawatt (105.000 PS)), 2× Elektromotoren, 2× Schiffswellen
Geschwindigkeit	30 Knoten
Besatzung	158 Personen
Bewaffnung	2×15,5-cm-Geschütze (wird entfernt), 12×CPS-Hyperschallwaffen (wird eingerüstet), 2×5,7-cm-Geschütze, 80×AVLS-Startzellen für Tomahawk-Marschflugkörper, Flugabwehrraketen ESSM (Nahbereich), Flugabwehrraketen SM-2 oder SM-3, ASROC-Anti-U-Boot-Raketen
Sensoren	1×AN/SPY-3-Radar, 1×Fortgeschrittenes Sonarsytem
Luftfahrzeuge	2×Sikorsky MH-60R Bordhubschrauber, max. 3×unbemannte Fluggeräte
Helikopter	2 Sikorsky MH-60R Seahawk zur U-Bootbekämpfung

3.5 Littoral Combat Ships der Independence-Klasse

Die 19. und letzte Einheit der Independence-Klasse – die USS »Pierre« (LCS-38) – läuft im November 2025 in Panama City, Florida ein, wo sie in Dienst gestellt werden wird (Foto: US Navy/Eddie Green).

Auf dieser Aufnahme der USS »Canberra« (LCS-30) erkennt man gut den Trimaran-Rumpf der Independence-Klasse (Foto: US Navy/ MC1 Mark D. Faram).

Im Oktober 2010 wurden mit der USS »Freedom« (LCS-1, siehe Kapitel 3.6.) und der USS »Independence« (LCS-2) zwei ungewöhnliche Schiffe in Dienst gestellt. Wie der Name impliziert, sind diese Littoral Combat Ships (zu Deutsch »Küstenkampfschiffe«) für den Einsatz in flachen Küstengewässern konzipiert.

Hintergründe

Die 127 m lange »Independence« und ihre Schwesterschiffe wurden von Austal USA in Mobile, Alabama gebaut. Sowohl der Trimaran-Rumpf wie auch die Aufbauten wurden vollständig aus Aluminium gefertigt. Die Littoral Combat Ships wurden ab Ende der 1990er Jahre geplant. Das Schiffskonzept sah zahlreiche Einsatzszenarien vor: Dominanz des Küstenvorfeldes, Durchsetzung von Embargos, Präzisionseinsätze, Überwachung von Schiffsverkehr, Abfangen sowie Inspektion von Schiffen im Küstenvorfeld, Absetzen und Einholen von Spezialkräften sowie Schutz von amphibischen Landeoperationen.

Das Schiff

Der Entwurf der Independence-Klasse basiert auf der Hochgeschwindigkeitsfähre »Benchijigua Express«, die 2003/04 für die spanische Reederei Fred. Olsen Express in Henderson, Westaustralien gebaut wurde, und die heute die Inseln Teneriffa, La Gomera und La Palma miteinander verbindet. Die Bauwerft der Trimaran-Fähre war die auf Aluminiumschiffe spezialisierte Austal-Werft in Henderson, Westaustralien. Ihr gelang es als Subunternehmer des General Dynamics-Rüstungskonzerns im Oktober 2005 einen ersten militärischen Bauauftrag für die neue US-Niederlassung in Mobile, Alabama an Land zu ziehen. Dabei entstand die USS »Independence« (LCS-2), einer der beiden Prototypen des Littoral Combat Ship-Programmes, der in einem mehrjährigen Wettstreit gegen die konkurrierende USS »Freedom« (LCS-1) von Lockheed Martin antreten sollte. Letztendlich war die US Navy von beiden Schiffsentwürfen beeindruckt, so dass sie beide in größerer Stückzahl orderte.

Die USS »Manchester« (LCS-14) macht im Oktober 2018 für einen Hafenbesuch in San Francisco fest (Foto: US Navy/MC1 Travis S. Alston).

Die »Independence« wird durch einen CODAG-Antrieb (Combined Diesel And Gas) im niedrigen Geschwindigkeitsbereich von zwei MTU Friedrichshafen 20V 8000-Dieselmotoren angetrieben, bei höheren Geschwindigkeiten kommen zwei General Electric LM2500-Gasturbinen mit je 28.000 PS zum Zug. Dadurch kann eine Höchstgeschwindigkeit von beeindruckenden 46 Knoten erreicht werden (85 km/h)! Die Antriebsaggregate wirken auf vier steuerbare Waterjet-/Wasserstrahlantriebe des finnischen Herstellers Wärtsila, die per Schubumkehr zum schnellen Stoppen des Schiffes genutzt werden können. Zur besseren Manövrierfähigkeit sind zwei ausfahrbare, um 360 Grad drehbare Propellergondeln (Azimuth Thruster) am Bug angebracht, die ihre Energie von einem 600-Kilowatt-Stromgenerator beziehen. Die Bewaffnung besteht aus einem 57-mm-Schiffsgeschütz, mehreren Maschinengewehren sowie den Nahbereichsverteidigungssystemen Phalanx/CIWS sowie SeaRAM zum Selbstschutz. Als weitere Bewaffnungsoption kommen auf einigen Schiffen der Independence-Klasse Seezielflugkörper des Typs Naval Strike Missile (NSM) von Kongsberg in Startcontainern auf dem Bug zum Einsatz. Weiterhin können die Schiffe der Independence-Klasse in der sogenannten Mission Bay auf 1.410 m² Fläche bzw. in einem Raumvolumen von 11.000 m³ mit unterschiedlichen Missionsmodulen ausgerüstet werden. Solche Missionsmodule wurden von der US Navy mit langjähriger Verzögerung für die folgenden Einsatzbereiche angeschafft: U-Boot-Bekämpfung (Anti-Submarine Warfare/ASW), Minensuche und –räumung (Mine Countermeasures/MCM) sowie Überwasserkriegsführung (Surface Warfare/SUW) und spezielle Kriegsführung (Special Warfare). Neben der Grundbesatzung von 40 Personen kommen bis zu 25 weitere Personen, die ein Missionsmodul bedienen sowie 10 Personen Flugpersonal hinzu. Im Rahmen eines Missionsmodules können bemannte oder unbemannte Über- und Unterwasserfahrzeuge sowie weitere Sensoren an Bord genommen werden. Beiboote können über eine Heckrampe zu Wasser gelassen werden. Jedes Littoral Combat Ship hat wie auch die amerikanischen Atom-U-Boote zwei Besatzungen, eine Gold und eine Blue Crew.

Ausblick

Aus operationellen Gründen – bedingt durch Ersatzteillogistik und Besatzungsqualifikation – wurde die komplette aktive Flotte der Freedom-Klasse an der US-Ostküste in Mayport, Florida stationiert und die Independence-Klasse an der Westküste in San Diego, Kalifornien. Am 15. November 2025 wurde mit der USS »Pierre« (LCS-38) die 19. und letzte Einheit der Independence-Klasse in Dienst gestellt. Die ersten beiden Einheiten USS »Independence« (LCS-2) und USS »Coronado« (LCS-4) werden von der US Navy als Prototypen betrachtet und wurden bereits 2021/22 außer Dienst gestellt wurden. Von den verbliebenen17 Einheiten sind 14 in San Diego stationiert, während drei Einheiten in Bahrain mit Missionsmodulen zur Minenbekämpfung im Persischen Golf stationiert sind.

Technische Daten Independence-Klasse	
Bauwerft	Austal USA in Mobile, Alabama
Abmessungen	127,44 Meter Länge, 31,71 Meter Breite, 3,96 Meter Tiefgang
Verdrängung	2.784 t voll beladen
Geschwindigkeit max.	46 Knoten
Reichweite	7.970 km bei 20 Knoten, 3.410 km bei 46 Knoten
Antrieb	CODAG-Antrieb (Combined Diesel And Gas) aus 2×General Electric LM2500-Gasturbinen mit zusammen 56.000 PS sowie 2×MTU Friedrichshafen 20V 8000-Dieselmotoren, 4×Wärtsila-Waterjets, 2×ausfahrbare Propellergondeln (Azimuth Thruster) am Bug
Besatzung	40 Schiffspersonal + 25 Personal Mission Module + 10 Flugpersonal
Radar	1×Surface/Air-Radar Ericson Sea Giraffe 3D, 1×Navigationsradar Sperry Bridgemaster-E
Bewaffnung	1× 57-mm-Bofors DP Mark 110 Schiffsgeschütz, 1× Nahbereichsverteidigungssystem 20-mm-Phalanx/ CIWS Mark 15, 11 Zellen SeaRAM-Raketenwerfer Mark 15
Luftfahrzeuge	2×Sikorsky MH-60R/S Seahawk oder 1×MH-60R/S Seahawk + bis zu 3×MQ-8B Fire Scout Vertical-Takeoff UAV

3.6 Littoral Combat Ships der Freedom-Klasse

Das Typschiff USS »Freedom« (LCS-1) im Februar 2013 bei Seeerprobungen vor Südkalifornien (Foto: US Navy/Petty Officer 1st Class James R. Evans).

Den traditionell großen Schiffstypen der US Navy wie den Kreuzern der Ticonderoga-Klasse und den Zerstörern der Arleigh Burke-Klasse stehen die kostengünstigen Littoral Combat Ships gegenüber.

Das Programm war im Jahr 2001 initiiert worden und führte letztendlich zu zwei verschiedenen Schiffsentwürfen in Form der Independence-Klasse von General Dynamics (siehe Kapitel 3.5.) und der Freedom-Klasse von einem Industriekonglomerat unter Führung des Rüstungskonzerns Lockheed Martin.

Die Entwicklung

Die Freedom-Klasse wurde bei Marinette Marine Shipyards in Wisconsin (heute im Besitz des italienischen Fincantieri-Konzerns) gefertigt. Der Prototyp, die USS »Freedom« (LCS-1), lief am 23. September 2006 vom Stapel. Ursprünglich wollte die US Navy nur einen Schiffsentwurf als definitives Littoral Combat Ship auswählen. Am 11. März 2010 verkündete man jedoch, dass beide Entwürfe – also die Independence- und die Freedom-Klassen – in großer Stückzahl gefertigt werden sollten. Die Auftragsdoppelvergabe sorgte sehr zur Freude von amerikanischen Lokalpolitikern für Vollbeschäftigung auf den Bauwerften in Alabama und Wisconsin. Die Schiffe der Freedom-Klasse verfügen über ungerade Kennungen (LCS-1, LCS-3, etc.), während die Schiffe der Independence-Klasse über gerade Kennnummern verfügen (LCS-2, LCS-4, etc.).

Der Schiffsentwurf

Die 115 Meter lange Freedom-Klasse verfügt über einen Stahlrumpf mit Aluminium-Aufbauten. Der geringe Tiefgang von nur 3,96 Metern ermöglicht das Vordringen in seichte Küstenbereiche, die größeren Einheiten verwehrt bleiben. Die Freedom-Klasse ist mit einem großen Helikopter-Flugdeck von 5.200 Quadratfuß ausgestattet. Im Hangar ist Platz für einen Sikorsky Seahawk-Helikopter sowie mehrere unbemannte Fluggeräte vorhanden. Durch eine starke Automatisierung ist der reine Schiffsbetrieb mit einer Kernmannschaft von nur 40 Personen möglich. Den einzelnen Littoral Combatt Ships sind jeweils zwei Mannschaften bestehend aus einer »gold crew«

Seitlicher Stapellauf in Marinette der vorletzten Einheit USS »Beloit« (LCS-29) am 22. Juni 2022 (Foto: Lockheed Martin).

Heckansicht der USS »Milwaukee« (LCS-5) im Oktober 2018 in Baltimore, Maryland (Foto: Verfasser).

und einer »blue crew« zugeteilt. Während eine Besatzung mit dem Schiff auf See ist, befindet sich die zweite Besatzung in der Regel in der Aus- und Weiterbildung, im Training oder in einer Erholungsphase nach einem Einsatz. Die Freedom-Klasse verfügt über ein kombiniertes Antriebssystem bestehend aus zwei MT-30 Gasturbien von Rolls-Royce und zwei Colt-Pielstick-Dieselmotoren, die zusammen auf vier Kamewa-Waterjets wirken. Während der Probefahrten konnten Geschwindigkeiten von bis zu 47 Knoten (circa 87 km/h) erreicht werden, was weltweit für ein 115 Meter langes, 3.000 Tonnen verdrängendes Kriegsschiff einmalig ist. Statt mit einer allumfassenden Bewaffnung ausgestattet zu sein, können verschiedene Missionsmodule in die Littoral Combat Ships eingerüstet werden. Die Missionsmodule erlauben die Spezialisierung eines Schiffes auf eine maritime Aufgabenstellung und sind als Module für Oberflächenkriegsführung (surface warfare), Minenbekämpfung (mine warfare) und U-Boot-Jagd (antisubmarine warfare) verfügbar. Die verschiedenen Missionsmodule enthalten dabei unterschiedliche, missionsspezifische Waffensystem wie beispielsweise ein SQR-20-Schleppsonar (antisubmarine warfare), Bushmaster 30-mm-Geschütze (surface warfare) oder ein AQS-20A-Minenjagdsonar (mine warfare). Bis auf die ersten zwei Einheiten (in San Diego beheimatet) wurden alle nachfolgenden Freedom-Klasse-Schiffe in Mayport, Florida stationiert.

Probleme

Schon bald nach der Inbetriebnahme der ersten Einheiten der Freedom-Klasse zeichneten sich massive Probleme ab. So waren und sind zahlreiche Einheiten von einem gravierenden Materialfehler beim Kombinationsgetriebe betroffen, der zur Reduzierung der zulässigen Höchstgeschwindigkeit und zu aufwendigen, jahrelangen Reparaturen führte. Weiterhin sind die Schiffe sehr leicht gebaut, was die Durchhaltefähigkeit im Gefecht beeinträchtigt. Auch wurden an einigen Rümpfen Risse beobachtet und Vibrationen im Betrieb bemerkt, die die Genauigkeit der 57-mm-Bordkanone beeinträchtigen. Zusätzlich erwiesen sich der Einbau und der Austausch der Missionsmodule als wesentlich zeitaufwendiger als geplant – mit Einbauzeiten von Wochen statt Stunden.

Zukunft?

Die zuvor beschriebenen Probleme führten zu einer frühzeitigen Ausmusterung von bisher fünf Einheiten der Freedom-Klasse nach nur wenigen Dienstjahren ab dem Jahr 2021, während gleichzeitig die letzten Schiffe der Klasse ausgeliefert wurden. Mit der USS »Cleveleand« (LCS-31) wurde am 26. November 2025 das 16. und letzte Schiff der Klasse an die US Navy übergeben. Inwieweit die verbliebenen Schiffe der Freedom-Klasse eine langfristige Zukunft im aktiven Dienst haben, wird die Zeit zeigen.

Technische Daten Freedom-Klasse	
Abmessungen	115,20 Meter Länge, 17,40 Meter Breite, 3,96 Meter Tiefgang
Verdrängung	2.707 Tonnen, 3.292 Tonnen voll beladen
Antrieb	1× CODAG-Antrieb aus 2×Fairbanks Morse Colt-Pielstick 16PA6B STC mit je 8.700 PS und 2×Rolls-Royce MT-30 Gasturbinen mit 98.000 PS die auf 4×Kamewa-Wasserjets wirken
Geschwindigkeit	47 Knoten
Besatzung	40 Personen Kernmannschaft + 20 Personen Flugpersonal+20 Personen für Missionsmodul
Feste Bewaffnung	1×BAE Systems Mk 110 57-mm-Geschütz, 1× MK 49-Starter für 21×RIM 116 Rolling Airframe Flugabwehrraketen, 4×12,7-mm-Maschinengewehre, weitere Waffensysteme entsprechend Missionsmodul
Sensoren	1×EADS-Raytheoan TRS-3D Luft- und Seezielradar, 1×Sperry S-Band-Navigationsradar, 1×Sperry X-Band-Navigationsradar, weitere Geräte entsprechend Missionsmodul
Helikopter	1× Sikorsky SH-60R/S Seahawk
Bewaffnung	1× 57-mm-Bofors DP Mark 110 Schiffsgeschütz, 1× Nahbereichsverteidigungssystem 20-mm-Phalanx/CIWS Mark 15, 11 Zellen SeaRAM-Raketenwerfer Mark 15
Luftfahrzeuge	2×Sikorsky MH-60R/S Seahawk oder 1×MH-60R/S Seahawk + bis zu 3×MQ-8B Fire Scout Vertical-Takeoff UAV

3.7 Die Fregatten der Constellation-Klasse

Grafische Darstellung des Typschiffs USS »Constellation« (FFG-62) der nun gestrichenen Constellation-Klasse (Grafik: US Navy).

Die US Navy hatte 2020 mit dem italienischen Werftkonglomerat Fincantieri einen Vertrag über mindestens zehn Fregatten der Constellation-Klasse geschlossen
Diese ersten »richtigen« Fregatten der US Navy seit der Oliver Hazard Perry-Klasse der 1970er Jahre basieren auf der italienischen Version des französisch-italienischen FREMM-Fregattenprojektes (siehe Kapitel 5.6.) und sollten auf der Fincantieri-Werft in Marinette-Wisconsin gefertigt werden. Hier wurden zwischen 2005 und 2023 bereits die 16 Fregatten-ähnlichen Littoral Combat Ships (auf Deutsch in etwa »Küstenkampfschiffe«) der Freedom-Klasse gebaut (siehe Kapitel 3.6.).

Grafik der vierten geplanten Fregatte der Constellation-Klasse, der mittlerweile gestrichenen USS »LaFayette« (FFG-65, Grafik US Navy).

Umfangreiche Änderungen

Ursprünglich war geplant, dass an den italienischen Konstruktionszeichnungen der Schiffe nur wenige Änderungen durchgeführt werden sollten. Während der Zeit von 2020 bis 2025 hat sich der Schiffsentwurf jedoch in eine vollständig andere Richtung entwickelt und weist heute nur noch eine Kommunalität von 15% mit dem italienischen »Mutterdesign« auf. Die Abmessungen waren auf eine Länge von 151,18 Meter, eine Breite von 19,81 Meter sowie einen Tiefgang von 5,49 Meter angewachsen, bei einer Verdrängung von 6.700 Tonnen. Sämtliche Aufbauten wurden geändert, um Platz für Sensoren und Waffensysteme aus US-Produktion zu machen. Das Äußere näherte sich mehr den Zerstörern der Arleigh Burke-Klasse an und hat mit dem ursprünglichen italienischen Design nicht mehr viel gemein. Die von einem CODLAG-Antrieb bestehend aus einer LM 2500 Gasturbine von General Electric in Verbindung mit zwei Elektromotoren und vier Dieselgeneratoren angetriebenen Schiffe sollen mit 32 VLS-Abschusszellen ausgestattet werden und über das AN/SPY-6-Rader der Version V3 verfügen (das in dieser Variante auch auf den Flugzeugträgern der Gerald R. Ford-Klasse zum Einsatz kommt). Weiterhin wird das AEGIS Combat System der Arleigh Burke-Klasse in der neuesten Version Baseline 10 eingerüstet werden. Für Außenstehende scheint die US Navy vor allem aufgrund von zahlreichen Änderungswünschen nach Baubeginn der ersten Einheit selbst an den weiteren Bauverzögerungen nicht ganz unschuldig zu sein. Obwohl der Bau des ersten Schiffes, der geplanten USS »Constellation« (FFG-62), bald nach Vertragsabschluss am 30. April 2020 begann, wurde diese erste Einheit erst am 12. April 2024 offiziell in Wisconsin auf Kiel gelegt und wies im April 2025 erst einen Fertigstellungsgrad von 10% auf. Am 25. November 2025 war der Bauzustand der Constellation sogar erst bei 12% (was als Nachweis für eine äußerst langsame Baugeschwindigkeit gelten kann). Die Ablieferung der zukünftigen USS »Constellation« war ursprünglich für 2025 vorgesehen, wurde aufgrund der Bauverzögerungen mehrfach verschoben und ist nun nach letztem Stand für das Jahr 2029 geplant. Neben den zahlreichen Änderungswünschen der US Navy spielte auch die Covid-Pandemie und ihre Auswirkungen auf die Werftarbeiterschaft hauptsächlich zwischen 2020 und 2022 eine Rolle.

Die Streichung

Am 25. November kam es bei der US Navy dann schließlich zum »großen Knall«, als der Marineminister John C. Phelan für viele überraschend auf seinen offiziellen Social Media-Kanälen das Ende für die geplante amerikanische Constellation-Fregattenklasse verkündete. Für langjährige Beobachter der amerikanischen Marineszene kam der Schritt nicht vollständig überraschend, denn die auf der italienischen FREMM-Fregatte basierende amerikanische Constellation-Klasse war heftig in Zeitverzug geraten. Unter dem nun mit Fincantieri Marinette Marine verhandelten Bedingungen wird die Werft die USS »Constellation« und die in einem frühen Bauzustand befindliche zweite Einheit USS »Congress« (FFG-63) fertigbauen – nach dem jetzigen Stand bis auf weiteres – und dann wird man über ihre Verwendung in der US Navy entscheiden. Die bereits unter Vertrag stehenden nächsten vier Schiffe der Constellation-Klasse werden restlos gestrichen, ebenso wie Bestrebungen zum Aufbau einer größeren Teilflotte dieser Schiffsklasse. Die letzten Planungen unter der Präsidentschaft von Joe Biden

Die Constellation-Klasse basiert auf der italienischen Version des französisch-italienischen FREMM-Fregattenprojektes. Hier sieht man die »Spartaco Schergat« (F-598) in La Spezia (Fotos: Verfasser).

sahen den Bau von mindestens 20 Fregatten der Constellation-Klasse vor, von denen die ersten zwölf Einheiten im Marinestützpunkt Everett im US-Bundesstaat Washington stationiert werden sollten.

Ausblick

Ein Sprecher der US Navy betonte nach der Ankündigung des Marineministers, dass man die gute Arbeitsbeziehung mit Fincantieri in Wisconsin nach der Fertigstellung der beiden einzigen verbleibenden Fregatten »Constellation« und »Congress« aufrechterhalten wolle. Mittelfristig wolle man die Werft mit anderen Bauprojekten der US Navy beauftragen, darunter möglicherweise amphibische Schiffe, Boote für Spezialeinsätze oder Eisbrecher. Besondere Chancen werden hier auch für neue, noch nicht definierte unbemannte Marineeinheiten gesehen. Inwieweit die beiden einzigen zukünftigen Einheiten der Constellation-Klasse tatsächlich eine Zukunft bei der US Navy haben, muss sich noch zeigen. Derzeit dient der Weiterbau der beiden Schiffe »Constellation« und »Congress« wohl nur dazu, die Arbeiterschaft auf der Werft in Wisconsin in Vollbeschäftigung zu halten, damit diese als Bauwerft für die US Navy erhalten werden kann, bis andere Schiffe bei ihr in Auftrag gegeben werden können.

Technische Daten Constellation-Klasse	
Bauwerft	Fincantieri Marinette Marine, Marinette, Wisconsin
Abmessungen	Länge 151,18 Meter, Breite 19,81 Meter, Tiefgang 5,49 Meter, Verdrängung 6.700 Tonnen
Antrieb	1×CODLAG-Antrieb mit 1× LM 2500 Gasturbine von General Electric, 2× Elektromotoren Indar2 und 4× Dieselgeneratoren Rolls-Royce MTU 20V. Gesamtleistung 12.000 kW, 2× Verstellpropeller
Besatzung	193 Personen
Höchstgeschwindigkeit	Mehr als 26 Knoten
Sensoren	Multifunktionsradar AN/SPY-6(V)3, Variable Depth Sonar CAPTAS-4C
Bewaffnung	1× 57-mm-Geschütz, 1× RAM-Nahbereichsabwehrsystem, 1× Mk 41 VLS mit 32 Zellen für Flugabwehrraketen RIM-162 ESSM und SM-2, Startcontainer für 16× RGM-184A-Seezielflugkörper Naval Strike Missile, 4× Mk 53 DLS Täuschkörperwerfer, 2× AN/SLQ-32(V)6 EloKa-System zur Elektronischen Kriegsführung
Bordhelikopter	Unterbringungsmöglichkeit für 1× MH-60R Bordhubschrauber

3.8 Zukünftige Fregatten des Typs FF(X)

Das amerikanische Marinearchitekturbüro Gibbs & Cox lässt derzeit in Taiwan eine leichte Fregatte bauen, die eine verkleinerte Version der Constellation-Klasse ist. (Foto: Official Photo by Simon Liu Office of the President).

Nach der Streichung der Constellation-Klasse im November 2025 kündigte Marineminister John Phelan an, dass man als Ersatz eine neue Fregatten-Klasse auflegen werde, die auf einem amerikanischen Design basiert.

Ziel sei es, die erste dieser neuen Fregatten bereits im Jahr 2028 »auf dem Wasser« zu haben. Danach begann bei den Beobachtern der US Navy das große Rätselraten, welches Schiffsdesign als Ersatz für die Constellation-Klasse in Frage kommen könnte.

Mögliche Alternativen

Eine Möglichkeit wäre eine stärker bewaffnete Version des Littoral Combat Ships der US Navy, die bereits bei Fincantieri in Wisconsin gebaut wurde. Dieser Schiffsentwurf wäre aber letztendlich eher als unwahrscheinlich einzustufen, denn bereits die Constellation-Klasse wurde aufgelegt, da die US Navy an erster Stelle nicht mit den Littoral Combat Ships bzw. deren in einem klassischen Konflikt mangelhaften Durchhaltefähigkeit zufrieden war. Derzeit arbeitet das amerikanische Marineingenieurbüro Gibbs & Cox zusammen mit der taiwanesischen Marine an einer leichten Fregatte mit 2.500 Tonnen Verdrängung Auch diese Schiffe würden sich als Nachfolge der Constellation-Klasse anbieten, da es sich um amerikanische Entwicklungen handelt. Wenn man genauer hinsieht, sind die taiwanesischen Schiffen jedoch eine weiterentwickelte, verkleinerte Constellation-Klasse. Und es erscheint unwahrscheinlich, dass die US Navy sich für ein Schiffsdesign entscheiden sollte, das auf der Klasse basiert, die sie erst kürzlich gestrichen hat.

National Security Cutter

Die auf Verteidigungsfragen spezialisierte Internetnachrichtenseite Breaking Defense enthüllte Anfang Dezember 2025, dass Marineminister Phelan bei einem Abendessen mit Entscheidungsträgern erwähnte, dass die nächste amerikanische Fregatte auf den Küstenwachschiffen der Legend-Klasse basieren werden, die auch als National Security Cutter bezeichnet werden. Huntington Ingalls fertigte zehn Einheiten dieser 127 Meter langen und 4.600 Tonnen verdrängenden weltweit einsetzbaren Schiffe zwischen 2005 und 2024. Bereits vor einigen Jahren hatte Huntington Ingalls eine Version des National Security Cutter in den Wettbewerb für die damals als

Ursprünglich verlor die von Huntington Ingalls ins Rennen geführte Version der Legend-Klasse der US Coast Guard im Jahr 2020 gegen die »italienischstämmige« Constellation-Klasse (Grafik: Courtesy HII).

FFG(X) bezeichnete Fregatte »geschickt«, war aber Fincantieri mit der Constellation-Klasse unterlegen. Der Vorschlag von Huntington Ingalls sah eine massive Erweiterung der Ausstattung und der Bewaffnung der angebotenen US Navy-Version der Legend-Klasse vor. Die Schiffe der US-Küstenwache sind nicht so stark bewaffnet wie vergleichbar große US Navy-Schiffe. So besteht die Bewaffnung der Küstenwachschiffe nur aus einer einzelnen 57-mm-Kanone am Bug, einem Nahbereichsverteidigungssystem des Typs Phalanx auf Grundlage einer 20-mm-Revolverkanone und mehreren Maschinengewehren. Mehrfach wurde die Ergänzung um Startcontainer für Seezielflugkörper des Typs Harpoon diskutiert, diese wurden jedoch von der US Coast Guard bisher nicht geordert.

Die Ankündigung

Am 19. Dezember 2025 schließlich verkündete Marineminister Phelan den offiziellen Nachfolger der Constellation-Klasse. Bei ihm handelt es sich tatsächlich um eine verbesserte Variante der Küstenwachschiffe der Legend-Klasse. Der Schiffsentwurf wird derzeit als FF(X) bezeichnet. Sowohl Phelan wie auch Admiral Daryl Caudle – der Chief of Naval Operations (= Chef der Marineoperationen) – betonten in einem gemeinsa-

Die USCGC »Munro« (WMSL-755) ist der sechste Coast Guard-Cutter der Legend-Klasse, hier aufgenommen im Küstenwachstützpunkt Alameda, Kalifornien (Foto: Verfasser).

Die Schiffe der Legend-Klasse sind mit einem Doppelhangar zur Unterbringung von zwei Helikoptern ausgestattet (Foto: Verfasser).

men Post auf den Social Media-Kanälen der US Navy, dass es sich bei der neuen Schiffsklasse zu 100% um ein amerikanisches Design handle. Zwei Sprecher der US Navy erklärten anschließend, dass die erste Einheit der noch namenlosen neuen Fregattenklasse bei Huntington Ingalls in Pascagoula gebaut werden soll, die Bauaufträge für nachfolgende Schiffe aber sobald wie möglich an weitere amerikanische Werften vergeben werden sollen, die untereinander in Konkurrenz stehen. Um das Ziel zu erreichen, die erste Einheit im Jahr 2028 vom Stapel laufen zu lassen, soll der zugrundeliegende Küstenwach-Entwurf so wenig wie möglich geändert werden. Hilfreich beim zeitnahen Stapellauf des ersten Schiffes könnte die Tatsache sein, dass die elfte Einheit der Legend-Klasse – die ehemalige *USCGS Friedman* (WMSL-760) – am 05. Juni 2025 nach rund vier Jahren Bauzeit (Fertigungsbeginn war der 11. Mai 2021) von der US Coast Guard in Abstimmung mit der Trump-Regierung gestrichen wurde. Es ist davon auszugehen, dass die Streichung des Küstenwachschiffes im Juni 2025 schon die mögliche Nutzung seiner Bauelemente für eine zukünftige US Navy-Fregatte vorsah. Der Bedarf an kleinen Kampfschiffen – im Jargon der US Navy als Small Surface Combatant bezeichnet – wird in den offiziellen amerikanischen Marineplanungen auf 73 Einheiten beziffert, von denen derzeit bereits rund ein Drittel in Form der (ungeliebten) Littoral Combat Ships in Dienst stehen. Daraus ergibt sich ein Bedarf von mindestens 40 bis 50 Einheiten der neuen Fregattenklasse. Noch am 19. Dezember 2025 veröffentlichte die US Navy Videografiken und eine Illustration der neuen Fregattenklasse, deren Brückenaufbauten im Vergleich zu der Coast Guard-Version etwas abgewinkelter geworden sind (wie bei zahlreichen anderen Marineschiffen der Welt) und direkt vor der Brücke ein kleines Podest aufweist. Auffällig ist außerdem das vollständige Fehlen einer VLS-Abschussanlage für Flugkörper auf den offiziellen Illustrationen der neuen Schiffe. Wie die US Navy jedoch bekanntgab, soll über dem Lager der Beiboote eine Plattform für Missionspakete errichtet werden, die in einem 40-Fuß-Frachtcontainer Platz finden. Als mögliches Beispiel hierfür wurde das MK-70 VLS-Abschusssystem von Lockheed Martin genannt. Die offiziellen Navy-Grafiken zeigen am Heck weiterhin vier Startcontainer für Seezielflugkörper, bei denen es sich wahrscheinlich um Harpoon- oder NSM-Raketen handeln dürfte. Die weiteren technischen Spezifikationen der neuen amerikanischen Fregatten sind bisher noch etwas wage, aber es ist davon auszugehen, dass sie das bestehende Coast Guard Antriebssystem aus zwei MTU-Dieselmotoren und einer LM2500 Gasturbine von General Electric in einem CODAG-Antrieb nutzen werden.

Blick auf das Brückenhaus der USCGC »Stratton« (Foto: Verfasser).

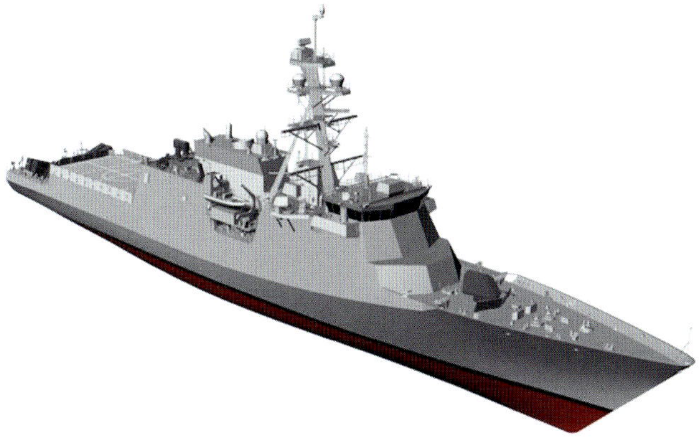

Auffällig an dieser offiziellen FF(X)-Grafik sind die abgewinkelten Brückenaufbauten und das Podest vor der Brücke (Grafik: US Navy).

Fazit

Unmittelbar nach ihrer Ankündigung geriet die neue Fregattenklasse der US Navy von allen Seiten in heftige Kritik, da das zugrunde liegende Design als zu klein, unterbewaffnet und nicht ausreichend überlebensfähig in einem modernen Seekrieg angesehen wird. Es ist jedoch davon auszugehen, dass nach den ersten Fregatten ein weiteres, deutlich stärker bewaffnetes Baulos seitens der US Navy ausgeschrieben wird. Denn die US Navy braucht – um insbesondere mit der Marine der Volksrepublik China mithalten zu können – dringend mehr Schiffe, die aber auch kampfstark sein müssen!

In einer US Navy-Videoanimation wurden diese Ansichten der neuen Fregattenklasse gezeigt. Am Heck erkennt man Startcontainer für Seezielflugkörper (Grafiken: US Navy).

Technische Daten Legend-Klasse / FF(X) (vorläufig)	
Stapellauf Typschiff (FF(X))	2028 (geplant)
Bauwerft	Huntington Ingalls, Pascagoula, weitere Werften
Abmessungen	127,0 m Länge, 16,0 m Breite, 6,9 Meter Tiefgang
Verdrängung	4.600 Tonnen
Antrieb	wahrscheinlich CODAG-Antrieb aus 2×MTU-Dieselmotoren und 1×Gasturbine LM2500
Besatzung	148 Personen
Sensoren (vorläufig)	1×AN/SPS-77 3D-Radar, 1×AN/SLQ-32(V)6 electronic warfare suite, 2×Mk 53 Nulka Täuschkörperwerfer
Bewaffnung (vorläufig)	1×BAE Systems Mk 110 57 Schiffsgeschütz, 1× 30 mm Kanone, 1×Mk 49 RIM-116 Rolling Airframe Missile Raketenwerfer zum Eigenschutz, Seezielflugkörper in Startcontainern am Heck
Bordflugzeuge	Platz für 2× Bordhelikopter

3.9 Die zukünftigen Schlachtschiffe der Trump-Klasse

Illustration der schwer bewaffneten Trump-Klasse – bzw. des Typschiffs USS »Defiant« – in einem Konfliktszenario (Grafik: US Navy).

Bereits seit Beginn seiner zweiten Amtszeit hatte US-Präsident Donald Trump bei Presseterminen immer wieder seiner Bewunderung für die großen Schlachtschiffe vergangener Zeiten Ausdruck verliehen und deren mögliche Rückkehr »angeteasert«. Kurz vor Weihnachten 2025 war es schließlich soweit! Am 22. Dezember gab Trump in seinem Privatanwesen in Florida zusammen mit Verteidigungsminister Pete Hegseth, Außenminister Marco Rubio und Marineminister John Phelan eine Pressekonferenz mit dem Themenschwerpunkt Schiffbau. In deren Verlauf stellte der amerikanische Präsident eine neue, schwer bewaffnete Schiffsklasse vor, die von ihm als Schlachtschiff bezeichnet wird. Tatsächlich handelt es sich bei der sogar nach ihm benannten Trump-Klasse um einen stark bewaffneten Lenkwaffenkreuzer, der optisch seine Abstimmung von den Zerstörern der Arleigh Burke-Klasse sowie der futuristischen Zumwalt-Klasse nicht verleugnen kann.

Die Ankündigung

Zeitgleich mit Trumps Ankündigung wurde eine neue Internetseite mit der Domain www.goldenfleet.navy.mil freigeschaltet, auf der einige Bilder der neuen Schiffsklasse (bzw. des ersten Schiffes namens USS »Defiant«) sowie die technischen Spezifikationen veröffentlicht wurden. Laut der Ankündigung des US-Präsidenten werden zuerst zwei Schiffe der neuen Klasse beschafft, ehe die Bestellung auf zehn Einheiten ausgeweitet werden soll. Die Zielgröße beträgt ungefähr 20 bis 25 Schiffe. Der Baubeginn der ersten Einheit ist für Anfang der 2030er Jahre vorgesehen. Trump erläuterte: »Die US Navy wird den Designprozess anführen, zusammen mit mir, da ich eine sehr ästhetische Person bin.« Marineminister Phelan ergänzte: »Das zukünftige Trump-Klasse-Schlachtschiff – die USS »Defiant« – wird das größte, tödlichste und vielseitigste sowie bestaussehende Kriegsschiff auf den Weltmeeren sein. Nun wird es Arbeit für die Werften überall, von Philadelphia nach San Diego, von Maine nach Mississippi und von den Großen Seen bis zur Golfküste geben und auch für die Zulieferer, die Komponenten in jedem Bundesstaat fertigen.«

Der Schiffsentwurf

Die neuen Kampfschiffe der Trump-Klasse werden eine Länge von bis zu 268 Metern, eine Breite von 35 Metern und einen Tiefgang bis zu 9,1 Metern bei einer Verdrängung von mehr als 35.000 Tonnen aufweisen und dadurch mehr als doppelt so groß sein wie die 15.000 Tonnen verdrängenden Zerstörer der Zumwalt-Klasse, die momentan die größten Überwasserkriegsschiffe in der US Navy sind. Die nun angekündigte Trump-Klasse soll die nächste Zerstörerklasse – bisher als DDG(X) be-

Mit bis zu 268 Metern Länge und mehr als 35.000 Tonnen Verdrängung stellt die Trump-Klasse alle US Navy-Kampfschiffe seit dem Zweiten Weltkrieg in den Schatten (Grafik: US Navy).

zeichnet – vollständig ersetzen. Das im Jahr 2022 offiziell angekündigte DDG(X)-Projekt sollte seinerseits Mitte der 2030er Jahre die Arleigh Burke-Klasse ersetzen. Die Trump-Klasse wird bestehende US Navy-Systeme nutzen wie beispielsweise 128 VLS-Abschusszellen des Typs MK-41, das AN/SPY-6 Radar zur Luftraumüberwachung, zwölf konventionell bewaffnete Hyperschall-Langstreckenwaffen des Typs Prompt Strike und 127-mm-Bordgeschütze. Es wird weiterhin Platz vorhanden sein für noch zu entwickelnde Waffensysteme wie Energiewaffen/Laserwaffen, nuklear bewaffnete Marschflugkörper und möglicherweise eine 32-Megajoule-Railgun. Wie beim ursprünglichen DDG(X)-Entwurf auch, soll die Trump-Klasse ihren Energiebedarf aus einer Kombination von Gasturbinen und Dieseln decken. Die Höchstgeschwindigkeit wird mit 30 Knoten+ angegeben (das bedeutet, dass die genaue Höchstgeschwindigkeit als geheim eingestuft wird). Auf dem Flugdeck mit Doppelhangar ist Platz für Fluggeräte bis zur Größe des Kipprotorflüglers MV-22 Osprey oder seinem projektierten Nachfolger vorhanden. Die Kosten eines Schiffes der Trump-Klasse werden von Marineanalysten auf ca. 10 bis 15 Milliarden US-Dollar geschätzt. Der Personalbedarf pro Schiff liegt laut der US Navy bei bis zu 850 Personen. Beide aktuellen amerikanischen Zerstörer-Werften – General Dynamics Bath Ironworks in Maine und Huntington Ingalls in Mississippi – haben ihre Bereitschaft signalisiert, die Schiffe (oder Teile davon) auf ihren Werften zu fertigen. Präsident Trump hatte bei seiner Ankündigung der neuen Schiffsklasse noch die mögliche Miteinbeziehung von ausländischen Werften angedeutet. Mit dem im Mai 2026 veröffentlichten Budgetentwurf der US Navy für das Fiskaljahr 2027 wurde bekannt, dass die zukünftigen Schiffe der Trump-Klasse mit einem Nuklearantrieb ausgestattet werden sollen. Noch kurz vor Weihnachten 2025 kündigte die US Navy die Vergabe zweier Verträge für die nun offiziell als BBG(X) (die Abkürzung steht für Guided Missile Battleship, auf

Auf dem Flugdeck am Heck und im Doppelhangar wird Platz für große Fluggeräte bis hin zu Kipprotorflüglern des Typs MV-22 Osprey vorhanden sein (Grafik: US Navy).

Deutsch »Lenkwaffenschlachtschiff«) bezeichnete neue Schiffsklasse an. Beide zuvor genannten Zerstörerwerften erhielten Exklusivverträge für Arbeiten am Schiffsentwurf und damit in Verbindung stehende Ingenieursleistungen. Die Vertragsdauer wird mit insgesamt 72 Monaten (sechs Jahre) angegeben, ehe der eigentliche Bau der Schiffe beginnen soll. Weiterhin erhielt das Marine-Architekturbüro Gibbs & Cox ebenfalls einen Exklusivvertrag für die Entwicklung zukünftiger Überwasserkriegsschiffe im Rahmen des BBG(X)-Programmes als Ergänzung zum Schiffsentwurfsteam der US Navy.

Skepsis

Bei zahlreichen Marineanalysten und auch beim Autor dieses Buches herrschen Zweifel an der Realisierung (und auch am tatsächlichen Nutzen) der Trump-Klasse. Bei astronomischen Baukosten für eine relativ überschaubare Anzahl Schiffe muss die Schiffsklasse noch mehrere verschiedene US-Regierungen »überleben«, ehe sie tatsächlich einsatzbereit wäre.

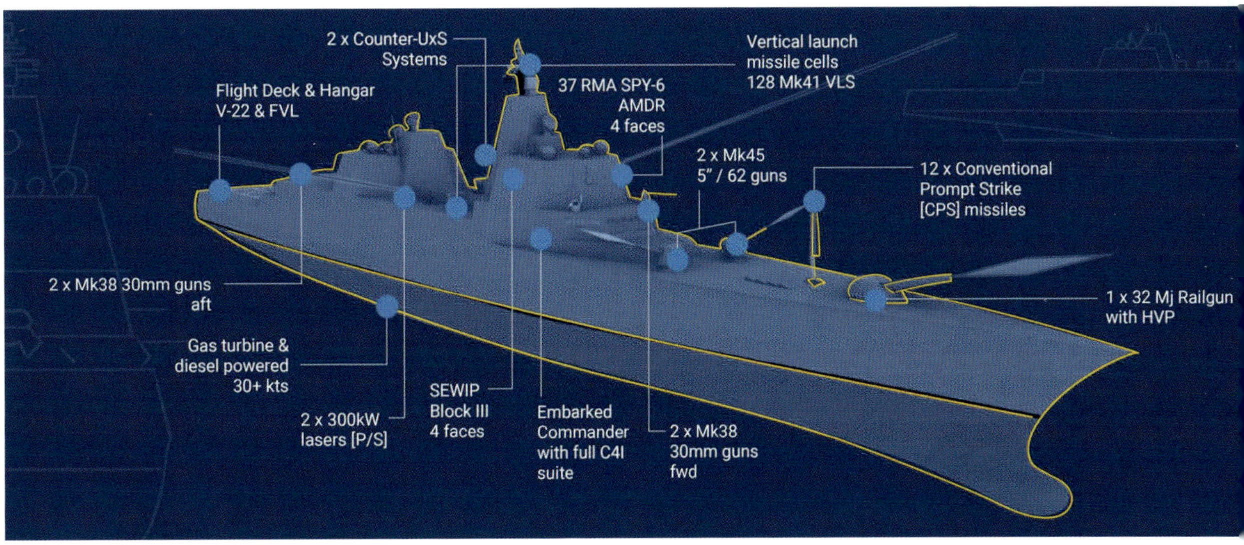

Die Grafik zeigt mögliche Schiffs- und Waffensysteme der Trump-Klasse. Die technischen Daten, die Ausstattung, die Abmessungen, das Antriebssystem und die Bauwerft(en) sind noch nicht fixiert (Grafik: US Navy).

4.1 Entwicklung der britischen Zerstörer und Fregatten nach dem Zweiten Weltkrieg

Das letzte Schlachtschiff der Royal Navy, die HMS »Vanguard« im September 1952 im Firth of Clyde vor Glasgow (Foto: US Navy).

Mit dem Ende des größten Konfliktes der Menschheitsgeschichte im Jahr 1945 ging auch bei der britischen Royal Navy die Ära der großen Schlachtschiffe und der Kreuzer mit Großkaliber-Schiffsgeschützen zu Ende.
Allerdings hatte Großbritannien die Ehre, am 15. Oktober 1945 das (bisher) letzte Schlachtschiff der Welt in Dienst zu stellen: die HMS »Vanguard«. Mit 238 Metern Länge, 33 Metern Breite und einer Verdrängung von 51.000 Tonnen war sie ein gewaltiger Koloss. Das Aufkommen der Lenkwaffen und die immensen Unterhaltskosten führten jedoch bereits im Jahr 1960 zur Außerdienststellung der »Vanguard« und zur unmittelbaren Verschrottung.

Die HMS »Blake« war einer von drei Kreuzern der Tiger-Klasse, die bis in die 1970er Jahre in den Diensten der Royal Navy stand (Foto: US Navy).

Überbleibsel aus dem Weltkrieg

Am Ende des Zweiten Weltkrieges verfügte die Royal Navy über 16 Schlachtschiffe und 62 Kreuzer, von denen der allergrößte Teil bis Anfang der 1960er Jahre außer Dienst gestellt wurde. Lediglich drei unfertige, bereits 1944/45 vom Stapel gelaufene Kreuzer der Minotaur-Klasse wurden Ende der 1950er/Anfang der 1960er Jahre als stark modifizierte Leichte Kreuzer der Tiger-Klasse (169 Meter Länge, 11.560 Tonnen Verdrängung) komplettiert und zwei der drei Einheiten Ende der 1960er Jahre zu Lenkwaffen- und Helikopterkreuzern umgebaut. Ende der 1970er Jahre war jedoch auch für diese letzten Überbleibsel aus dem Zweiten Weltkrieg in der Royal Navy das

Ende erreicht. Von der einst riesigen Kreuzerflotte der Royal Navy ist der Nachwelt nur die aus dem Jahr 1938 stammende, 1963 ausgemusterte HMS »Belfast« erhalten geblieben, die seit über 50 Jahren im Herzen der britischen Hauptstadt als Museumsschiff neben der Tower Bridge besichtigt werden kann. Ebenfalls als Museumsschiff kann die HMS »Cavalier« – ein 111 Meter langer und 2.520 Tonnen verdrängender Zerstörer der C-Klasse – im Chatham besichtigt werden. Sie ist der einzige in Großbritannien erhaltene Weltkrieg-Zwei-Zerstörer. Nach dem Ende des Krieges verfügte die Royal Navy im Jahr 1945 über eine beachtliche Flotte von 257 Zerstörern, die in unmodifizierter Form mit ihrer nur aus Rohrwaffen bestehenden Bewaffnung innerhalb weniger Jahre aufgrund der rasanten Entwicklung der Lenkwaffen vollständig obsolet waren.

Die zur Daring-Klasse zählende HMS »Diana« (D126) aufgenommen im Jahr 1954. Bei dieser Klasse handelte es sich um die letzten britischen Zerstörer ohne Lenkwaffen (Foto: Royal Navy/Imperial War Museum).

Modernisierungen & Neubauten

Generell vollzog sich in den 1950er Jahren eine Entwicklung hin zu auf bestimmte Aufgaben spezialisierte Überwasserkampfschiffe, also Schiffe, die in der Regel entweder auf die U-Boot-Jagd oder auf die Abwehr von Flugzeugen und Flugkörpern spezialisiert waren und sind. Zuvor waren aber unmittelbar nach dem Zweiten Weltkrieg zahlreiche Weltkrieg-Zwei-Zerstörer auf den technisch neuesten Stand gebracht worden. Anschließend wurden zwischen 1949 und 1959 acht große Zerstörer der Daring-Klasse plus drei fast baugleiche Schiffe für die Royal Navy gefertigt, bei denen es sich um die letzten und mit 120 Metern Länge und 3.820 Tonnen Verdrängung auch um die größten Vertreter von Zerstörern mit ausschließlicher Rohrbewaffnung handelte. Bei der Royal Navy wurden die acht Schiffe der Daring-Klasse bereits Ende der 1960er Jahre ausgemustert, während in Australien die HMAS »Vampire« (D11) noch bis 1986 als Schulschiff in Dienst stand und heute als letzter Vertreter ihrer Klasse im Marinemuseum von Sydney besichtigt werden kann.

HMS »Kent« (D12) war ein großer Zerstörer der County-Klasse, bei der es sich um die erste Generation britischer Lenkwaffenzerstörer handelte (Foto: Royal Navy/Imperial War Museum).

Lenkwaffenzerstörer

Die ersten britischen Zerstörer mit Lenkwaffen waren die acht Schiffe der County-Klasse, die mit 160 Metern Länge und einer Verdrängung von 6.200 Tonnen deutlich größer ausfielen als alle britischen Zerstörerklassen zuvor (in Bezug auf die Abmessungen entsprachen sie Kreuzern des Zweiten Weltkrieges). Ihre Hauptbewaffnung bestand aus 24 Seaslug-Flugabwehrraketen, die zur ersten Generation britischer Luftabwehrflugkörper zählten. Hauptaufgabe der County-Klasse war der Schutz von NATO-Flugzeugträgerverbänden. Die zwischen 1962 und 1970 in Dienst gestellten Schiffe wurden Anfang der 1980er Jahre ausgemustert, vier Einheiten wurden an Chile und eine Einheit an Pakistan weiterverkauft, wo sie teilweise noch bis

Die HMS »Southampton« (D90) war ein Lenkwaffenzerstörer des Type 42, der bis 2009 in den Diensten der Royal Navy stand (Foto: Brian Burnell/CC BY-SA 3.0).

Die HMS »Loch Fada« (F390) war eine von zahlreichen nach dem Zweiten Weltkrieg modernisierten Loch- und River-Klasse-Fregatten, die sehr bald veraltet waren (Foto: Royal Navy).

Die HMS »Zulu« (F124) war eine von sieben in den 1950er Jahren als Sloop georderten »Low Cost-Fregatten« des Type 81 bzw. der Tribal-Klasse (Foto: Royal Navy).

Anfang des 21. Jahrhunderts in Dienst standen. Im Jahr 1969 folgte auf die County-Klasse das Einzelschiff HMS »Bristol« (D23), das technisch mit den »Counties« verwandt war und als Begleitschiff für eine neue Klasse großer Flugzeugträger konzipiert war, die jedoch aus Budgetgründen nicht verwirklicht wurde, weshalb die sieben geplanten Schwesterschiffe der »Bristol« vor dem Baustart im Jahr 1966 ebenfalls gestrichen wurden. Die »Bristol« diente während des Falklandkrieges im Jahr 1982 als Flaggschiff der Flugzeugträgerbegleitschiffe. Im Jahr 1984 wurde sie ausgemustert und danach bis zum Jahr 2020 als stationäres Ausbildungsschiff in Portsmouth genutzt. Der Serienbau von Lenkwaffenzerstörern wurde erst im Jahr 1970 mit dem Type 42 – auch als Sheffield-Klasse bezeichnet – wieder aufgenommen. Zwischen 1975 und 1985 wurden 14 Zerstörer in drei Tranchen in den Dienst der Royal Navy gestellt. Vor allem die vier Schiffe der dritten Tranche waren mit 132 Metern Länge und einer Verdrängung von 5.350 Tonnen stattliche Flugabwehrzerstörer, deren Hauptbewaffnung aus 22 Flugkörpern des Typs GWS-30 Sea Dart bestand. Die Schiffe der Sheffield-Klasse bildeten das Rückgrat der Überwasserflotte der Royal Navy während der letzten beiden Jahrzehnte des Kalten Krieges und standen bis Anfang des 21. Jahrhunderts in Dienst. Als letzte Einheit wurde die HMS »Edinburgh« im Juni 2013 ausgemustert. Die Erfahrungen mit der Sheffield-Klasse führten ab dem Jahr 2003 zum Bau der großen Flugabwehrzerstörer des Type 45 (Daring-Klasse), der im Kapitel 4.2. ausführlich beschrieben wird.

Frühe Fregatten

Am Ende des Zweiten Weltkrieges hatte die Royal Navy 342 Begleitzerstörer, Fregatten und kleinere Begleitschiffe in ihrem Bestand. In den folgenden Jahren wurden zahlreiche dieser einfach gebauten und langsamen Schiffe durch hochentwickelte, auf die U-Boot-Jagd oder die Flugabwehr spezialisierte Schiffe ersetzt. Genau wie bei den größeren Zerstörern spielte auch bei den kleineren Fregatten die rasante Entwicklung der Lenkwaffen hier eine Schlüsselrolle. In der unmittelbaren Nachkriegszeitspanne bis 1950 nutze die Royal Navy weiterhin die in großen Stückzahlen vorhandenen Fregatten der River- und Loch-Klassen. Diese erhielten ab 1958 späte Nachfolger in Form von sieben »Low-Cost-Fregatten« (geordert als Sloops, zu Deutsch »Schaluppen«) des Type 81, der auch als Tribal-Klasse bezeichnet wird. Die kostengünstig gebauten Schiffe mit 109 Metern Länge und 2.700 Tonnen Verdrängung verfügten über nur einen Schiffspropeller und konnten lediglich Geschwindigkeiten bis 24 Knoten erreichen, weshalb sie in den 1970er Jahren ausgemustert wurden. Bis dahin wurden sie hauptsächlich als »koloniale Kanonenboote« in den verbliebenen britischen Überseekolonien eingesetzt. Um Jagd auf die im Vergleich zu den Weltkriegs-U-Booten schnelleren sowjetischen U-Boote machen zu können, wurden bereits ab Anfang der 1950er Jahre insgesamt 33 aus dem Zweiten Weltkrieg stammende Zerstörer unterschiedlicher Klassen zu U-Jagd-Fregatten des Type 15 und des Type 16 konvertiert. Dabei wurden die Aufbauten radikal umgestaltet, um besseren Schutz gegen Nuklearexplosionen zu bieten und die Schiffe mit modernen Sonar- und U-Jagd-Systemen ausgestattet. Einige Einheiten blieben noch bis Ende der 1970er Jahre als Fregatten Zweiten Ranges in Diensten der Royal Navy. 1951 bestellte die Royal Navy vier Fregatten des Type 41 – auch als Leopard-Klasse bekannt -, die mit 100 Metern Länge und einer Verdrängung von 2.560 Tonnen als Flugabwehrfregatte klassifiziert und gelegentlich auch als leichter Zerstörer bezeichnet. Die bis 1982 in Dienst stehende Leopard-Klasse war nicht für Operationen in Flugzeugträgerkampfgruppen, sondern als Begleitschiff für transatlantische Konvois sowie amphibische Verbände ausgelegt. Die Leopard-Klasse verfügte über denselben Rumpf wie der zeitgleich gebaute Fregattentyp 61 – auch als Salisbury-Klasse bekannt –, der ebenfalls aus vier Schiffen bestand. Beide Klassen nutzten erstmals in der Royal Navy acht Dieselmaschinen mit 14.400 PS als Hauptantrieb. Die Salisbury-Klasse war als Radarvorpostenschiff für die Flugzeugträgerkampfgruppen der Royal Navy konzipiert und versorgte die Trägerbordflugzeuge mit Zieldaten für die Abfangjagd auf gegnerische Flugzeuge. Ab 1956 stießen sechs U-Jagd-Fregatten des Type 12 – auch bekannt als Whitby-Klasse – zur Flotte der Royal Navy. Die Schiffe mit 110 Metern Länge und einer Verdrängung von 2.600 Tonnen nutzten eine neuartige Rumpfform mit hochgezogenem Bug, der für die schwere See des Nordatlantiks optimiert war. Die Schiffe der Whitby-Klasse waren aus Kostengründen wieder mit einem Dampfturbinenantrieb ausgestattet und blieben teilweise bis Mitter der 1980er Jahre in Dienst. Als kostengünstige Ergänzung zur Whitbey-Klasse entwickelte die Royal Navy parallel den Type 14, der auch als Blackwood-Klasse bezeichnet wird. Ab 1955 wurden insgesamt 15 Einheiten der 94,5 Meter langen und 1.480 Tonnen verdrängenden »Kompaktfregatten« in Dienst gestellt, deren Bewaffnung lediglich auf die U-Jagd ausgerichtet war. Bei zahlreichen Manövern erwiesen sich die Schiffe der Blackwood-Klasse in den 1960er Jahren als beste U-Jagd-Einheiten der Royal Navy. Aufgrund ihrer geringen Größe konnte die Blackwood-Klasse nicht mit moderneren Waffensystemen ausgestattet werden, weshalb alle Schiffe in den 1970er Jahren ausgemustert wurden.

Die HMS »Jaguar« (F37) war eine von sieben Flugabwehrfregatten des Type 41 bzw. der Leopard-Klasse (Foto: Royal Navy/Imperial War Museum).

Erfolgsserien

Die Whitby-Klasse war aufgrund ihrer hohen Geschwindigkeiten von bis zu 30 Knoten und den hervorragenden Seeeigenschaften bei der Royal Navy äußerst beliebt, weshalb sie die Grundlage für neun weitere Fregatten des modernisierten Type 12M bildeten, der auch als Rothesay-Klasse bezeichnet wird. Zu den Neuerungen zählten eine verbesserte Bewaffnung, ein stromlinienförmigerer Schornstein und erstmals eine Klimaanlage an Bord. Die als U-Jagd-Eskorte von Flugzeugträgerkampfgruppen eingesetzten Schiffe standen von 1960 bis 1988 in Dienst. Die Rothesay-Klasse war wiederum Grundlage für den Type 12I, der weltweit als Leander-Klasse große Bekanntheit erlangte. Zwischen 1963 und 1973 wurden 26 Einheiten der Leander-Klasse in den Dienst der Royal Navy gestellt. Zwei weitere Schiffe gleichen Designs wurde in Großbritannien für die neuseeländische Marine gebaut. Das Design der Leander-Klasse wurde als so herausragend betrachtet, dass die Marinen Chiles, Australiens, Indiens und der Niederlande eigene Versionen der Leander-Klasse orderten und zumeist auf ihren Heimatwerften fertigen ließen. In den 1970er Jahren wurden die britischen Schiffe der Leander-Klasse verschiedenen Modernisierungen zur Aufnahme von modernen Lenkflugköpern wie Seawolf-Flugabwehrraketen und Excocet-Seezielflugkörpern unterzogen, so dass verschiedene Untergruppen entstanden. In der Royal Navy wurden alle Leander-Klasse-Schiffe bis Anfang der 1990er Jahre ausgemustert. In den Marinen Ecua-

Die HMS »Salisbury« (F32) war eine von vier als Radarvorposten genutzter Fregatten des Type 61 bzw. der Salisbury-Klasse (Foto: Royal Navy/Imperial War Museum).

Die HMS »Brighton« (F106) des modernisierten Type 12M bzw. der Rothesay-Klasse im Jahr 1972 (Foto: Royal Navy).

dors und Indonesiens stehen heute noch mehrere gebraucht erworbene Leander-Lizenzbauten im aktiven Dienst.

Fregatten der zweiten Nachkriegsgeneration

Mitte der 1960er Jahre konzipierte die Royal Navy den Type 21 – auch als Amazon-Klasse bezeichnet – als Ersatz für die zu diesem Zeitpunkt nicht mehr ganz zeitgemäßen Fregatten der Leopard- und Salisbury-Klassen. Acht Schiffe der Amazon-Klasse mit je 117 Metern Länge und einer Verdrängung von 3.250 Tonnen wurden zwischen 1974 und 1978 in den Dienst der Royal Navy gestellt. Die Schiffe wurden als Mehrzweckfregatten genutzt und erstmals bei der Royal Navy mit einem modernen Combined gas or gas (COGOG)-Antrieb bestehend aus vier Gasturbinen (zwei Tyne-Turbinen für normale Fahrt und zwei zuschaltbare Olympus-Turbinen bei erhöhtem Geschwindigkeitsbedarf) ausgestattet. Zwei der mit umfangreicher Lenkwaffenausstattung ausgerüsteten Fregatten der Amazon-Klasse wurden von argentinischen Kräften im Falkland-Krieg 1982 versenkt (HMS »Ardent« und HMS »Antelope«). Die verbliebenen sechs Fregatten wurden in den 1990er Jahren an Pakistan verkauft. Die sechs Einheiten wurden schließlich in den 2010er Jahren ausgemustert. Derzeit bestehen Pläne, eine der Einheiten – die PNS »Tariq« ehemals HMS »Ambuscade« (F172) in Glasgow (wo das Schiff in den 1970er Jahren gebaut wurde) als Museumsschiff auszustellen. Auf die Amazon-Klasse folgten von 1979 bis 1990 die deutlich größeren 14 Schiffe des Type 22, der auch als Broadsword-Klasse bezeichnet wird. Die Auslieferung der Broadsword-Klasse erfolgte in drei Baulosen. Die Schiffe mit je 148 Metern Länge und 5.300 Tonnen Verdrängung (Abmessungen des dritten Bauloses) waren zuerst als NATO-U-Jagd-Fregatten konzipiert, wurden aber während ihrer Dienstzeit hauptsächlich als Mehrzweckfregatten mit umfangreicher U-Jagd- und Flugabwehrbewaffnung genutzt. Die letzten vier Einheiten der Broadsword-Klasse wurden 2011 ausgemustert. Heute sind noch vier gebraucht erworbene Schiffe der Klasse bei den Marinen Brasiliens, Chiles und Rumäniens im Einsatz.

Nach dem Kalten Krieg

Heute stehen die Schiffe des Type 23 (Duke-Klasse) als einzige aktive Fregattenklasse in den Diensten der Royal Navy. Sie wird in Kapitel 4.4. ausführlich besprochen. Die zukünftigen Fregatten des großen Type 26 und des kostengünstigen Type 31 werden in den Kapiteln 4.5. und 4.6. behandelt.

Die HMS »Euryalus« (F15) war ein Vertreter des Type 12I bzw. der Leander-Klasse, bei der es sich um die zahlenmäßig größte britische Nachkriegsfregattenklasse handelte (Foto: US Navy).

Die HMS »Active« (F171) war eine von acht Mehrzweckfregatten des Type 21 bzw. der Amazon-Klasse aus den 1970er Jahren (Foto: US Navy).

Die HMS »Campbeltown« (F86) aufgenommen im Jahr 2008 in Devonport. Das Schiff des Type 22 bzw. der Broadsword-Klasse wurde 2009 ausgemustert (Foto: Smalljim/CC BY-SA 3.0).

4.2 Zerstörer der Daring-Klasse / Type 45

Die HMS »Defender« (D36) läuft am 17.06.2022 den Marinestützpunkt Kiel an (Foto: Verfasser).

Zwischen 2009 und 2013 stellte die Royal Navy sechs Hochleistungs-Lenkwaffenzerstörer in Dienst, die zu den besten Flugabwehrschiffen der Welt zählen.
Laut der Fachpublikation Jane´s Defence Weekly soll es sich bei der HMS »Daring« (D32) und ihren Schwesterschiffen sogar um die besten auf Anti-Aircraft-Warfare (AAW) spezialisierten Schiffe der Welt handeln.

Die HMS »Dragon« während der Seeerprobungen im Jahr 2011. Das prominente Drachenmotiv am Bug sticht ins Auge (Foto: Crown Copyrifht/LA(Phot) Nicky Wilson).

Internationale Wurzeln

Das Projekt Daring-Klasse – in Großbritannien formell als Type 45-Zerstörer bezeichnet – hat seine Ursprünge im multinationalen Fregattenprojekt NFR90 (NATO Frigate Replacement for 90s), welches Ende der 1970er Jahre von insgesamt acht NATO-Mitgliedsstaaten konzipiert wurde. Ziel war ein einheitlicher Schiffsentwurf, der an die unterschiedlichen nationalen maritimen Bedürfnisse angepasst, rund 60 Mal auf verschiedenen Werften gebaut werden sollte. Letztlich war es schwierig, alle wirtschaftspolitischen Aspekte und alle Ausstattungswünsche der unterschiedlichsten Marinen aus Deutschland, Kanada, Spanien, Frankreich, Italien, den Niederlanden, Großbritannien und den USA unter einen Hut zu bringen. Einige Länder hatten größeres Interesse an auf die U-Bootjagd spezialisierten Schiffen, während andere Länder eine Multimissionsfregatte befürworteten. Großbritannien wollte mit den Schiffen des Projektes NFR90 die 14 Zerstörer der Sheffield-/Type 42-Klasse ersetzen und beklagte – aufgrund der im Falklandkrieg gewonnenen Erkenntnisse – das Fehlen eines Nahbereichsverteidigungssystems. Die Marineplaner im britischen Verteidigungsministerium zogen schließlich 1989 den Stecker und verließen das transatlantische Fregattenprojekt, das kurz darauf kollabierte. 1992 starteten Frankreich, Italien und Großbritannien das Projekt Horizon CNGF (Common New Generation Frigate), das die

Schaffung einer trinationalen Allianz für den Entwurf und die Produktion eines einheitlichen Flugabwehrzerstörers vorsah. Aufgrund von unterschiedlichen Auffassungen der drei Marinen in Bezug auf die technische Ausstattung der zukünftigen Schiffe und die »gerechte« Verteilung der Arbeitsaufträge zog sich Großbritannien am 26. April 1999 auch aus diesem Projekt zurück. Italien und Frankreich bauten daraufhin jeweils zwei Schiffe der Horizon-Klasse in den heimischen Werften, was einer Halbierung der ursprünglich anvisierten Anzahl von vier italienischen und vier französischen Schiffen entsprach. Viele der Designelemente der Horizon-Klasse flossen ebenfalls in die nun neukonzipierte britische Daring-/Type 45-Klasse ein. In der technischen Ausstattung unterscheidet sich der britische Entwurf allerdings vollständig von dem französisch-italienischen Schiffsdesign.

Britischer Entwurf

Nach dem Rückzug aus dem Horizon-Programm wurde Marconi Electronic Systems (MES) am 23. November 1999 von der Royal Navy als Hauptvertragspartner zum Bau des Type 45-Zerstörers bekannt gegeben. Bereits am 30. November des gleichen Jahres fusionierte Marconi mit British Aerospace (das Unternehmen war zuvor beim trinationalen Horizon-Projekt beteiligt gewesen). Das hierbei entstandene Unternehmen BAE Systems war dadurch offiziell mit dem Entwurf und der Konstruktion des Ersatzes für die veraltete Sheffield-Klasse betraut. Bei der Projektinitialisierung waren die britischen Marineplaner von einem Bedarf von zwölf Schiffen ausgegangen. Anfang des 21. Jahrhunderts wurde aufgrund knapper Haushaltskassen – und einer damals geringen Bedrohungslage – der Schiffsbedarf auf acht Einheiten heruntergeschraubt, ehe im Juni 2008 die letzten beiden Schiffe gestrichen wurden. Die daraus resultierende Anzahl von lediglich sechs Einheiten stieß von verschiedenen Seiten auf starke Kritik, da diese Anzahl als völlig unzureichend für den Schutz der britischen Flotte vor Luftangriffen durch Flugzeuge oder Raketen angesehen wurde. Die Befürworter dieser Entscheidung betonten, dass die neue Daring-Klasse so viel leistungsfähiger als die Vorgängerklassen sein würde und daher zum wirksamen Flottenschutz eine viel geringere Zahl an Schiffen notwendig sei. Der endgültige Schiffsentwurf der Daring-Klasse ist 152,4 Meter lang, 21,2 Meter breit und verfügt über einen Tiefgang von 5,7 Metern. Mit diesen Abmessungen und einer maximalen Verdrängung von rund 8.000 Tonnen ist die Daring-Klasse größenmäßig mit der amerikanischen Arleigh Burke-Klasse vergleichbar. Auch in Bezug auf die Rolle in der Flotte entsprechen sich die britische und die amerikanische Schiffsklasse. Allerdings fällt auf, dass die britische Daring-Klasse nur über 48 VLS-Abschusszellen verfügt, während die Arleigh Burke-Klasse je nach Version mit 90 bis 96 Abschusszellen ausgestattet ist. Angetrieben wird die Daring-Klasse von ei-

Die HMS »Defender« verschießt eine Aster-Flugabwehrrakete während der Übung Formidable Shield 2019 vor der schottischen Westküste (Foto: Crown Copyright/ UK Ministry of Defence).

In der Heckansicht der HMS »Dragon« kann man sehr gut die abgewinkelte Stealth-Bauweise des Rumpfes und der Aufbauten erkennen (Foto: US Navy/MC2 Amanda R. Gray).

Blick von der Brücke der HMS »Daring« (D32) auf die 48 Abschusszellen des Sylver-VLS auf dem Vorschiff (Foto: Crown Copyright/ LA(Phot) Keith Morgan).

nem Integrierten Elektrischen Antrieb (IEP, Integrated Electric Propulsion). Bei solch einem Antriebskonzept wirken die Maschinen – wie die Gasturbinen und die Schiffsdieselmotoren – nicht direkt auf die Schiffswellen, sondern sie liefern den Strom für die Fahrmotoren. Im Fall der Daring-Klasse handelt es sich um zwei Converteam-Elektromotoren, die jeweils 20 Megawatt Leistung liefern. Die Energie produzieren vier Generatoren, davon zwei Wärtsilä 12V200-Dieselmotoren mit je 2 Megawatt und zwei Rolls-Royce WR-21-Gasturbinen mit je 21,5 Megawatt Leistung; daraus resultiert eine maximale Generatorleistung von 47.000 Kilowatt, was 63.902 PS entspricht. Die dadurch erreichte Höchstgeschwindigkeit ist geheim, sie liegt aber über der offiziellen Angabe von 31,5 Knoten. Die ersten Stahlschnitte für die zukünftige HMS »Daring« erfolgten am 28. März 2003, die der anderen Schiffe folgten in Abständen von bis zu einem Jahr zwischen den einzelnen Einheiten. Zuletzt begannen die Arbeiten am finalen Schiff, der HMS »Duncan« am 26. Januar 2007. Wie im modernen Marineschiffbau üblich, wurden die Schiffe des Type 45 in modularer Bauweise hergestellt, bei der die einzelnen Blocks in der Bauwerft zu einem Schiffsrumpf verbunden werden. Erstmals in der britischen Marinegeschichte wurden die einzelnen Module an verschiedenen Werftstandorten gefertigt, um die britische Schiffbauindustrie überregional zu stärken, wobei der industriepolitische Schwerpunkt auf Schottlands Werften lag. Die Bugsektion sowie Teile der Aufbauten und der Schornstein wurden von der VT Group in Portsmouth in Südengland hergestellt, während die mittlere Sektion inklusive Brücke bei BAE Systems in Scotstoun und die Hecksektion von BAE Systems in Govan gebaut wurden (beide im Großraum Glasgow ansässig). Während die erste Einheit, die HMS »Daring«, in Scotstoun direkt endmontiert wurde, erfolgten die Montage und der

Auf dem vorderen Mast befindet sich das kugelförmige SAMPSON-Multifunktionsradar. Die Aufnahmen entstanden am 19.06.2022 im Marinestützpunkt Kiel (Fotos: Verfasser).

Stapellauf der restlichen fünf Schiffe in Govan. Nach dem Zuwasserlassen wurden die Einheiten zur Endausrüstung nach Scotstoun geschleppt, wo auch der Einbau der Schiffsschrauben, Masten und Schornsteine vonstattenging. Die HMS »Daring« (D32) lief am 01. Februar 2006 vom Stapel und wurde am 23. Juli 2009 in den Dienst der Royal Navy gestellt. Alle zehn bis elf Monate folgten die weiteren Schiffe: HMS »Dauntless« (D33), HMS »Diamond« (D34), HMS »Dragon« (D35), HMS »Defender« (D36) und HMS »Duncan« (D37), die als letzte Einheit am 26. September 2013 in Dienst gestellt wurde. Alle Schiffe sind im Marinestützpunkt Portsmouth beheimatet. Aus diesem Schiffssextett sticht besonders die HMS »Dragon« hervor, da beide Seiten ihres Buges von der Abbildung eines feuerroten walisischen Drachens verziert werden. Ursprünglich trug die »Dragon« diese Bemalung nur beim Stapellauf und den Testfahrten. Bei der britischen Öffentlichkeit wurde diese einmalige optische Gestaltung eines Marineschiffes allerdings derart populär, dass die Motive nach einer Spendenaktion im Jahr 2016 wieder auf dem Schiff angebracht wurden. Die »Dragon« trägt ihre Drachen mit dem ausdrücklichen Segen der verstorbenen britischen Queen Elizabeth II. am Bug, mit der Auflage an die Besatzung, die weithin sichtbare Verzierung im Kriegsfall unmittelbar zu entfernen.

Nach dem Stabmast (Polemast) kommt der LRR-Mast, auf dem das rechteckige S1850M Frühwarnlangstreckenradar montiert ist (Foto: Verfasser).

Systeme

Die wichtigste Waffensystemkomponente der Daring-Klasse ist die Luftabwehrrakete vom Typ Aster (hergestellt vom europäischen multinationalen Rüstungskonzern MBDA), die als Kurzstreckenvariante Aster 15 (Reichweite bis circa 30 km) und Langstreckenvariante Aster 30 (Reichweite bis circa 130 km) in den 48 Zellen der VLS-Startanlage vom Typ A50 Sylver (hergestellt von der französischen Naval Group) gelagert und aus ihnen verschossen wird. Die Aster-Raketen sind Teil des Systems Principal Anti Air Missile System (PAAMS), das sowohl auf den britischen Zerstörern der Daring-Klasse wie auch auf den franko-italienischen Vettern der Horizon-Klasse zu finden ist. PAAMS – das in der Royal Navy als Sea Viper bezeichnet wird – hat im Gegensatz zum eigentlichen Schiffsentwurf die britisch-italienisch-französische Zusammenarbeit der 1990er Jahre »überlebt«. Das Sea Viper-System erhält seine Zieldaten von dem als Feuerleitradar dienenden, kugelförmigen rotierenden, aktiv phasengesteuerten Multifunktionsradar SAMPSON auf der Mastspitze. Dieses Radarsystem wurde speziell für die Erfassung von Seezielflugkörpern und Stealth-Flugzeugen konzipiert. Das Multifunktionsradar SAMPSON ist in der Lage, mehrere Hundert Zielobjekte bis zu einer maximalen Entfernung von 400 km zu erfassen. Diese Daten werden dann von den Rechnern des Sea Viper-Systems in der Operationszentrale dazu genutzt, Zielprioritäten zu ermitteln und die idealen Startzeitpunkte sowie die Flugbahnen der Aster-Flugabwehrraketen zu errechnen (sollten diese dazu genutzt werden, diese Ziele anzugreifen). Neben den Daten aus dem Multifunktionsradar SAMPSON erhält Sea Viper zusätzliche Daten von dem Frühwarnlangstreckenradar S1850M, bei dem es sich um ein rotierendes Weitbereichsradar mit Phased-Array-Antenne handelt, das in der Lage ist, bis zu 1.000 Ziele bis zu einer Entfernung von 400 km zu erfassen. Das S1850M wird von BAE

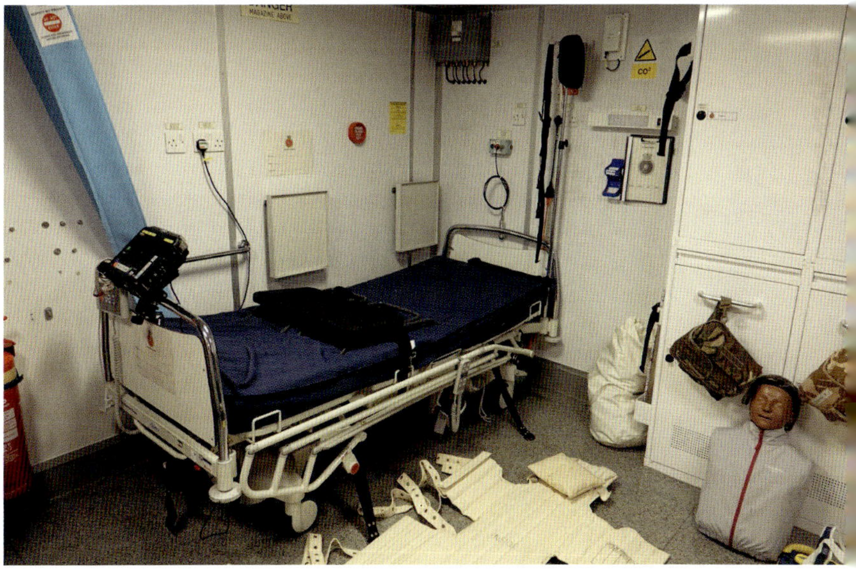

Blick in die Krankenstation der HMS »Defender« (Foto: Verfasser).

Über diesen für Marineschiffe relativ geräumigen Verbindungsgang gelangt man in alle wichtigen Schiffsbereiche (Foto: Verfasser).

Systems Integrated System Technologies (vormals AMS UK) und Thales produziert. Bei diesem Radar handelt es sich um eine verbesserte Version des von Thales Nederland konzipierten Thales Smart-L-Radars, das u. a. auch auf den deutschen Luftabwehrfregatten der Sachsen-Klasse (Klasse 124) zu finden ist. Im Juli 2021 kündigte die britische Regierung an, auf allen sechs Einheiten der Daring-Klasse vor der Sylver-VLS-Anlage ein weiteres Startsilo für 24 zusätzliche Luftabwehrraketen des Typs Sea Ceptor zu installieren. Dadurch erhöht sich die Gesamtzahl an Abschusszellen für Flugabwehrraketen auf 72; gleichzeitig wird der Hersteller Eurosam die Aster-Raketenfamilie überarbeiten und auf den technisch neuesten Stand bringen (wahrscheinlich wird die Kurzstreckenvariante Aster 15 komplett ausgemustert). Die Einbauten der neuen Anlagen sollen während Werftinstandsetzungsperioden zwischen 2026 und 2032 erfolgen. Im Mai 2022 kündigte das britische Verteidigungsministerium an, die Daring-Klasse einem weiteren Upgrade zu unterziehen, das die Schiffe mit der Fähigkeit zur Abwehr von ballistischen Raketen ausstatten soll. Hierzu sollen das SAMPSON-Radar sowie die Sea Viper-Führungs- und Waffeneinsatzsysteme umfangreich modernisiert werden. Neben der Hauptbewaffnung mit den Aster-Flugabwehrraketen sind die Zerstörer der Daring-Klasse mit einem 114-mm-Bordgeschütz des britischen Typs Mark 8, zwei 20-mm-Phalanx/CIWS-Nahbereichsverteidigungssystemen zu Selbstschutz sowie zwei 30-mm-Geschützen, zwei 7,62-mm-Miniguns und insgesamt sechs 7,62-mm-Maschinengewehren ausgestattet. Vier Schiffe der Daring-Klasse wurden zu Beginn ihrer Dienstzeit mit Seezielflugkörpern Harpoon ausgerüstet. Mittlerweile wird dieser Raketentyp zur Schiffsbekämpfung nicht mehr von der Daring-Klasse auf operationellen Einsätzen mitgeführt. Kritiker bemängelten trotz des Vorhandenseins eines Bugsonars des Typs Ultra / EDO MFS-7000 das Fehlen jeglicher eigener Offensivbewaffnung auf der Daring-Klasse zur U-Boot-Bekämpfung. Hierzu werden ausschließlich die Bordhelikopter genutzt. Derzeit kommen hierfür ein AugustaWestland Merlin HM1 oder zwei Westland Lynx in Frage. Seit 2015 wird der Lynx nach und nach durch den AugustaWestland AW159

Die Brücke der Daring-Klasse wird von großen Multifunktionsbildschirmen beherrscht (Foto: Crown Copyright/PO(Phot) Paul Punter).

In der Operationszentrale werden alle Radardaten gegnerischer Flugobjekte ausgewertet und mögliche Flugbahnen für Aster-Abfangraketen berechnet (Foto: Crown Copyright/ LA(Phot) Keith Morgan).

Wildcat ersetzt (einer Weiterentwicklung des Lynx). Der Merlin HM2 verfügt über eine Bewaffnung von vier Sting Ray Anti-U-Boot-Torpedos sowie abzuwerfende Sonarbojen und ein Tauchsonar. Der Lynx kann entweder zwei Sting Ray-Torpedos oder vier Sea Skua-Seezielflugkörper für die Bekämpfung von feindlichen Überwasserschiffen tragen. Der neue Wildcat-Helikopter bekommt erstmals alle Zieldaten vom Schiff, da er über keine eigenen Tauchsonare oder Sonarbojen verfügt. Er ist seit 2021 mit dem Multifunktionsflugkörper Martlet bewaffnet, der sowohl gegen Schiffe wie auch gegen Flugzeuge eingesetzt werden kann.

Herausforderungen

Da die Daring-Klasse über ein in der Royal Navy zuvor nicht verwendetes Antriebskonzept verfügt, häuften sich wenige Jahre nach der Indienststellung Presseberichte über die Unzuverlässigkeit des Integrierten Elektrischen Antriebes. So berichtete beispielsweise die BBC Anfang 2016 darüber, dass Totalausfälle der Elektrik an Bord der Daring-Klasse weit verbreitet seien. Eine besonders störanfällige Komponente ist ein Zwischenkühler der WR-21-Gasturbine, der des Öfteren zum Ausfall der Turbinen führen soll, was wiederum die Dieselgeneratoren überlastet, die daraufhin gelegentlich ebenfalls ausfallen, was den vollständigen Verlust der Bordelektronik und des Antriebes zur Folge hat. Die technischen Probleme mit dem Antriebssystem der Daring-Klasse erwiesen sich schließlich als so gravierend, dass das britische Verteidigungsministerium am 21. März 2018 einen Vertrag mit BAE Systems, Cammell Laird und BMT Defence Services im Wert von 160 Millionen Britischer Pfund abschloss. Vertragsgegenstand ist ein sogenanntes »Power Improvement Project« (PIP), welches das Entfernen der beiden jetzigen Dieselgeneratoren sowie deren Ersatz durch drei wesentlich größere und leistungsfähigere Dieselgeneratoren umfasst. In der Konsequenz müssen die Schiffe der Daring-Klasse nur noch im hohen Geschwindigkeitsbereich auf die WR-21-Gasturbinen zurückgreifen, die dadurch weniger belastet werden und es somit in der Folge zu weniger Antriebsausfällen kommen soll. Als erste Einheit wurde die HMS »Dauntless« ab Mai 2020 entsprechend umgerüstet, der letzte PIP-Umbau soll planmäßig im Jahr 2028 abgeschlossen sein. Verzögerungen sind wie bei den meisten großen Marineprojekten jedoch nicht unwahrscheinlich.

Ersatz

Gemäß den bisherigen britischen Marineplanungen sollten die sechs Schiffe der Daring-Klasse noch bis Ende der 2030er Jahre ihren Dienst verrichten und dann von Zerstörern des Type 83 ersetzt werden. Ende Juni 2026 gab das britische Verteidigungsministerium die Streichung des Type 83 bekannt. Stattdessen sollen bisher nicht näher definierte Common Combat Vessels beschafft werden.

Das 114-mm-L/55-Mk8-Schnellfeuergeschütz auf dem Vorschiff der HMS »Defender« (Foto: Verfasser).

Die 20-mm-Phalanx/CIWS auf der Backbordseite. Das Nahbereichsverteidigungssystem kann auch zur Bekämpfung von steil anfliegenden Flugkörpern verwendet werden (Foto: Verfasser).

Der AW159 Wildcat-Helikopter zur U-Jagd wurde 2015 bei der Royal Navy eingeführt (Foto: Verfasser).

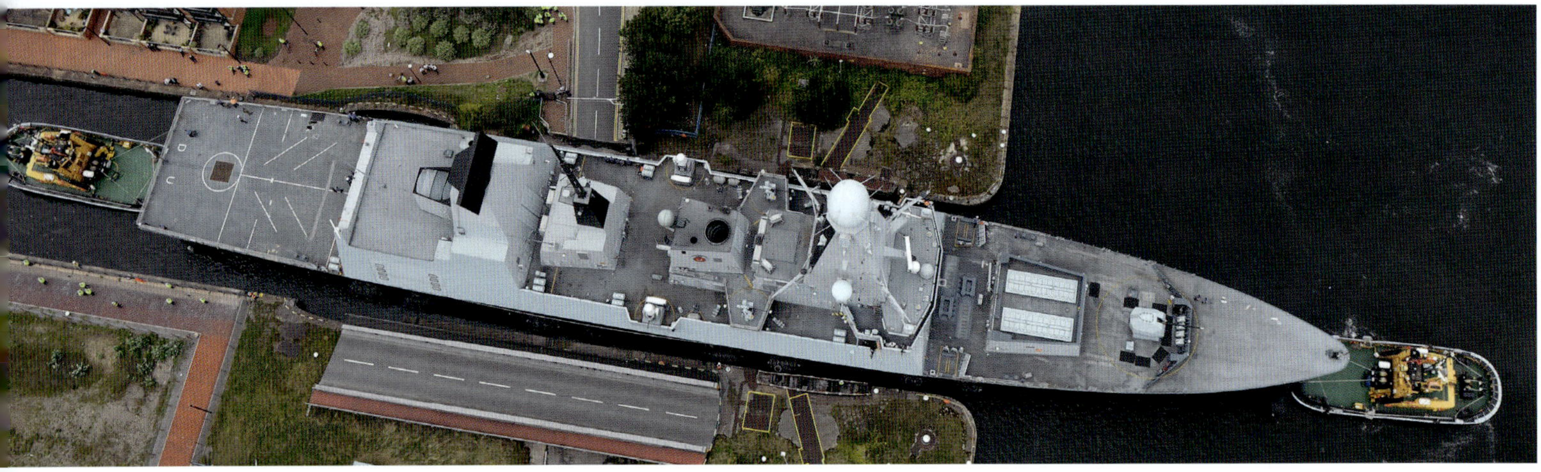

Im September 2014 nahm die HMS »Duncan« (D37) am NATO-Gipfel in Cardiff teil. Beim Transfer in den Hafen war teilweise nur 70 cm Spiel auf beiden Seiten (Foto: Crown Copyright/(Phot) Alex Knott).

Die HMS »Diamond« aufgenommen im Sommer 2012 als Eskorte des amerikanischen Trägers USS »Enterprise« (CVN-65, Foto: Crown Copyright/LA(Phot) Weatherston).

Die HMS »Dragon« dient als Geleitschutz für den Flugzeugträger HMS »Queen Elizabeth« (Foto: Crown Copyright/LPhot Daniel Shepherd).

Technische Daten Daring-Klasse	
Schiffe HMS »Daring« (D32), HMS »Dauntless« (D33), HMS »Diamond« (D34), HMS »Dragon« (D35), HMS »Defender« (D36) und HMS »Duncan« (D37)	
Bauwerft	BAE Systems Maritime – Naval Ships
Bauzeitraum	2003 bis 2010
Baukosten	1,050 Milliarden Britische Pfund pro Schiff
Verdrängung	5.800 Tonnen (light), 8.000 Tonnen voll beladen
Länge	152,4 m
Breite	21,2 m
Tiefgang	7,4 m
Höhe	39 m
Maschinenanlage	Integrierter Elektrischer Antrieb (IEP): 2x Converteam-Elektromotoren, je 20 MW, 4,16 kV Wechselspannung
Energieversorgung	4x Generatoren: 2x Dieselmotoren Wärtsilä 12V200, je 2 MW, 2x Gasturbinen Rolls-Royce WR-21, je 21,5 MW
Maximalleistung	47 MW
Höchstgeschwindigkeit	Mehr als 32 Knoten
Reichweite	13.000 km bei 18 Knoten
Besatzung	191, davon 21 Offiziere und 170 Mannschaften
Bewaffnung	48 Zellen-VLS SYLVER, Sea Viper mit Aster-Raketen, 1x 114-mm-L/55-Mk8-Schnellfeuergeschütz, 2x 30-mm-Geschütze, 2x 20-mm-Phalanx/CIWS, 2x 7,62-mm-Minigun, 6x 7,62-mm-MG
Fluggeräte	1x Merlin HM2 oder bis zu 2 AW159 Wildcat

4.3 Fregatten des Typs 23

Die Fregatte HMS »Argyll« (F231) aufgenommen im September 2019 in Antwerpen, hier zu sehen mit dem Radar Typ 997 Artisan (Foto: Verfasser).

Bis vor kurzem stellten die Fregatten des Type 23 – auch als Duke-Klasse aufgrund der Benennung nach Herzogtümern bekannt – das Rückgrat der britischen Überwasserflotte. Zwischen 1990 und 2002 wurden 16 Schiffe in die Flotte der Royal Navy aufgenommen.

Heute stehen noch acht Einheiten im aktiven Dienst in der britischen Marine. Drei Einheiten wurden an die chilenische Marine transferiert und fünf Schiffe wurden bereits außer Dienst gestellt.

Die Entwicklung

Ende der 1970er Jahre stieß die Royal Navy die Entwicklung einer einheitlichen Nachfolgeklasse für die Schiffe der Leander-Klasse (Type 12I) und der Amazon-Klasse (Type 21) an. Zuerst wurde eine leichte Fregatte mit 100 Metern Länge und einer Verdrängung von rund 3.000 Tonnen avisiert. Die zukünftigen Fregatten sollten ohne Flugabwehrflugkörper und ohne Hubschrauberhangar als kostengünstige U-Jagd-Schiffe gebaut werden und gerade groß genug für die Mitnahme eines Schleppsonars sein. Nicht zuletzt aufgrund des Verlustes mehrerer Schiffe während des Falklandkrieges 1982 erfolgte jedoch ein Umdenken, infolgedessen wesentlich leistungsfähigere Schiffe konzipiert wurden. Fortan sollten eine effektive Brandbekämpfung und eine reduzierte Radarsignatur (Stichwort »Stealth-Eigenschaften«) in den Vordergrund treten. Fortschritte in der Automatisierung sollten die Besatzungsstärke auf 185 Personen senken. Weiterhin sollte Platz für eine Abteilung Marineinfanteristen der Royal Marines an Bord verfügbar sein. Im Jahr 1985 konnte offiziell mit dem Bau der ersten Einheit der nun als Type 23 bezeichneten Fregatte begonnen werden, die nun keine »Billig-Fregatte« mehr war, aber auch nicht zu den bestausgerüsteten bzw. bestbewaffneten Begleitschiffen der damaligen Zeit zählte. Westliche Beobachter der internationalen Marinerüstung attestierten den Schiffen ein gutes Preis-/Leistungsverhältnis. Das Ende des Kalten Krieges Anfang der 1990er Jahre führte zu einer Verlangsamung des Bauprogrammes der 16 Schiffe des Type 23, weshalb die letzte Einheit erst im Juni 2002 in Dienst gestellt wurde.

Die HMS »Sutherland« (F81) im Jahr 2007 in Dartmouth. Auf dem Vorschiff befindet sich noch das ältere Geschütz Mk 8 Mod 0 (Foto: Cavalry/CC BY 3.0).

Zum Vergleich, im Jahr 2019 befindet sich auf der HMS »Argyll« bereits das modernere Geschütz der Version Mk 8 Mod 1 (Foto: Verfasser).

Das Antriebssystem

Auf den Fregatten des Type 23 kommt ein CODLAG (Combined Diesel-electric and Gas)-System zur Anwendung, bei dem vier schallentkoppelte Dieselgeneratoren die Energie für zwei Elektrofahrmotoren des Herstellers GEC generieren. Zur Reduzierung der Geräuschabgaben in das umgebende Wasser wurden zwei der vier Generatoren auf der Höhe des Hauptdecks installiert. Durch den elektrischen Antrieb wird die Geräuschentwicklung der Fregatte im Vergleich zu Vorgängerklassen deutlich reduziert – bei der Indienststellung der ersten Einheit HMS »Norfolk« (F230) im Juni 1990 wurde diese als leisestes Überwasserkriegsschiff der Welt betrachtet. Falls das Schiff mit größerer Geschwindigkeit gefahren werden soll, können zwei Gasturbinen von Rolls-Royce hinzugeschaltet werden (Spey SM1A mit zwei Mal 18.770 PS bei den ersten sieben Schiffen und Spey SM1C mit zwei Mal 26.150 PS bei den weiteren Schiffen). Die offizielle Höchstgeschwindigkeit aller Type 23-Schiffe liegt bei 28 Knoten. In der Praxis dürfte sie jedoch deutlich höher ausfallen und laut Medienberichten sollen die Schiffe mit SM1C-Gasturbinen Geschwindigkeiten bis 34 Knoten erreichen können. Weitaus häufiger sind die Schiffe jedoch nur mit elektrischem Antrieb und mit einer Standard-Reisegeschwindigkeit von 15 Knoten unterwegs. Die Reichweite beträgt dann 7.800 Seemeilen, was im internationalen Vergleich überdurchschnittlich ist.

Bewaffnung & Sensoren

Als Bordgeschütz kommt ein 114-mm-Mark 8 zum Zug, das Elektrooptische System des Typ GSA-8 »Sea Archer« fungiert als Feuerleitung. Das Geschütz ist seit 1973 im Einsatz bei der Royal Navy. Aufgrund einer Kadenz von lediglich 25 Schuss pro Minute und eines Höhenrichtbereiches von nur +55 Grad gilt es als nicht mehr zeitgemäß. Hinter dem Geschütz ist ein VLS-Startsystem für Flugkörper mit 32 Zellen installiert. Es kann Flugabwehr-Lenkflugkörper des Typs VL Sea Wolf tragen. Weiterhin befinden sich acht Startcontainer für Seezielflugkörper montiert (ursprünglich für amerikanische Harpoon-Seezielflugkörper mit 150 Kilometern Reichweite). Beiderseits des Helikopterhangars befinden sich 324-mm-Zwillingstorpedorohre für Stingray-Leichtgewichtstorpedos (Lagerkapazität an Bord 24 Stück). Die Torpedorohre verfügen über ein automatisches Nachladesystem. Zwei 30-mm-Nahbereichsverteidigungssysteme runden die Bewaffnung ab. Obwohl die Fregatten des Type 23 als Mehrzweckfregatten ausgelegt sind, wurde eine starke Gewichtung auf die U-Jagd-Fähigkeiten gelegt. Deswegen erhielten alle Einheiten das Bugsonar des Typs 2050, das als aktives und passives Sonar betrieben werden kann. Als hauptsächliches U-Jagd-Instrument kommt auf den frühen Einheiten das Schleppsonar des Typs 2031Z zum Einsatz, welches bei den letzten sechs Schiffen (F78, 79, 80, 81, 82, 83) nicht mehr integriert wurde. Der Grund hierfür

Das Vertical-Lauch-System der HMS »Montrose« (F236) im Jahr 2013 beim Abschuss eines Sea Wolf-Flugkörpers (Foto: Royal Navy/L(Phot) Alex Knott/MOD).

Abschuss eines Stingray-Übungstorpedos aus einem der an beiden Seiten des Hubschrauberhangars hinter Luken fest installierten Zwillings-Torpedorohre im Kaliber 324 mm (Foto: Royal Navy).

Die HMS »Montrose« aufgenommen im Jahr 2005, hier noch mit dem älteren Radar Typ 996 (Foto: Royal Navy/POA(Phot) Mick Storey/MOD).

Mast mit dem Radarsystem Typ 997 Artisan oben und pyramidenförmigen Sensoren für die Erfassung und Auswertung elektromagnetischer Ausstrahlungen unten (Foto: Royal Navy/PO Phot Derek Wade/MOD).

ist das Ende des Kalten Krieges bzw. das (Anfang der 1990er Jahre) nicht mehr vorhandene Bedrohungspotenzial durch die Sowjetmarine. Das 3D-Radar mit 150 Kilometern Reichweite des Typs 996 dient der Luftraumüberwachung. Dazu wurden die Type 23-Fregatten mit verschiedensten Systemen zur Elektronischen Aufklärung, zur Seeraumüberwachung und mit Täuschkörpern ausgerüstet.

Upgrades

Ab dem Jahr 2005 wurden drei Fregatten des Type 23 vorzeitig außer Dienst gestellt und an die chilenische Marine verkauft (F230, 233, 80), wo sie immer noch in Dienst stehen. Ab dem Jahr 2004 wurden die verbliebenen dreizehn britischen Schiffe einer MLU-Maßnahme (»Mid-Life-Upgrade) zur Verlängerung der Dienstzeit unterzogen. Acht Einheiten (F237, 238, 239, 78, 79, 81, 82, 83) erhielten das neue Typ 2087-Schleppsonar, welches sowohl im Aktiv- wie im Passivmodus betrieben werden kann. Diese acht Fregatten werden als ASW-(U-Jagd)-Variante kategorisiert. Bei den restlichen fünf Schiffen (F229, 231, 234, 235, 236) wurde das vorhandene Typ 2031Z-Schleppsonar ersatzlos ausgebaut und diese Einheiten wurden fortan als GP-(General Purpose)-Fregatten klassifiziert. Weiterhin wurde bei allen Schiffen das 114-mm-Bordgeschütz Mk 8 Mod 0 durch ein Mk 8 Mod 1 mit verringertem Radarquerschnitt ersetzt. Im Jahr 2014 wurde ein weiteres, als Life Extension (LIFEX) bezeichnetes Dienstzeitverlängerungsprogramm gestartet, in dessen Zuge u.a. das ursprüngliche 3D-Luftraumüberwachungsradar durch das fortschrittlichere und leistungsfähigere Typ 997 Artisan-Radar mit größerer Reichweite und besserer Zielverfolgung ersetzt wurde. Weiterhin wurden die Sea Wolf-Flugabwehrflugkörper durch den Nachfolger GWS-35 Sea Ceptor mit 25 Kilometern Reichweite ersetzt (Einführung 2018). Da die Zielsuchlenkung über den eigenen aktiven Radarsuchkopf nun im Flugkörper selbst stattfindet, konnten die bisher genutzten Feuerleitradare des Typs 911

Blick auf die Brücke der HMS »Monmouth« (F235) im Jahr 2018 (Foto: Verfasser).

von den Fregatten abgebaut werden. Seit 2020 erhalten die Schiffe der U-Jagd-Version neue Rumpfsonare des Typs 2150. Derzeit werden die verbliebenen Type 23-Fregatten mit dem norwegischen NSM (Naval Strike Missile)-Seezielflugkörper ausgerüstet, der an Bord die amerikanischen Harpoon-Flugkörper ersetzt. Der neue NSM-Flugkörper kann auch gegen Landziele eingesetzt werden, verfügt über eine reduzierte Radarsignatur und eine Reichweite von rund 200 Kilometern.

Ausblick

Die noch verbliebenen Fregatten des Type 23 werden ab Ende der 2020er Jahre durch die kampfstarken und großen Fregatten des Type 26- (siehe Kapitel 4.5.) und kleineren, kostengünstigen Fregatten des Type 31 (siehe Kapitel 4.6.) ersetzt werden. Derzeit wird davon ausgegangen, dass die letzte Type 23-Fregatte Mitte der 2030er Jahre aus dem aktiven Dienst der Royal Navy ausscheiden wird.

Ein Agusta-Westland HMA.2 Wildcat-Hubschrauber bei den Erprobungen an Bord HMS »Iron Duke« (F234) im Jahr 2012 (Foto: Royal Navy/LA(PHOT) Al McLeod/MOD).

Technische Daten		
	F 229 - HMS Lancaster (1992)	**F 79 - HMS Portland (2024)**
max. Verdrängung	4.200 ts	4.800 ts
Länge	133,0 m	133,0 m
Breite	16,1 m	16,1 m
Tiefgang	5,5 m	5,5 m
Tiefgang über Sonar	7,3 m	7,3 m
Besatzung	ca. 185	ca. 185
Antrieb	CODLAG	CODLAG
Dieselgeneratoren	4x Paxman Valenta 12 RP200CZ	4x MTU-12V 4000 M53B
Elektromotoren	2x GEC	2x GEC
Gasturbinen	2x Rolls-Royce Spey SM-1A	2x Rolls-Royce Spey SM-1C
max. Geschwindigkeit	>28 kn	>32 kn
Navigations-Radar	Type 1007	Type 1007, Type 1008
Luft-Radar	Type 996	Type 997 »Artisan«
Rumpf-Sonar	Type 2050	Type 2150
Schlepp-Sonar	Type 2031Z	Type 2087
Feuerleitung	2x Type 911, GSA-8 »Sea Archer«	GSA-8 »Sea Archer«
RESM	Outfit UAF-1	Outfit UAT
Bewaffnung	1x1 114 mm Mk 8 Mod 0, 2x1 30 mm DS-30B, 32x »Sea Wolf« (GWS-26), 2x4 »Harpoon« 1C, 2x2 324 mm ASW-TT	1x1 114 mm Mk 8 Mod 1, 2x1 30 mm DS-30M, 32x »Sea Ceptor« (GWS-35), 2x4 »Naval Strike Missile«, 2x2 324 mm ASW-TT
Hubschrauber	»Lynx« HAS3	»Wildcat« HMA2 oder »Merlin« HM2

Die HMS »Kent« (F78) im Jahr 2019 in Kiel. Das Schiff wurde auf den Flugkörper Sea Ceptor umgerüstet, zu erkennen daran, dass die Feuerleitradare nicht mehr vorhanden sind (Foto: Verfasser).

Der britische Flugzeugträger HMS »Queen Elizabeth« (R08) wird im Juni 2017 von den Fregatten HMS »Sutherland« und HMS »Iron Duke« eskortiert (Foto: UK Ministry of Defence).

Im September 2025 feuert die HMS »Somerset« (F82) als erste Typ-23-Fregatte eine Naval Strike Missile (NSM) ab (Foto: Royal Navy).

Im November 2018 eskortiert die HMS »St. Albans« (F83) den russischen Raketenkreuzer »Marshal Ustinov« (Foto: US Ministry of Defence).

Schiffsliste					
Nummer	**Name**	**Werft**	**in Dienst**	**außer Dienst**	**Bemerkung**
F 230	Norfolk	Yarrow	01. Juni 1990	15. April 2005	an Chile
F 231	Argyll	Yarrow	31. Mai 1991	Mai 2024	GP
F 229 (ex F232)*	Lancaster	Yarrow	01. Mai 1992	-	GP
F 233	Marlborough	Swan Hunter	14. Juni 1991	08. Juli 2005	an Chile
F 234	Iron Duke	Yarrow	20. Mai 1993	-	GP
F 235	Monmouth	Yarrow	24. September 1993	30. Juni 2021	GP
F 236	Montrose	Yarow	02. Juni 1994	17. April 2023	GP
F 237	Westminster	Swan Hunter	13. Mai 1994	Mai 2024	ASW
F 238	Northumberland	Swan Hunter	29. November 1994	12. März 2025	ASW
F 239	Richmond	Swan Hunter	22. Juni 1995	-	ASW
F 78	Kent	Yarrow	08. Juni 2000	-	ASW
F 79	Portland	Yarrow / BAE Systems	03. Mai 2001	-	ASW
F 80	Grafton	Yarrow	29. Mai 1997	31. März 2006	an Chile
F 81	Sutherland	Yarrow	04. Juli 1997	-	ASW
F 82	Somerset	Yarrow	20. September 1996	-	ASW
F 83	St Albans	Yarrow / BAE Systems	06. Juni 2002	-	ASW

** Ursprünglich erhielt die »Lancaster« die Rumpfnummer F 232. Da jedoch das Meldeformular »232« der Royal Navy für Grundberührungen und Kollisionen steht, galt die 232 als Unglückszahl und es wurde stattdessen die Nummer F 229 vergeben.*

4.4 Zukünftige Fregatten des Type 26/Global Combat Ship

Zeichnerische Darstellung der britischen Typ-26-Fregatte (Grafik: UK MOD/Crown Copyright).

Neben der gemeinsamen Sprache, der gemeinsamen Geschichte und dem gemeinsamen Staatsoberhaupt im Buckingham Palace gibt es nicht zuletzt auch im Verteidigungsbereich viele verbindende Elemente zwischen dem Vereinigten Königreich sowie den ehemaligen Kolonien Australien und Kanada. In den letzten Jahren kam ein großangelegtes trinationales Fregattenprojekt dazu: das Global Combat Ship.

Übersicht

Das Global Combat Ship – das von der britischen Royal Navy als Type 26 Frigate oder City-Klasse bezeichnet wird – hat seine Ursprünge bereits im Jahr 1998. Hintergrund war eine Ersatzbeschaffung für die aus den 1970er und 1980er Jahren stammenden 14 Fregatten des Typs 22 und 16 Fregatten des Typs 23 (siehe Kapitel 4.4.) – beide mit Schwerpunktauslegung auf U-Jagd. Mehrere Grundsatzentscheidungen in den »berüchtigten« Strategic Defence Reviews sorgten dafür, dass 2011 die letzten vier Fregatten des Typs 22 ohne Ersatz außer Dienst gestellt wurden und die Zahl der zu beschaffenden Einheiten des Typs 26 von 13 auf 8 Einheiten reduziert wurde. Dadurch ist ein 1:1-Ersatz des vorausgegangenen Typs 23 nicht möglich, die Lücke soll durch fünf kleinere und preisgünstigere Fregatten des Typs 31 (siehe Kapitel 4.6.) geschlossen werden. Denn mit einem Combined Diesel-Electric or Gas (CODLOG)-Antrieb, einer Verdrängung von 6.800 Tonnen, einer Länge von 149,9 Metern sowie einer Breite von 20,8 Metern und projektierten Stückkosten von 1,23 Milliarden Pfund pro Einheit spielen die Fregatten des Typs 26 in der internationalen Oberliga. Auch die waffentechnische Auslegung mit insgesamt 72 VLS-Abschusszellen (48 Zellen für Sea Ceptor-Luftabwehrraketen und 24 amerikanische Mark-41-Zellen für zukünftige, noch zu entwickelnde, Seezielflugkörper oder Tomahawk-Marschflugkörper) wird zahlenmäßig in der NATO nur von US-Zerstörern und -Kreuzern übertroffen.

Die City-Klasse

Nach fast zwei Jahrzehnten der Planung erhielt BAE Systems Maritime am 02. Juli 2017 schließlich den Auftrag zur Fertigung der ersten drei Typ-26-Fregatten HMS »Glasgow »(F88), HMS »Cardiff »(F89) und HMS »Belfast« (F90) auf den schottischen Werften in Scotstoun und Govan (beides Stadtteile von Glasgow). Die Kiellegung der »Glasgow« erfolgte bereits am 20. Juli 2017, gefolgt von »Cardiff« am 14. August 2019 und »Belfast« am 29. Juni 2021. Die offizielle Beauftragung der nächsten fünf Schiffe des zweiten Bauloses erfolgte am 15. November 2022; die Taufnamen standen allerdings schon Jahre zuvor fest: »Birmingham«, »Sheffield«, »Newcastle«, »Edinburgh« und »London«. Beobachter konnten erstmals am 18. April 2021 einen Blick auf die Bugsektion der »Glasgow« vor der Montagehalle werfen, die am 01. Mai 2021 mit dem Heckbereich verbunden wurde. Im Oktober desselben Jahres ist die erste Besatzung der zukünftigen Fregatte bei BAE Systems eingetroffen,

Im Oktober 2021 meldete sich die erste Royal Navy-Besatzung der HMS »Glasgow« bei BAE Systems zum Dienst (Foto: BAE Systems).

Die HMS »Glasgow« wird am 27. November 2022 auf einen Halbtaucher-Ponton verladen, um dann in tieferes Wasser nach Glenn Mallan für den Stapellauf geschleppt zu werden (Foto: Ian Dick, CC BY 2.0).

die die Werftarbeiter dabei unterstütze, die HMS »Glasgow« zum Leben zu erwecken. Der Stapellauf der »Glasgow« erfolgte schließlich am 03. Dezember 2022, nachdem das Schiff zuvor auf einen Halbtaucher-Ponton verladen und dieser für den Stapellauf in tieferes Wasser geschleppt wurde. Die zweite Einheit »Cardiff« lief am 05. September 2024 vom Stapel. Die weiteren Einheiten sollen im Zwei-Jahres-Rhythmus folgen. Um die Produktion der Schiffe zu beschleunigen, hat BAE Systems Bauaufträge für einzelne Rumpfmodule an die Werften Cammell Laird in Birkenhead, A&P Tyne in Hebburn und Ferguson Marine in Port Glasgow vergeben. Die Auftragsvergabe an diese Subunternehmer erfolgt individuell pro Schiff, je nach Werftauslastung und Baufortschritt bei BAE Systems in Govan. Derzeit gibt es bei der Royal Navy Überlegungen, die Luftabwehrzerstörer des Typs 45 ab Mitte der 2030er Jahre durch neue Schiffe, die als Zerstörer des Typs 83 (siehe Kapitel 4.3.) bezeichnet werden, zu ersetzen. Ein mögliches Szenario wäre die Produktion eines weiterentwickelten Global Combat Ships, mit dem Vorteil einer »heißen Fertigungsstraße« und dadurch deutlich gesenkten Entwicklungskosten.

Die Hunter-Klasse

Down Under begannen die Planungen zum Ersatz der acht Einheiten umfassenden, auf einem deutschen MEKO-200-Entwurf beruhenden, NZAC-Fregattenklasse im Jahr 2009. 2016 wurde die Zahl der neuen Fregatten auf neun erhöht und ein Tender ausgeschrieben, bei dem der spanische F-5000-Entwurf (der in abgewandelter Form als Luftabwehrzerstörer der Hobart-Klasse damals im Zulauf bei der Royal Australian Navy war), die italienische FREMM-Variante und das britische Global Combat

Die Schiffe der City-Klasse				
Name	**Kennung**	**Kiellegung**	**Stapellauf**	**Indienststellung**
HMS »Glasgow«	F88	20. Juli 2017	03. Dezember 2022	2027/28
HMS »Cardiff«	F89	14. August 2019	05. September 2024	2028/29
HMS »Belfast«	F90	29. Juni 2021	-	2029/30
HMS »Birmingham«	F91	04. April 2023	-	ab 2030
HMS »Sheffield«	F92	28. November 2024	-	ab 2030
HMS »Newcastle«	F93	2025	-	ab 2030
HMS »London«	F94	-	-	ab 2030
HMS »Edinburgh«	F95	-	-	ab 2030

Die zweite Typ26-Fregatte HMS »Cardiff« kurz nach dem Zuwasserlassen am 05. September 2024 (Foto: British Ministry of Defense).

Ship gegeneinander antraten. Beobachter rechneten mit einem problemlosen Sieg des spanischen Designs, auch wegen der möglichen Symmetrieeffekte mit den Hobart-Zerstörern. Überraschenderweise wurde am 29. Juni 2018 das britische Global Combat Ship als Sieger der internationalen Ausschreibung gekürt. Die mittlerweile als Hunter-Klasse bezeichneten neun Schiffe – die ersten drei Taufnamen werden HMAS »Hunter«, HMAS »Flinders« und HMAS »Tasman« lauten – werden von BAE Systems Australia bei der ASC Shipbuilding Facility in Osborne, Südaustralien, gebaut, wo auch schon die drei Schiffe der Hobart-Klasse gefertigt wurden. Die Hunter-Klasse soll mit dem amerikanischen Aegis-System sowie 32 Mark-41-VLS-Zellen für SM-2- und Evolved Sea Sparrow-Luftabwehrraketen ausgestattet werden. Vor dem eigentlichen Produktionsstart des ersten Schiffes im Dezember 2022 erfolgt die Fertigung von fünf Schiffsmodul-Elementen als Prototypen zu Erprobungszwecken für die beim Global Combat Ship verwendeten Fertigungsverfahren. Der erste dieser Prototypen wurde der Öffentlichkeit am 19. Oktober 2021 von BAE Systems Australia präsentiert. Die Ablieferung der ersten schwimmenden Einheit, der HMAS »Hunter«, ist derzeit für das Jahr 2029 vorgesehen, die Indienststellung aller sechs Schiffe (die Royal Australian Navy hatte die Bestellung Anfang 2025 von neun auf sechs Einheiten reduziert) soll voraussichtlich Ende der 2030er Jahre vollzogen sein.

Weitere Exporterfolge

Das kanadische Projekt zum Ersatz der drei Zerstörer der Iroquios-Klasse (seit 2017 komplett ausgemustert) und der zwölf Fregatten der Halifax-Klasse umfasst 15 Einheiten der auf dem Type 26 basierenden River-Klasse und wird in Kapitel 16.2. besprochen. Am 31. August 2025 wählte die norwegische Marine die britischen Fregatten der City-Klasse als zukünftige Anti-U-Boot-Fregatten aus. Die fünf geplanten norwegischen Schiffe sollen vollständig in Großbritannien gebaut werden und werden in Kapitel 10.2. behandelt. Weitere Länder haben Interesse an Fregatten des Type 26 bzw. am Global Combat Ship Interesse angemeldet.

So soll die zukünftige Hunter-Klasse aussehen (Grafik: Royal Australian Navy).

Am 07. März 2026 kommt die bei Cammell Laird gefertigte Bugsektion der HMS »Birmingham« auf einem Schleppponton in Glasgow an (Foto: Dave souza, CC BY-SA 4.0).

Technische Daten City-Klasse	
Bauwerft	BAE Systems Glasgow
Länge	149,9 m
Breite	20,8 m
Verdrängung	6.800 Tonnen (light), 8.000 Tonnen (voll beladen)
Antrieb	1× CODLOG-Antrieb bestehend aus 1× Rolls-Royce MT30 Gasturbine, 4× MTU-Dieselmotoren, 2× Elektromotoren
Höchstgeschwindigkeit	mehr als 26 Knoten
Reichweite	Mehr als 13.000 km bei Fahrt im Elektro-Betrieb
Besatzung	118 bis 208 Personen
Sensoren	1× Luft-/Bodenüberwachungs-Radar Type 997 Artisan, 1× Navigationsradar Kelvin Hughes Ltd Sharp-Eye, 1× Bugsonar Ultra Electronics Type 2150, 1× Schleppsonar Thales 2087
Bewaffnung	1× 127 mm L/54 Mark 45-Geschütz, 1× Mk 41 VLS mit 24 Zellen für BGM-109 Tomahawk-Marschflugkörper oder zukünftige Seezielflugkörper, 1× VLS mit 12 Zellen für 48× Sea Ceptor-Flugabwehrraketen, 2× 30-mm-Geschütze DS30M Mark 2, 2× 20-mm-Phalanx, 2× 7,62-mm-Minigun, 4× 7,62-mm-MG, RVIN-GQ DLF Täuschkörper
Luftfahrzeuge	2× mittelgroße AgustaWestland AW159 Wildcat-Bordhubschrauber oder 1× großer AgustaWestland AW101 Merlin-Helikopter

4.5 Zukünftige Fregatten der Inspiration-Klasse/Type 31

Die HMS »Venturer« wird schließlich am 14. Juni 2025 zu Wasser gelassen (Foto: Babcock).

Am 14. Juni 2025 lief in Rosyth – unweit der schottischen Hauptstadt Edinburgh – mit der HMS »Venturer« (F12) die erste Fregatte des Type 31 vom Stapel. Aufgrund der Nutzung von Traditionsschiffnamen wird der Type 31 in Großbritannien auch als Inspiration-Klasse bezeichnet.

Eckdaten

Die 138,7 Meter lange und voll beladen 7.000 Tonnen verdrängende HMS »Venturer« (benannt nach einem U-Boot der V-Klasse aus dem Zweiten Weltkrieg) und ihre kommenden vier Schwesterschiffe HMS »Active« (F08, lief am 21. März 2026 vom Stapel, benannt nach einer britischen Fregatte des Type 21)), HMS »Formidable« (F11, benannt nach einem Flugzeugträger der Illustrious-Klasse), HMS »Bulldog« (F09, benannt nach einem Zerstörer der B-Klasse) und HMS »Campbeltown« (F10, benannt nach einem Zerstörer der Wickes-Klasse) basieren technisch auf der dänischen Flugabwehrfregatte der Iver Huitfeld-Klasse (siehe Kapitel 13.3). Diese wurde vom britischen Rüstungskonzern Babcock International zu einer kostengünstigen Mehrzweckfregatte umkonstruiert. Der dabei entstandene Schiffsentwurf wird von Babcock International als Arrowhead 140 vermarktet und konnte international einige Aufmerksamkeit erlangen sowie erste Exporterfolge verbuchen. Auf dem internationalen Markt für Fregatten erweist sich der niedrige Personalbedarf der Arrowhead 140 von nur 100 Marineangehörigen für zahlreiche kleinere Marinen als sehr attraktiv. Aus dem Arrowhead 140-Entwurf wurde der britische Type 31 abgeleitet, der von der Royal Navy als kostengünstige Ergänzung zu den kostenintensiven, in Kapitel 4.5. beschriebenen Type 26-Fregatten im November 2019 in Auftrag gegeben wurde. Die Schiffe werden von Babcock International im schottischen Rosyth gefertigt. Alle fünf Einheiten sollen bis zum Jahr 2030 an die Royal Navy abgeliefert werden. Die Type 31-Fregatte wird durch einen Combined Diesel and Diesel (CODAD)-Antrieb bestehend aus vier Rolls-Royce/MTU 20V 8000 M71 (8,2 MW)-Dieselmaschinen und vier Rolls-Royce/MTU 16V 2000 M41B (900 kW)-Dieselgeneratoren angetrieben. Neben einem 57-mm-Bordgeschütz und mehreren Maschinengewehren soll die Type 31-Fregatte in Zukunft auch mit einem Mk 41-VLS-System mit Platz für mindestens 32 SeaCeptor-Flugabwehrraketen (maximal vier Flugkörper pro Startzelle) ausgerüstet werden. Laut verschiedener Medienberichte wurden für das Mk 41 VLS jedoch noch keine finanziellen Mittel bereitgestellt und eine nachträgliche Einrüstung des Systems soll bei allen fünf Schiffen im Rahmen eines Mid-Life-Upgrades erfolgen.

Stapellauf der indonesischen »Balaputradewa« (322) bei PT PAL in Surabaya (Foto: Indonesian Ministry of Defence).

Exporterfolge

Die auf dem Arrowhead 140-Design basierende polnische Wicher-Klasse, von der bisher drei Einheiten fest bestellt und Optionen für fünf weitere Schiffe vertraglich vereinbart sind, wird hingegen von Beginn an mit einem 32-Zellen-Mk 41-VLS für Sea Ceptor-Flugabwehrraketen sowie einem größeren 76-mm-Bordgeschütz ausgerüstet sein. Die polnischen Fregatten, die auf dem Arrowhead 140-Design basieren werden als Arrowhead-140PL bezeichnet und in Kapitel 17.2. ausführlich besprochen. Babcock konnte den Arrowhead 140-Schiffsentwurf auch nach Indonesien verkaufen, wo derzeit lokal zwei Einheiten gefertigt werden. Die erste indonesische Einheit »Balaputradewa« (Kennung 322) lief am 18. Dezember 2025 bei PT PAL Indonesia in Surabaya vom Stapel. Im Januar 2026 bestellte die indonesische Marine zwei weitere Schiffe der Balaputradewa-Klasse, was die Gesamtzahl der indonesischen Schiffe auf vier erhöht. Das Arrowhead 140-Design ist weiterhin bei den Ausschreibungen für neue Mehrzweckfregatten derzeit in Neuseeland, Dänemark und Schweden im Rennen.

Ausblick

Gemäß den derzeitigen Planungen der Royal Navy sollen alle fünf Schiffe des Type 26/der Inspiration-Klasse im südenglischen Portsmouth beheimatet werden. Derzeit gibt es Bestrebungen, weitere preisgünstige Fregatten für die britische Marine zu beschaffen, die als Type 32 bezeichnet werden. Eine in britischen Marinekreisen diskutierte Option ist der Weiterbau einer modernisierten Inspiration-Klasse auf der Werft in Rosyth als Fregatte des Type 32. Dadurch wären die Entwicklungsarbeiten überschaubar und man würde auf eine »heiße« Produktionslinie zurückgreifen können.

Die zweite britische Inspiration-Klasse-Fregatte HMS »Active« (F08) beim Stapellauf am 21. März 2026 in Rosyth (Foto: Babcock International).

Die Schiffe der Inspiration-Klasse				
Name	**Kennung**	**Kiellegung**	**Stapellauf**	**Indienststellung**
HMS »Venturer«	F12	26. April 2022	14. Juni 2025	2026/27
HMS »Active«	F08	16. September 2023	21. März 2026	2027/28
HMS »Formidable«	F11	09. Dezember 2025	vstl. 2027	2028/29
HMS »Bulldog«	F09	24. Februar 2026	vstl. 2027	2029/30
HMS »Campbeltown«	F10	vstl. 2027	vstl. 2029	2030/31

Technische Daten Inspiration-Klasse	
Bauwerft	Babcock International, Rosyth, Schottland
Länge	138,7 m
Verdrängung	5.800 Tonnen (light), 7.000 Tonnen (voll beladen)
Antrieb	1×Combined Diesel and Diesel (CODAD)-Antrieb aus 4× Rolls-Royce/MTU 20V 8000 M71 (8,2 MW)-Dieselmaschinen und 4× Rolls-Royce/MTU 16V 2000 M41B (900 kW)-Dieselgeneratoren auf 2× Schiffswellen mit 2× Schiffspropeller wirkend
Höchstgeschwindigkeit	28 Knoten (offiziell)
Besatzung	80 bis 160 Personen
Sensoren	1× Luft-/Bodenüberwachungs-Radar Thales NS110, 1× Navigationsradar Terma Scanter und Raytheon NSX
Bewaffnung	1× 57-mm-Geschütz, 2× 40-mm-Geschütz, 2× Nahbereichsabwehrsysteme CIW/Phalanx, 1× VLS mit Platz für mindestens 24 SeaCaptor-Flugabwehrraketen (wird in Werftliegezeit eingerüstet), 4× Maschinengewehr »FN MAG« 7,62-mm
Luftfahrzeuge	1× Agusta/Westland AW159 Wildcat oder 1× Agusta/Westland AW101 Merlin

5. Italien

5.1 Zerstörer der Durand de la Penne-Klasse

Die »Luigi Durand de la Penne« (D560) aufgenommen im Mai 2002 während der Operation Enduring Freedom (Foto: US Navy/ PH1(NAO) Jim Hampshire).

Die italienische Marine nutzt bei der Beschaffung neuer Marineschiffsklassen oftmals vorhandene Entwürfe, die technisch so auf den neuesten Stand gebracht werden, dass sie mit dem Ursprungsentwurf nur das Grunddesign gemein haben. So geschah es auch bei den beiden im Jahr 1993 in Dienst gestellten Lenkwaffenzerstörern der Durand de la Penne-Klasse – »Luigi Durand de la Penne« (D560) und »Francesco Mimbelli« (D561) – von denen heute nur noch die letztgenannte Einheit in Dienst steht.

Entwicklungsgeschichte

Der Schiffsentwurf der Durand de la Penne-Klasse lässt sich auf die aus zwei Einheiten bestehende Impetuoso-Klasse zurückführen, bei denen es sich um die ersten Zerstörerneubauten der italienischen Marine nach dem Zweiten Weltkrieg handelte. Der 127 Meter lange Rumpf der Impetuoso-Klasse basierte auf der unvollendeten Comandanti Medaglie d'Oro-Klasse des Zweiten Weltkriegs. Die »Impetuosos« wurden 1952 auf Kiel gelegt, 1958 in Dienst und 1983 außer Dienst gestellt. Die Bordsysteme waren überwiegend amerikanischen Ursprungs. Auf die Impetuoso-Klasse folgten zwei Einheiten der Impavido-Klasse, die zwischen 1957 und 1962 gebaut wurden, schiffstechnisch auf ihren Vorgängern aufbauten und in Bezug auf Waffensysteme und Sensorik mit der zeitgenössischen amerikanischen Charles F. Adams-Klasse (siehe Kapitel 3.1.) vergleichbar waren. Der Impavido-Entwurf wurde in den 1960er Jahren nochmals verbessert und zwischen 1968 und 1971 wurden zwei weitere Einheiten als Audace-Klasse gebaut, die bis 2006 im Dienst der Marina Militare (der italienischen Marine) standen. Die Audace-Klasse war für die Flugabwehr ausgelegt und entsprechend stark mit Flugabwehrraketen sowie mit schwerer Maschinengewehrbewaffnung ausgerüstet.

Der Schiffsentwurf

Der Impetuoso-Entwurf wurde Ende der 1980er Jahre erneut als Grundlage für zwei Zerstörer verwendet: die Durand de la Penne-Klasse. Die Bauphase der beiden Schiffe auf der Fincantieri-Werft in Riva Trigoso dauerte von 1989 bis 1992. Die beiden Einheiten wurden im März und Oktober 1993 in Dienst gestellt. Die »Luigi Durand de la Penne« und die »Francesco Mimbelli« ersetzten in der italienischen Flotte die »Impavido« (D570) und »Intrepido« (D571) der Impavido-Klasse. Die Durand de la Penne-Klasse wurde erstmals von einem CODOG (Combined Diesel or Gas)-System bestehend aus zwei Gasturbinen für die Fahrt mit Höchstgeschwindigkeit und zwei Dieselmotoren für die Marschfahrt angetrieben. Die je 147,7 Meter langen, 16,1 Meter breiten und voll beladen 5.560 Tonnen verdrängenden Schiffe sind mit im internationalen Vergleich einmaligen vier Bordgeschützen – ein 127-mm- und drei 76-mm-Geschützen – ausgestattet. Zur Bewaffnung zählen weiterhin vier Startcontainer für Otomat Mk. 2-Seezielflugkörper, ein Starter für Albatros-(Aspide)-Flugabwehrraketen, zwei 324-mm-Dreifachtorpedowerfer, ein Starter

Die zur Daring-Klasse zählende HMS »Diana« (D126) aufgenommen im Jahr 1954. Bei dieser Klasse handelte es sich um die letzten britischen Zerstörer ohne Lenkwaffen (Foto: Royal Navy/Imperial War Museum).

für SM-1MR-Flugabwehrraketen sowie das U-Jagd-System Matra »Milas« von Otobreda und verschiedene Maschinengewehre. Am Rumpf und an den Aufbauten sind Maßnahmen zur Reduktion des Radarquerschnittes angebracht.

Einsatzrolle

Die beiden Schiffe wurden entwickelt für die Flugabwehrrolle innerhalb kleiner NATO-Flottenverbände. So wurden die beiden Schiffe immer wieder innerhalb der Flugzeugträgerkampfgruppe um die »Guiseppe Garibaldi« eingesetzt. In der Realität nahmen die »Luigi Durand de la Penne« und die »Francesco Mimbelli« jedoch überwiegend an NATO-Einsätzen zur Pirateriebekämpfung wie beispielsweise der Operation Enduring Freedom oder Evakuierungsoperationen von Flüchtlingen nach Beginn des Libanonkrieges teil. Die »Luigi Durand de la Penne« sorgte während einer Weltumrundung 1996/97 zusammen mit der Fregatte »Bersagliere« für Schlagzeilen, als die beiden Schiffe rund 46.000 Seemeilen zurücklegten. Innerhalb der NATO galten die beiden Schiffe der Durand de la Penne-Klasse Anfang der 1990er Jahre als beste Flugabwehrschiffe – ein Rang, der ihnen in der Zwischenzeit jedoch durch die amerikanische Arleigh Burke-Klasse, die spanische Alvaro de Bazan-Klasse sowie die deutsche Sachsen-Klasse und nicht zuletzt die französisch-italienische Horizon-Klasse (siehe Nachfolgekapitel 5.2.) streitig gemacht wurde. Obwohl die beiden Schiffe der Durand de la Penne-Klasse als »letzte große klassischen Flugabwehrzerstörer« gelten, standen sie jedoch auch innerhalb der italienischen Marine aufgrund ihrer relativ kleinen Abmessungen in der Kritik. Da die umfangreichen Waffensysteme und Sensoren an Bord eine beachtliche Besatzungsstärke von 380 Personen (so viele Frauen und Männer wie auf der fast doppelt so großen amerikanischen »Arleigh Burke«) erfordern, gelten die Lebensbedingungen an Bord als nicht optimal. Ein weiterer Kritikpunkt an der Durand de la Penne-Klasse ist das Fehlen von vertikalen (VLS)-Startzellen, wodurch der Schiffsklasse eine moderne Lenkraketenbewaffnung des 21. Jahrhunderts verwehrt blieb.

Dienstende

Die »Luigi Durand de la Penne« wurde am 01. Oktober 2024 außer Dienst gestellt, nachdem der italienischen Marine eine ausreichende Zahl FREMM-Fregatten (siehe Kapitel 5.3.) zur Verfügung standen. Die »Francesco Mimbelli« soll in den nächsten Jahren folgen.

Technische Daten Durand de la Penne-Klasse	
Bauwerft	Fincantieri, Riva Trigoso
Abmessungen	147,7 Meter Länge, 16,1 Meter Breite, 5 Meter Tiefgang, 5.560 Tonnen Verdrängung voll beladen
Antrieb	1×CODOG-System bestehend aus 2× General Electric/Avio LM2500 Gasturbinen mit 41,000 kW (55.000 PS) Leistung, 2× Dieselmaschinen Grandi Motori Trieste BL-230-20-DVM mit 9.396 kW (12.600 PS) Leistung auf 2× Schiffswellen mit je 1× Verstellpropeller wirkend
Höchstgeschwindigkeit	32 Knoten
Reichweite	13.000 Kilometer bei 21 Knoten Geschwindigkeit
Besatzung	380 Personen
Bewaffnung	1 × Otobreda 127-Bordgeschütz, 3× Oto Melara 76/62 mm Super Rapido-Geschütze, 1× Albatross Starter für Selenia Aspide-Flugabwehrraketen, 1× Mk 13 Starter mit 40× Standard SM-1MR-Flugabwehrraketen, 4× Otomat Mk2 Seezielflugkörper, 4× Milas Anti-U-Boot-Raketen, 2× 324-mm-Dreifach-Torpedowerfer
Sensoren	1× SPS-52C-3D-Radar, 1× AESN MM/SPS-768 Radar, 1× AMS MM/SPS-702-Oberflächensuchradar, 1× SMA MM/SPN-703-Navigationsradar, 1× DE-1164/1167-Sonarsystem, 1× SADOC-2 Führungs- und Waffeneinsatzsystem
Luftfahrzeuge	2× Agusta/Bell AB-212 Helikopter

5.2 Zerstörer der Horizon-Klasse

Die »Andrea Doria« (D553) aufgenommen im Januar 2026 von einem französischen Marineschiff aus (Foto: Armee Francaise).

Bereits in den 1970er Jahren begannen bei vielen NATO-Marinen Planungen für den Ersatz ihrer vorhandenen Flugabwehr- und U-Jagdschiffe in den 1990er Jahren.
Aufgrund steigender Entwicklungs-, Produktions- und Unterhaltskosten schlossen sich Großbritannien, Westdeutschland, die Niederlande, Frankreich, Italien, Spanien, Kanada und die USA bei der Entwicklung eines neuen Fregattentyps mit U-Jagd-Fokussierung zusammen.

Rahmenbedingungen

Das Projekt trug den Namen NFR-90 (NATO Frigate Replacement for the 1990s) und sah einen Schiffsentwurf mit rund 5.000 Tonnen Verdrängung vor, von dem mindestens 50 Einheiten gebaut werden sollten. Da bei diesem Projekt unterschiedliche nationale Interessen aufeinanderprallten und vor allem in Bezug auf das Luftabwehrsystem Uneinigkeit herrschte, lief die Entwicklung des Schiffes nur sehr schleppend. Im Jahr 1990 kam es deshalb zur Auflösung des NFR-90-Projektes. Zu diesem Zeitpunkt hatte sich der Fokus des Projektes bereits auf die Verbandsflugabwehr verschoben. Die USA konzentrierten sich daraufhin vollkommen auf die Entwicklung der Zerstörer der Arleigh Burke-Klasse (der ein weit größeres Schiff ist als die projektierte NFR-90-Fregatte) und es bildeten sich zwei europäische Arbeitsgruppen zur Entwicklung von Flugabwehrschiffen. So taten sich die Niederlande, Spanien und Deutschland zur Trilateral Frigate Corporation zusammen, aus der letztendlich die niederländische De Ryter-Klasse und die deutsche Sachsen-Klasse sowie die spanische Alvaro de Bazan-Klasse hervorging – allerdings orientierte sich Spanien in Bezug auf die Sensoren und den Schiffsentwurf deutlich an der amerikanischen Arleigh Burke-Klasse.

Die Dreiländerkooperation

Großbritannien, Frankreich und Italien zählten zu den Ländern, die ein rein europäisches Flugabwehrsystem favorisierten, welches nicht auf US-Technik aufbaute. Schon 1987 hatten Frankreich und Italien die Entwicklung eines eigenen Land- und Seegestützten Flugabwehrsystems angestoßen, welches auf der NFR-90-Fregatte zum Einsatz gekommen wäre. 1989 trat Großbritannien dem Projekt bei. Die gemeinsam entwickelte Flugabwehrrakete trug bald den Namen Aster und war mit einer aktiven Zielsuchlenkung ausgestattet. Dadurch ist der

Flugkörper in der Lage, mittels eigenem verbauten Radarsucher das Ziel im Endanflug selbst anzusteuern, ohne dadurch auf Zielbeleuchter des Schiffes (von dem aus der Flugkörper gestartet ist) angewiesen zu sein. Von der Aster gibt es zwei Versionen: die Aster 15 für den Nahbereich bis 30 Kilometer Entfernung vom Schiff und die Aster 30 für mittlere Entfernungen bis 120 Kilometer. Passend zur Aster-Flugabwehrrakete wurde das vertikale VLS-Startsystem des Typs Sylver entwickelt, das ähnlich wie das amerikanische Mk. 41 VLS (Vertical Launching System) funktioniert.

Common New Generation Frigate

Der aus der britisch-französisch-italienischen Entwicklung hervorgegangene Schiffsentwurf wurde als Common New Generation Frigate (CNGF) bezeichnet. Bald distanzierte sich Großbritannien jedoch von dem Projekt, da es wesentlich weitreichendere Flugabwehrsysteme zum Schutz seiner Verbände und der kommenden Flugzeugträger der Queen Elizabeth-Klasse forderte. Dies war auf die Erfahrungen der Royal Navy im Falklandkrieg 1982 zurückzuführen, als mehrere britische Schiffe durch argentinische Luftangriffe verloren gingen. Der Anforderungskatalog der französischen und der italienischen Marine war nicht ganz so umfassend, da der französische Flugzeugträger »Charles de Gaulle« über eine eigene weitreichende Flugabwehr verfügt und die italienische Marine weitestgehend im Mittelmeer unter dem »Schutzschirm« der in Reichweite befindlichen italienischen Luftwaffe operiert. Im Jahr 1999 zog sich Großbritannien schließlich vollständig aus dem gemeinsamen CNGF-Projekt zurück, das mittlerweile als Horizon-Klasse bezeichnet wurde. Großbritannien entwickelte

Die »Caio Duilio« (D554) aufgenommen im März 2011 (Foto: ItalienLarry, CC BY-SA 3.0).

Blick auf die Brücke der »Caio Duilio« aufgenommen im November 2009 bei einem Hafenbesuch (Fotos: Causa83, CC BY-SA 3.0).

Blick von der Brücke der »Caio Duilio« auf die 48 Abschusszellen des Sylver A50-VLS-Vertikalstartsystems (Foto: Gaetano56, CC BY-SA 3.0).

daraufhin die Zerstörer der Daring-Klasse (Type 45), die zumindest schiffbaulich noch große Ähnlichkeit mit dem französisch-italienischen Entwurf aufweist.

Französisch-italienisches Projekt

Nach dem Austritt Großbritanniens lief das französisch-italienische Projekt weiter. Frankreich beabsichtigte die Anschaffung von vier Schiffen als Ersatz der Suffren-Klasse aus den 1960er Jahren während Italien Ersatz für die Kreuzer der Andrea Doria-Klasse und die Zerstörer der Audace-Klasse suchte. Der finale Schiffsentwurf der Horizon-Klasse wird nach dem jeweiligen Typschiff in Frankreich als Forbin-Klasse und in Italien als Andrea Doria-Klasse bezeichnet (die italienische Marine »recycelte« hier den Namen der zu ersetzenden Schiffe). Die italienische und die französische Version der Horizon-Klasse sind nahezu baugleich. Die italienische »Andrea Doria« (D553) wurde am 19. Juli 2002 auf Kiel gelegt, lief am 15. Oktober 2005 vom Stapel und wurde am 22. Dezember 2007 in Dienst gestellt. Die zweite Einheit »Caio Duilio« (D554) wurde am 19. September 2003 auf Kiel gelegt, lief am 23. Oktober 2007 vom Stapel und wurde am 03. April 2009 in Dienst gestellt. Als Antrieb der je 152,9 Meter langen, 20,3 Meter breiten und voll beladen 7.050 Tonnen verdrängenden Schiffe kommt ein CODOG-System bestehend aus zwei sparsamen Dieselmotoren für die Marschfahrt und zwei Gasturbinen für hohe Geschwindigkeiten bis 29 Knoten zum Zug. Die Hauptbewaffnung besteht aus einer Mischung von Aster 15- und Aster 30-Flugabwehrraketen, die aus einer Sylver-Senkrechtstartanlage mit 48 Zellen gestartet werden. Im Gegensatz zur von der deutschen und niederlän-

Die italienischen Schiffe der Horizon-Klasse

Name	Kennung	Kiellegung	Stapellauf	Indienststellung
»Andrea Doria«	D553	19. Juli 2002	15. Oktober 2005	22. Dezember 2007
»Caio Duilio«	D554	19. September 2003	23. Oktober 2007	03. April 2009

dischen Marine genutzten Evolved Sea Sparrow, bei der vier Flugkörper in einer VLS-Zelle gelagert sind, benötigen die Aster-Raketen immer jeweils eine ganze Startzelle pro Flugkörper. Die Aster-Raketenfamilie und die zugehörigen Anlagen an Bord der Horizon-Klasse werden als Principal Anti-Air Missile System (PAAMS) bezeichnet. Weiterhin sind die italienischen Schiffe der Horizon-Klasse mit je drei OTO Melara 76 mm Super Rapid-Schiffsgeschützen, Starter für acht Teseo Mk-2/A Otomat Seezielflugkörper, zwei WASS B515/1-Einfach-Torpedowerfern für MU90 Impact-Anti-U-Boot-Torpedos (24 Torpedos an Bord) sowie zwei OTO Melara 25/80 -25-mm-Maschinengewehren ausgerüstet. Zur Luftraumabsicherung nutzt die Schiffsklasse das Radar des Typs S 1850M, das als Kooperation zwischen dem britischen Rüstungskonzern BAE Systems und Thales Naval Nederland konzipiert wurde (das Radar ist eine Weiterentwicklung des SMART-L, wie es beispielsweise auf der deutschen Sachsen-Klasse verwendet wird). Mit dem

Blick in die Operationszentrale (CIC) der Caio Duilio (Foto: Larry, gemeinfrei).

Das kugelförmige EMPAR-Radar auf der Mastspitze kann 300 Ziele bis zu einer Entfernung von 150 Kilometern verfolgen (Foto: gaetano56, CC BY-SA 4.0).

Auf dem Helikopterlandedeck der »Caio Duilio« befindet sich auf dieser Aufnahme aus dem November 2009 ein inzwischen nicht mehr genutzter AB-212-Bordhelikopter (Foto: Causa83, CC BY-SA 3.0).

Die »Andrea Doria« übernimmt im Januar 2026 Kraftstoff von einem französischen Versorger (Foto: Armee Francaise).

Radar können im Umkreis von 400 Kilometern 1.000 Luftziele gleichzeitig überwacht werden. Das auf der Horizon-Klasse weiterhin verbaute EMPAR (European Multifunction Phased Array Radar)-Radar ist als Phased-Array-Radar (PESA) ausgelegt und kann 300 weitere Ziele bis zu einer Entfernung von 150 Kilometern überwachen. Auf dem Flugdeck der Horizon-Klasse finden entweder ein Airbus NH-90- oder ein Agusta-Westland AW101-Helikopter Platz.

Weiterentwicklung?

Von außen betrachtet scheinen die Erwartungen der französischen und der italienischen Marine an die Horizon-Klasse nicht aufgegangen sein, denn es wurden von jedem der beiden Partnermarinen nur jeweils zwei Schiffe geordert. Tatsächlich trieben beide Länder jedoch den Bau der FREMM-Fregattenklasse voran, die direkt auf dem Horizon-Projekt aufbaut. Der grundlegende Schiffsentwurf der Horizon-Klasse könnte als Grundlage für ein neues, rein italienisches Zerstörerprojekt dienen. Die italienische Marine plant derzeit mit zwei bis vier Schiffen des als DDX bezeichneten Bauprogrammes. Diese Schiffe sind zwar fest in die zukünftige italienische Flottenstruktur eingeplant, bestellt sind sie bisher (Stand Juli 2026) jedoch noch nicht. Laut verschiedener Medienberichte sind momentan Schiffe mit einer Verdrängung von bis zu 14.500 Tonnen und einer Länge von bis zu 180 Metern geplant, was sie unter die ersten Ränge der weltweit größten Kampschiffe bringen würde. Die auf die Flugabwehr spezialisierten zukünftigen Schiffe sollen mit 80 VLS-Startzellen des Sylver-Typs ausgestattet werden. Als Hauptbewaffnung sollen Aster 30 Block 1NT Flugabwehrraketen dienen, die in Zukunft in der Lage sein sollen, auch Ballistische Raketen abzufangen. Weiterhin soll eine zukünftige Version des Sylver-VLS – bezeichnet als Sylver A70 – befähigt sein, Marschflugkörper wie die

So könnte der zukünftige italienische Zerstörer des Typs DDX aussehen, der schiffbautechnisch auf der Horizon-Klasse aufbauen könnte (Grafik: Italian Navy).

Profilansicht der »Andrea Doria« im Januar 2026 während der Übung Orion 2026 (Foto: Armee Francaise).

französische Naval Cruise Missile (MdCN) gegen Landziele und den zukünftigen französisch-britischen FC/ASW Überschall-Seezielflugkörper zu verschießen. Die ersten beiden Schiffe des DDX-Entwurfes sollten ursprünglich die Durand de la Penne-Klasse ab 2029 vollständig ersetzen. Da aber wie eingangs erwähnt noch keine DDX-Schiffe in Auftrag gegeben wurden, dürfte der Termin nicht zu halten sein. Realistischerweise kann frühestens im Jahr 2032 mit einer Indienststellung der ersten DDX-Einheit gerechnet werden. Das zweite vorgesehene DDX-Schiffspaar soll dann Ende der 2040er Jahre die zwei italienischen Einheiten der Horizon-Klasse ersetzen.

Technische Daten der italienischen Schiffe der Horizon-Klasse	
Bauwerft	Fincantieri, Riva Trigoso und Muggiano
Abmessungen	152,9 Meter Länge, 20,3 Meter Breite, 5,4 Meter Tiefgang
Verdrängung	voll beladen 7.050 Tonnen
Antrieb	1× CODOG-System bestehend aus 2× GE/Avio General Electric LM2500Plus Gasturbinen mit je 20.500 kW (27.491 PS) Leistung und 2× SEMT Pielstick 12PA6 STC Dieselmaschinen mit je 4.320 kW (5.793 PS) Leistung auf 2× Schiffswellen mit je 1× Verstellpropeller wirkend, 1× Bugstrahlruder
Geschwindigkeit	29 Knoten+
Reichweite	11.000 Kilometer bei 18 Knoten, 6.480 Kilometer bei 25 Knoten
Besatzung	236 Personen
Bewaffnung	Mix aus 48× Aster 15- und Aster 30-Flugabwehrraketen in einer Sylver A50-VLS-Senkrechtstartanlage, 3× OTO Melara 76 mm Super Rapid-Schiffsgeschütze, 8× Teseo Mk-2/A Otomat Seezielflugkörper, 2× WASS B515/1-Einfach-Torpedowerfer für 24× MU90 Impact-Anti-U-Boot-Torpedos, 2× OTO Melara 25/80-25-mm-Maschinengewehre
Sensoren	1× Radar Typs S 1850M von BAE Systems/Thales Naval Nederland, 1× EMPAR (European Multifunction Phased Array Radar) Phased-Array-Radar (PESA) von Selex/Leonardo, 1× Thales Group UMS 4110 CL Sonar, 1× Selex ES IFF SIR R/S GEM Elettronica Navigationsradar, 2× Selex ES RTN-30X Feuerleitradar
Luftfahrzeuge	1× Airbus NH-90- oder 1× Agusta-Westland AW101-Bordhelikopter

5.3 Fregatten der FREMM-Klasse

Die italienische FREMM-Fregatte »Carlo Margottini« (F592) läuft am 29. Mai 2023 den Marinestützpunkt Kiel an (Foto: Thomas Nägele †).

Die in Italien gebaute, ägyptische FREMM-Fregatte ENS »Al-Galala« (vorne) mit dem Helikopterträger ENS »Gamal Adbel-Nasser« (L1010) und dem Zerstörer USS »Delbert D. Black« (DDG-119, Foto: US Navy/ Petty Officer 3rd Class Jeremy Boan).

Die FREMM genannten Fregatten wurden Anfang des 21. Jahrhunderts von Frankreich und Italien gemeinsam entwickelt. FREMM steht dabei für Frégate Multi-Mission (Frankreich) bzw. Fregata Multi-Missione (Italien) – also eine Multimissionsfregatte. Die Entwicklung basiert auf der Grundlage des französisch-italienischen Horizon Projektes zum Bau von Flugabwehrzerstörern der Horizon-Klasse (siehe Kapitel 5.2.). Gebaut werden die Einheiten in zwei unterschiedlichen Varianten: der ASW (Anti Submarine Warfare, Fregatte in der U-Boot-Jagdrolle)- und der GP/LA (General Purpose/Land Attack, Fregatte zur Bekämpfung von See- und Landzielen)-Variante.

Italienische Schiffe

Das italienische Konsortium aus Fincantieri und Leonardo baute bisher zwölf Einheiten, davon vier in GP/LA- und vier in ASW-Konfiguration. Zwei Schiffe der GP/LA-Konfiguration wurden an Ägypten verkauft. Dafür wurden zwei weitere Schiffe für die Marina Militare Italiana gebaut. Beide – die »Spartaco Schergat« (F-598) und die »Emilio Bianchi« (F-599) – wurden im Jahr 2025 in Dienst gestellt. Sie wurden in einer Konfiguration mit Elementen sowohl der GP/LA- wie auch der ASW-Schiffe gefertigt. Zusätzlich wurden zur Unterstützung der italienischen Werftindustrie zwei weitere Schiffe in einer fortgeschrittenen Konfiguration in Auftrag gegeben und 2025/26 auf Kiel gelegt. Diese zusätzlichen Einheiten werden als FREMM EVO (EVO steht für Evolution) bezeichnet.

Die italienische »Carlo Bergamini« (F590) aufgenommen vor La Spezia. Das Schiff soll 2029 an die griechische Marine übergeben werden (Foto: Fabius1975, gemeinfrei).

Technik

Die Schiffe der FREMM Klasse haben eine Länge von 144 Metern, die Breite beträgt 19,7 Meter, der Tiefgang 5 Meter. Vermessen sind die Schiffe mit einer Verdrängung von 6.900 Tonnen. Die Besatzung besteht aus 145 Personen. Weitere 20 Personen können eingeschifft werden. Die italienischen Fregatten der FREMM-Klasse werden von einem CODLAG (Combined Diesel-Electric and Gas)-System angetrieben. Dabei wird der Strom für die Fahrmotoren aus vier Isotta-Fraschini VL1716T2NE-Dieselgeneratoren mit 2,2 MW Leistung gewonnen. Eine GE/Fiat Avio LM2500-Gasturbine kann für schnelle Marschfahrt zugeschaltet werden. Dadurch erreichen die Einheiten bei Zuschaltung der Gasturbine eine Höchstgeschwindigkeit von 29 Knoten. 15,5 Knoten sind mit den Elektromotoren möglich. Bei 15 Knoten beträgt die Reichweite 6.000 Nautische Meilen. Zwei Schiffswellen leiten die Kraft auf zwei Verstellpropeller, ein Bugstrahlruder mit 1 MW-Leistung vervollständigt die Ausrüstung.

Bewaffnung

Die Bewaffnungsausstattung der FREMM-Klasse ist recht umfangreich. Das wichtigste Element ist das Sylver VLS-System. Es sind 16 Zellen bei den GP/LA Schiffen und 32 Zellen bei den ASW-Schiffen verbaut. Sie verwenden ASTER 15- oder Aster 30-Flugabwehrraketen und MDCN-Marschflugkörper. Die italienischen Schiffe führen in der GP/LA-Ausführung ein OtoBreda 127/64LW Lightweight-127-mm-Geschütz für Standard- oder Vulcano Long Range Guided-Munition (gelenkte Langstreckenmunition). Dazu kommen ein OtoBreda 76/62SR Super Rapid-76-mm-Geschütz mit Davide/Strales-System und DART-gelenkter Munition, zwei Oto-Melara/Oerlikon KBA

Blick auf den Radarmast der »Carlo Margottini« mit dem Selex ES EMPAR (European Multifunction Phased Array)-Radar auf der Spitze (Foto: Piergiuliano Chesi, CC BY 3.0).

Oben: Heckansicht der »Carabiniere« (F593) beim Hafenbesuch im westaustralischen Fremantle im Januar 2017 (Foto: Bahnfrend, CC BY-SA 4.0).
Links: Einblicke auf die Brücke der »Carabiniere« beim Open-Ship-Event in Fremantle im Januar 2017 (Fotos: Bahnfrend, CC BY-SA 4.0).

Die italienischen Schiffe der FREMM-Klasse (Bau bei Fincantieri in Riva Trigoso und Muggiano)						
Name	**Ken-nung**	**Kiellegung**	**Stapellauf**	**Indienststellung**	**Variante**	**Heimathafen**
»Carlo Bergamini«	F590	04. Februar 2008	16. Juli 2011	29. Mai 2013, ab 2029 an Griechenland	GP/LA	Tarent
»Virginio Fasan«	F591	17. Mai 2009	31. März 2012	19. Dezember 2013, ab 2029 an Griechenland	ASW	La Spezia
»Carlo Margottini«	F592	21. April 2010	29. Juni 2013	27. Februar 2014	ASW	La Spezia
»Carabiniere«	F593	06. April 2011	29. März 2014	28. April 2015	ASW	Tarent
»Alpino«	F594	23. Februar 2012	13. Dezember 2014	30. September 2016	ASW	Tarent
»Luigi Rizzo«	F595	05. März 2013	19. Dezember 2015	20. April 2017	GP/LA	La Spezia
»Federico Martinengo«	F596	05. Juni 2014	04. März 2017	24. April 2018	GP/LA	Tarent
»Antonio Marceglia«	F597	25. Februar 2015	03. Februar 2018	16. April 2019	GP/LA	La Spezia
»Spartaco Schergat« (1)	F598	Februar 2017	26. Januar 2019	(an Ägypten als »Al-Galala«)	GP/LA	-
»Emilio Bianchi« (1)	F589	Januar 2018	25. Januar 2020	(an Ägypten als »Bernees«)	GP/LA	-
»Spartaco Schergat« (2)	F598	25. Februar 2021	24. November 2023	15. April 2025	ASW/GP	La Spezia
»Emilio Bianchi« (2)	F589	12. Oktober 2021	25. Mai 2024	30. Juli 2025	ASW/GP	Tarent
»Bersagliere«	F800	08. Juli 2025	-	(2029 geplant)	FREMM-EVO	-
»Aviere«	F601	Vstl. 2026	-	(2030 geplant)	FREMM-EVO	-

25/80 ferngesteuerte Maschinenwaffen-Systeme und acht MBDA Teseo Mk.2 SSM Anti Schiff-/ Landziel-Flugkörper. Es ist Platz für vier 75" (324mm)-dreifach Torpedowerfer für MU90 Torpedos sowie zwei Oto-Melara SCLAR-H Täuschkörpersysteme vorhanden. In der ASW-Konfiguration besteht die Bewaffnung aus einem DCNS Sylver A-50 Vertical Launching System / VLS (2x8 Zellen) für MBDA Aster-15- oder Aster-30 SAM (Flugabwehr)-Flugkörper. Platz ist vorhanden für ein Sylver A-70 VLS (2x8 Zellen) für MBDA SCALP Marine-Lenkflugkörper. Dazu kommen zwei OtoBreda 76/62SR Super Rapid-76-mm-Geschütze mit Davide/Strales-System und DART-gelenkte Munition, zwei Oto-Melara/Oerlikon KBA 25/80-ferngesteuerte Maschinenwaffen-Systeme, acht MBDA Teseo Mk.2 SSM-Anti Schiff- / Landzielbekämpfungs-Flugkörper, MBDA Teseo Mk.2 SSM- oder MBDA Milas Anti-U-Boot-Flugkörper, zwei EuroTorp B515/3 12.75" (324mm)-dreifach Torpedowerfer für MU90-Torpedos, zwei Oto-Melara SCLAR-H Täuschkörperwerfer und zwei SLAT-Anti-Torpedo Systeme.

Die »Alpino« (F594, vorne) mit dem US-Zerstörer USS »Gonzalez« (DDG-66) bei einem Manöver im Atlantik im Mai 2018 (Foto: US Navy).

Die elektronische Ausstattung

Die elektronische Ausrüstung besteht aus dem charakteristischen Selex ES EMPAR (European Multifunction Phased Array)-Radar auf der Spitze des Radarmastes über der Brücke, dem Selex ES IRST SASS (Infra-Red Search and Track / Silent Acquisition and Surveillance System) und dem Selex ES RASS (RAN-30X-I) Oberflächen Radar (OTH) sowie Selex ES SPN-730 LPI-Navigationsradar und zwei Navigationsradaren des Typs GEM-Elettronica MM/SPN-753. Als FüWES-System (Führungs- und Waffeneinsatzsystem) fungiert das Selex ES Athena Combat System (CMS). Die folgenden Sonare befinden sich an Bord: WASS SNA-2000-I Minenabwehrsonar., Thales UMS 4110 CL-Rumpfsonar und Thales UMS 4249 CAPTAS4-Schleppsonar (nur in der ASW-Konfiguration). Im Hangar können zwei Hubschrauber mitgeführt werden, entweder Airbus NH-90 oder Agusta-Westland EH-101.

Weitere Schiffe

Im Rahmen des französisch-italienischen FREMM-Mehrzweckfregattenprogrammes wurden bei Fincantieri zwischen Juli 2011 und Mai 2024 insgesamt zwölf Fregatten vom Stapel gelassen, von denen zwei an Ägypten verkauft wurden. Mit der »Emilio Bianchi« (F-599) wurde am 30. Juli 2025 die

Vor der Brücke der »Luigi Rizzo« (F595) erkennt man das 127-mm-Schiffsgeschütz und das Sylver-VLS-System mit 16 Startzellen für Aster-Flugabwehrraketen (Foto: US Navy/MC3 Cameron Pinske).

Heckansicht der italienischen FREMM-Fregatte »Antonio Marceglia« (F597) im Atlantik. Man erkennt das auf dem Hangar installierte rückwärts gerichtete 76-mm-Geschütz (Foto: US Navy/Mass Communication Specialist Seaman Sawyer Connally).

zehnte und letzte der ursprünglichen zwölf in Italien gebauten-FREMM-Fregatten in den Dienst der italienischen Marine gestellt. Das italienische Wirtschaftsministerium fördert den Bau der italienischen Fregatten, um die Werftindustrie im norditalienischen Ligurien zu stützen und den Marineschiffbau als italienische Schlüsseltechnologie zu bewahren. Am 08. Juli 2025 wurde bei Fincantieri in Riva Trigoso mit der »Bersagliere« (F600) die elfte italienische FREMM-Fregatte auf Kiel gelegt, die dem Produktionsstandard FREMM-EVO entspricht, bei dem es sich um eine Weiterentwicklung des ursprünglichen Schiffsentwurfes handelt. Die Aufbauten der FREMM-EVO wurden überarbeitet und teilweise dem Design der Hochseepatrouillenboote der PPA-Klasse (siehe Kapitel 5.4.) angepasst. Außerdem werden an Bord der FREMM-EVO erweiterte Unterbringungs- und Führungsmöglichkeiten für verschiedenste Arten von Drohnen vorhanden sein. Zur Bewaffnung – soweit anhand bisher veröffentlichter Informationen und Grafiken bekannt – werden zwei 76-mm-Bordgeschütze, zwei Sylver A50 VLS-Startsysteme mit je acht Zellen für Aster Block 1NT-Flugabwehrraketen, acht Startcontainer für Teseo Mk2/E-Seezielflugkörper, zwei Lionfish 30 mm RWS-Geschütze zur Bekämpfung von kleineren fliegenden und schwimmenden Zielen sowie zwei Dreifach-Torpedowerfer des Typs B-515/3 für MU 90 Torpedos zählen. Hinter den 16 VLS-Zellen

Die »Spartaco Schergat« (F598) ist die neunte für die italienische Marine gebaute FREMM-Fregatte, hier aufgenommen im April 2025 wenige Tage nach der Indienststellung (Foto: Verfasser).

Die ägyptischen Fregatten der FREMM-Klasse aus italienischer Produktion							
Name	**Kennung**	**Bauwerft**	**Kiellegung**	**Stapellauf**	**Indienststellung**	**Variante**	**Heimathafen**
»Al-Galala«	1002	Fincantieri	Februar 2017	26. Januar 2019	30. Dezember 2020	GP/LA	Alexandria
»Bernees«	1003	Fincantieri	Januar 2018	25. Januar 2020	13. April 2021	GP/LA	Alexandria

Derzeit werden bei Fincantieri in Riva Trigoso zwei Fregatten des modernisierten FREMM EVO-Typs gefertigt (Grafiken: Occar/Fincantieri).

ist Platz vorhanden für zwei weitere VLS-Startanlagen, möglicherweise des Typs Sylver A70 zum Abschuss von Marschflugkörpern. Derzeit hat die italienische Marine zwei Einheiten des Typs FREMM-EVO fest bestellt, die 2029/30 in Dienst gestellt werden sollen. Auf die im Juli 2025 auf Kiel gelegte, bereits erwähnte »Bersagliere« soll die »Aviere« (F601) folgen, deren Kiellegung noch für 2026 erwartet wird.

Griechische Schiffe

Wie der griechische Verteidigungsminister Nikos Dendias im April 2025 ankündigte, plant Griechenland, zwei gebrauchte FREMM-Fregatten von Italien zu erwerben. Im Oktober 2025 wurde bekannt, dass Griechenland die ersten beiden in Italien gebauten Schiffe der FREMM-Klasse »Carlo Bergamini« (F590, Ausstattung GP/LA) und »Virginio Fasan« (F591, Ausstattung ASW) erwerben wird. Zusätzlich wurde eine Option für den Erwerb von zwei weiteren italienischen FREMM-Schiffen durch die griechische Marine vereinbart. Es ist sehr wahrscheinlich, dass die an Griechenland abgegebenen Schiffe in der italienischen Marine durch weitere Neubauten des Typs FREMM-EVO ersetzt werden. Im Dezember 2025 wurde zusätzlich bekannt, dass die portugiesische Marine mindestens drei Fregatten des Typs FREMM-EVO bei Fincantieri ordern möchte. Die Werften in Riva Trigoso und Muggiano dürften durch die zusätzlichen FREMM-Einheiten auf Jahre ausgelastet sein.

Technische Daten FREMM-Klasse (Version GP-LA)	
Bauwerft	Fincantieri, Riva Trigoso und Muggiano
Abmessungen	144 Meter Länge, 19,7 Meter Breite, 5 Meter Tiefgang
Verdrängung	6.900 Tonnen.
Besatzung	145 Personen (Platz für weitere 20 Personen)
Antrieb	1× CODLAG (Combined Diesel-Electric and Gas)-System aus 1× GE/Fiat Avio LM2500-Gasturbine und 4× Isotta-Fraschini VL1716T2NE-Dieselgeneratoren mit 2,2 MW Leistung auf 2× Schiffswellen mit je 1× Verstellpropeller wirkend, 1× Bugstrahlruder
Höchstgeschwindigkeit	29 Knoten
Reichweite	6.000 Seemeilen bei 15 Knoten
Bewaffnung	1×Sylver VLS-System (16× Zellen bei GP/LA) für Aster 15- oder Aster 30-Flugabwehrraketen und MD-CN-Marschflugkörper, 1× OtoBreda 127/64LW Lightweight-127-mm-Geschütz für Standard- oder Vulcano Long Range Guided-Munition (gelenkte Langstreckenmunition), 1× OtoBreda 76/62SR Super Rapid-76-mm-Geschütz mit Davide/Strales-System und DART-gelenkter Munition, 2× Oto-Melara/Oerlikon KBA 25/80 ferngesteuerte Maschinenwaffen-Systeme, 8× MBDA Teseo Mk.2 SSM Anti Schiff-/ Landziel-Flugkörper, 4× 75" (324mm)-Dreifach Torpedorwerfer für MU90 Torpedos
Sensoren	1× Selex ES EMPAR (European Multifunction Phased Array)-Radar, 1× Selex ES RASS (RAN-30X-I) Oberflächen Radar (OTH), 1× Selex ES SPN-730 LPI-Navigationsradar, 2× Navigationsradar Typ GEM-Elettronica MM/SPN-753, 1× FüWES-System Selex ES Athena Combat System (CMS), 1× WASS SNA-2000-I-Minenabwehrsonar, 1× Thales UMS 4110 CL-Rumpfsonar, 1× Thales UMS 4249 CAPTAS4-Schleppsonar (bei ASW-Konfiguration)
Luftfahrzeuge	2× Airbus NH-90- oder 1×Agusta-Westland EH-101-Bordhelikopter

5.4 Leichte Fregatten des Typs PPA/Thaon di Revel-Klasse

Die Schiffe des italienischen Typs PPA in Fregattengröße – hier die »Raimondo Montecuccoli« (P432) – sind offiziell als Hochseepatrouillenboote klassifiziert, verfügen aber über eine umfangreiche Fregattenbewaffnung (Foto: US Navy/MC2 Terrin Hartman/MC1 John Bellino).

Am 15. Juni 2019 lief mit der »Paolo Thaon di Revel« (P430) bei Fincantieri in Riva Trigoso das erste von sieben von der italienischen Marine bestellten Hochseepatrouille des Typs PPA (Pattugliatore Polivalente d'Altura, zu Deutsch Mehrzweck-Hochseepatrouillenfahrzeug) vom Stapel.
Obwohl in Italien offiziell als Patrouillenboote bezeichnet, kann die Klasse, deren Einheiten 143 Meter lang sind und 6.270 Tonnen (in der schwersten Ausführung) verdrängen, als vollwertige Fregatte eingestuft werden. Der Grund hierfür liegt darin begründet, dass die italienische Politik in den 2010er Jahren die Finanzierung weiterer Fregatten neben den Schiffen der FREMM-Klasse ablehnte und die italienische Marine sich stattdessen eine neue Klasse großer Hochseepatrouillenboote hat genehmigen lassen.

Versionen

Die Schiffe mit dem »gezackten Rammbug« und den »eingedrückt« wirkenden Brückenaufbauten werden in den Konfigurationen Light, Light+ und Full geliefert. Die ausgefallene Bugform wurde aufgrund einer verbesserten Hydrodynamik gewählt – die Schiffe sollen dadurch die Wellen besser »durchschneiden«. Die Schiffe in der Ausführung Full sind mit umfangreichen Sensoren und Effektoren ausgestattet, die denen auf traditionellen Fregatten in nichts nachstehen. Wie die italienische Marine aufgrund der geänderten europäischen Sicherheitslage inzwischen mitteilte, sollen auch die Schiffe der Versionen Light und Light+ auf den Rüststand der Version Full gebracht werden. Der genutzte CODAG-Antrieb der PPA-Einheiten besteht aus einer General Electric/Avio LM2500-Gasturbine mit 32.000 kW Leistung in Verbindung mit zwei MTU 20V 8000 M91L-Dieselmaschinen mit je 10.000 kW Leistung. Die Bewaffnung der Version Full umfasst ein 127-mm-Schiffsgeschütz auf dem Vorschiff, ein nach achtern gerichtetes 76-mm-Schiffsgeschütz auf dem Helikopterhangar, zwei 25 mm-Oerlikon KBA-Maschinengewehre, zwei aus je acht Startzellen bestehende Sylver A50 VLS-Systeme für Aster 30-Flugabwehrraketen, acht Seezielflugkörper des Typs Teseo/Otomat Mk2/E und zwei WASS B-515/3-Dreifachtorpedowerfer für Black Arrow-Torpedos. Fünf der sieben von Italien bestellten Schiffe des PPA-Typs stehen mittlerweile in den Diensten der Marina Militare. Die Schiffe vier und sechs des Bauprogrammes wurden vor ihrer jeweiligen Fertigstellung an die indonesische Marine verkauft.

Ersatzbauten

Die zwei an Indonesien verkauften Schiffe sollen durch zwei als PPA EVO bezeichnete Neubauten ersetzt werden, die über eine nochmals verbesserte Ausrüstung verfügen sollen. Neben der eigenwilligen Optik und der umfangreichen Bewaffnung fallen die PPA-Schiffe auf der Schiffsbrücke durch einen einem Zweimann-Verkehrsflugzeugcockpit nachempfundenen Fahrstand auf, der als Naval Cockpit bezeichnet wird. Weitere Bestellungen des PPA EVO-Entwurfes seitens der italienischen Marine gelten als wahrscheinlich, zusätzlich wird das Schiffsdesign auch an die griechische Marine vermarktet. Laut verschiedener Medienberichte hat die indonesische Marine ebenfalls Interesse an weiteren Einheiten des PPA-Entwurfes angemeldet.

Die Schiffe des Typs PPA verfügen über einen Zweipersonenfahrstand, der modernen Cockpits von Passagierflugzeugen nachempfunden ist (Foto: Marine Militare).

Zwei Einheiten des Typs PPA wurden an Indonesien verkauft. Hier sieht man die zukünftige »KRI Brawijaya« (320) während der Taufzeremonie am 29. Januar 2025 in La Spezia (Foto: Indonesian Navy).

Technische Daten Schiffe des Typ PPA	
Bauwerft	Fincantieri, Muggiano und Riva Trigoso (La Spezia)
Abmessungen	143 Meter Länge, 16,5 Meter Breite, 5 Meter Tiefgang
Verdrängung	6.270 Tonnen
Antrieb	1× CODAG-Antrieb aus 1× General Electric/Avio LM2500-Gasturbine mit 32.000 kW Leistung und 2× MTU 20V 8000 M91L-Dieselmaschinen mit je 10.000 kW Leistung auf 2× Schiffswellen mit je 1× Verstellpropeller wirkend
Höchstgeschwindigkeit	31+ Knoten
Reichweite	9.300 Kilometer bei 15 Knoten
Besatzung	173 Personen
Bewaffnung	1× Oto Melara 127 mm/64 Vulcano-Schiffsgeschütz auf dem Vorschiff, 1× nach achtern gerichtetes Oto Melara 76 mm/62 Strales-Geschütz auf dem Helikopterhangar, 2× 25 mm-Oerlikon KBA-Maschinengewehre, 2× aus je 8× Startzellen bestehende Sylver A50 VLS-Systeme für Aster 30 Flugabwehrraketen, 8× Seezielflugkörper des Typs Teseo/Otomat Mk2/E, 2× WASS B-515/3-Dreifachtorpedowerfer für Black Arrow-Torpedos
Sensoren	1× Leonardo SADOC Mk4 CMS (Combat Management System), 1× Leonardo LPI Luft- und Bodenradar (SPS-732), 2× Leonardo Navigationsradar, 1× Leonardo Fire Control System, 1× Leonardo AESA 3D Dual Band Radar, 1× Leonardo ATAS Aktives Schleppsonar, 1× Leonardo Black Snake Anti-Torpedo-Schleppsonar
Luftfahrzeuge	2× Airbus SH90 oder 1× Agusta Westland AW101-Bordhelikopter

6. Spanien

6.1 Fregatten der Santa María-Klasse

Die »Reina Sofia« (F-84) aufgenommen bei einer Marineparade im Juni 2017 (Foto: Bene Riobó, CC BY-SA 4.0).

Zwischen November 1984 und Juni 1993 liefen bei der spanischen Izar-Werft in Ferrol (heute Navantia) sechs Fregatten der Santa María-Klasse vom Stapel, bei denen es sich um Lizenzbauten der Oliver Hazard Perry-Klasse handelt, die an die Anforderungen der spanischen Marine angepasst wurden (und unter anderem geringfügig breiter als ihre amerikanischen Schwestern sind).

Das Beschaffungsprogramm der Santa María-Klasse (auch als F-80-Klasse bezeichnet) trat Mitte der 1980er Jahre in der spanischen Marine die Nachfolge von drei in den 1960er Jahren in Spanien gebauten Zerstörern der Oquendo-Klasse und mehrerer gebrauchter amerikanischer Fletcher- und Gearing-Klasse-Zerstörer an.

Das Bauprogramm

Technisch schließt die Santa María-Klasse an die fünf Fregatten der Baleares-Klasse an, die ab 1973 in Dienst gestellt wurden und spanische Lizenzbauten der amerikanischen Knox-Klasse waren. Da bei der US Navy die Knox-Klasse der direkte Vorgänger der Oliver Hazard Perry-Klasse war und mit dieser konstruktionstechnisch verwandt war, machte eine entsprechende Beschaffung der Oliver Hazard Perry-/ Santa María-Klasse auch in Spanien Sinn. Obwohl die ersten drei Fregatten der Santa María-Klasse bereits 1977 geordert wurden, fand die Kiellegung der ersten Einheit »Santa María« (F81) erst am 23. Mai 1982 statt, da die spanische Marine

Das Typschiff »Santa María« (F81) aufgenommen im Jahr 2006 im Marinestützpunkt von La Graña, Ferrol (Foto: Ramón Suárez Suárez, CC BY-SA 3.0).

Ende der 1970er Jahre den Bau des ersten in Spanien entwickelten Flugzeugträgers »Principe de Asturias« vorgezogen hatte. Die Santa María Klasse umfasst die folgenden Schiffe: »Santa María« (F-81, Indienststellung am 10. Dezember 1986), »Victoria« (F-82, Indienststellung am 29. Oktober 1987), »Numancia« (F-83, Indienststellung am 11. August 1988), »Reina Sofía« (F-84, Indienststellung am 30. Oktober 1990), »Navarra« (F-85, Indienststellung am 30. Mai 1994) und »Canarias« (F-86, Indienststellung am 14. Dezember 1994). Die beiden letzten Schiffe sind Teil eines zweiten Loses und wurden mit zahlreichen Verbesserungen ausgestattet, darunter neuere Sensoren und Datenverarbeitungsgeräte. Die Namensgebung ist uneinheitlich und umfasst als Namensgeber Christoph Columbus´ Entdeckerschiff »Santa María«, mehrere spanische Regionen sowie Spaniens Königin »Reina Sofia«.

Die »Victoria« (F82) während einer Marineübung mit der US Navy im Januar 2004 (Foto: US Navy/JO1 Jeremy L. Wood).

Die Technik

Die Schiffe der Santa María-Klasse sind 138,8 Meter lang, 14,3 Meter breit und verfügen über einen Tiefgang von 8,6 Metern. Die voll beladene Verdrängung beträgt 4.177 Tonnen. Angetrieben werden sie von zwei General Electric LM2500-30 Gasturbinen mit insgesamt 41.000 PS Leistung, die auf eine einzelne Schiffswelle mit Verstellpropeller wirken und den Fregatten eine offizielle Höchstgeschwindigkeit von 29 Knoten verleihen. Zur Bewaffnung zählen ein Mk 13 Raketenstarter für 32 SM-1MR Flugabwehrraketen oder acht Harpoon Seezielflugkörper, zwei Mark 32 Dreifachtorpedowerfer für Mark 46 Mod 5 Torpedos zur U-Boot-Bekämpfung, ein OTO Melara 76 mm/62 cal. Bordgeschütz und ein 20-mm-Meroka Nahbereichsverteidigungssystem. Ab dem Jahr 2005 wurden die Radare, Sonare, die Ausstattung zur Elektronischen Kriegsführung und die Operationszentrale der ersten vier Einheiten von Grund auf modernisiert und somit diese technisch auf die Höhe der Zeit gebracht. Aus Kostengründen wurden die beiden jüngsten Einheiten »Navarra« und »Canarias« nicht modernisiert.

Ausblick

Die im südspanischen Rota stationierten Schiffe sollen ab 2025 von fünf sich derzeit im Bau befindenden Schiffen der Bonifaz-Klasse (F-110, siehe Kapitel 6.3.) ersetzt werden.

Technische Daten Santa María-Klasse	
Bauwerft	Izar, Ferrol (heute Navantia S.A.)
Abmessungen	138,8 Meter Länge, 14,3 Meter Breite, 8,6 Meter Tiefgang
Verdrängung	4.177 Tonnen (voll beladen)
Antrieb	2× General Electric LM2500-30 Gasturbinen mit insgesamt 41.000 PS Leistung, 1× Schiffswelle mit Verstellpropeller
Höchstgeschwindigkeit	29 Knoten
Besatzung	223 Personen
Bewaffnung	1× Mk 13 Raketenstarter für 32 SM-1MR Flugabwehrraketen oder 8× Harpoon Seezielflugkörper, 2× Mark 32 Dreifachtorpedowerfer für Mark 46 Mod 5 Torpedos zur U-Boot-Bekämpfung, 1× OTO Melara 76 mm/62 cal. Bordgeschütz, 1× 20-mm-Meroka Nahbereichsverteidigungssystem
Sensoren	1× AN/SPS-49 Luftraumsuchradar, 1× RAN-12L 2-D Luftraumsuchradar für Meroka, 1× SPS-55 Oberflächensuchradar, 1× Mk 92 Feuerleitsystem, 1× SQS-56 Rumpfsonar, SQR-19(V) Schleppsonar, 1× AN/SLQ-25 Nixie geschlepptes Täuschkörpersystem
Luftfahrzeuge	2× Sikorsky SH-60 Seahawk Helikopter
Bewaffnung	1× 127 mm L/54 Mark 45-Geschütz, 1× Mk 41 VLS mit 24 Zellen für BGM-109 Tomahawk-Marschflugkörper oder zukünftige Seezielflugkörper, 1× VLS mit 12 Zellen für 48× Sea Ceptor-Flugabwehrraketen, 2× 30-mm-Geschütze DS30M Mark 2, 2× 20-mm-Phalanx, 2× 7,62-mm-Minigun, 4× 7,62-mm-MG, RVIN-GQ DLF Täuschkörper

6.2 Fregatten der Álvaro de Bazán-Klasse

Die »Almirante Juan de Bourbon« (F102) im Februar 2011 als Tel der Trägerkampfgruppe der USS »George H.W. Bush« (CVN-77) im Atlantik (Foto: US Navy/Leonard Adams).

Die »Álvaro de Bazán« (F101) im Juni 2018 beim Einlaufen in den Marinestützpunkt Kiel (Foto: Verfasser).

Zwischen 2002 und 2012 stellte die Armada Española fünf Flugabwehrfregatten der F-100- bzw. der Álvaro de Bazán-Klasse in Dienst. Eine sechste Einheit wurde aufgrund der europäischen Finanzkrise nicht mehr realisiert.
Die Entwicklung der F-100-Klasse nahm mit dem »Plan de Alta Mar« (PAM) – dem 15-Jahres-Plan der spanischen Marine des Jahres 1990 – ihren Anfang.

Die Entwicklung

Dieser Plan sah die Modernisierung der U-Boot-, Minenjagd- und Fregattenkomponenten der spanischen Flotte vor. Die darin enthaltene Klasse F-100 hat ihre Wurzeln in dem NFR 90 (NATO Frigate Replacement for 90s)-Projekt der späten 1980er Jahre, an dem insgesamt acht Länder kooperierten. Aufgrund des NFR 90-Projektes gingen die beteiligten Staaten von großen Einsparungen bei der Beschaffung von Fregatten aus, die einen einheitlichen Schiffsentwurf nutzen sollten. Aufgrund des massiven Auftragsvolumens von bis zu 60 Schiffen erwarteten die Marinen der beteiligten NATO-Staaten Synergien bei Elektronik, Bewaffnung und Ersatzteilhaltung. Das von den USA ins Leben gerufene Programm scheiterte letztendlich an unterschiedlichen Interessen der NATO-Staaten in Bezug auf Antriebssystem, Größe und Ausstattung. Aus dem gescheiterten NFR 90-Projekt entwickelten sich in den 1990er Jahren zwei Nachfolgeprojekte in Form der »Common New Generation Frigate« (CNGF) mit Beteiligung Frankreichs, Italiens und Großbritanniens sowie der »Trilateral Frigate Corporation« (TFC) mit Beteiligung der Niederlande sowie Deutschlands und Spaniens. Der ursprüngliche Plan sah einen gemeinsamen Schiffsentwurf sowie nationale Präferenzen bei Antrieb, Elektronik und Waffensystemen vor. Allerdings unterscheiden sich die drei aus dem Projekt hervorgegangenen Schiffsklassen grundlegend und weisen nur wenige gemeinsame schiffbaulichen Details auf, abgesehen von der prinzipiellen Auslegung als Flugabwehrschiffe. So verwenden die vier Schiffe der De-Zeven-Provincien-Klasse der niederländischen Marine und die drei Schiffe der deutschen Sachsen-Klasse (Fregattenklasse F-124) das Multifunktionsradar APAR. Bei den fünf spanischen Schiffen der Álvaro de Bazán-Klasse werden jedoch das amerikanische AN/SPY-1D-Multifunktionsradar und das AEGIS Combat Management System verwendet – beide etablierte Komponenten der großen Kreuzer- und Zerstörerflotten der US Navy. Offiziell werden die Fregatten der Álvaro de Ba-

Die »Méndez Núñez« (F104) neben der britischen Fregatte HMS »Iron Duke« (F234). Der Größenunterschied macht deutlich, dass die spanische F-100 auch als Zerstörer klassifiziert werden kann (Foto: Verfasser).

Die beiden viereckigen Öffnungen auf der Steuerbordseite des Hecks der »Méndez Núñez« werden zum Schleppen des Täuschkörpersystems AN/SLQ-25 Nixie verwendet (Foto: Verfasser).

zán-Klasse als Lenkwaffenfregatten klassifiziert, in Bezug auf Größe und Bewaffnung könnten sie aber auch als Zerstörer bezeichnet werden. In vielen schiffbaulichen Details sind die spanischen Fregatten an die nochmals deutlich größeren amerikanischen Zerstörer der Arleigh Burke-Klasse angelehnt, mit denen sie in Bezug auf Antrieb, Sensorik und Waffensysteme viele Gemeinsamkeiten haben.

Der Schiffsentwurf

Am 31. Januar 1997 erteilte die spanische Marine den Bauauftrag für vier Schiffe der F-100-Klasse und schon im November desselben Jahres begann die Fertigung der ersten Rumpfmodule bei Navantia (vormals Izar) im nordspanischen Ferrol. Die spanischen Marineplanungen sahen insgesamt sechs Einheiten vor, aus Budgetgründen wurden die letzten beiden Schiffe jedoch (vorerst) gestrichen. Die vier Fregatten »Álvaro de Bazán« (F101), »Almirante Juan de Borbon« (F102), »Blas de Lezo« (F103) und »Méndez Núñez« (F104) wurden zwischen September 2002 und März 2006 in die spanische Flotte aufgenommen. Im Juni 2005 wurde die fünfte Einheit »Cristóbal Colón« (F105) bestellt. Die ursprünglich geplante sechste Einheit »Juan de Austria« (F106) wurde hingegen nicht mehr realisiert. Die »Cristóbal Colón« wurde am 23. Oktober 2012 in den Dienst der spanischen Marine gestellt. Der Rumpf der Stealth-Fregatten nutzt AH-36-Schiffbaustahl, das Innere besteht aus vier Hauptdecks. In der Operationszentrale laufen alle

In den VLS-Startzellen sind Flugabwehrraketen der Typen RIM-162 Evolved Sea Sparrow und RIM-66 SM-2 gelagert (Foto: Verfasser).

Hinter dem Brückenhaus befinden sich vier Startcontainer für Seezielflugkörper des Typs RGM-84F Harpoon (Foto: Verfasser).

Das Brückenhaus der »Álvaro de Bazán«. Über der Brücke erkennt man die beiden vorderen sechseckigen Radarflächen des AN/SPY-1D-Radars (Foto: Verfasser).

Fäden der Gefechtsführung und Datenverarbeitung zusammen. Als Herzstück fungiert hier das AEGIS-Kampfsystem, bei dem in der Funktion als Warn- und Feuerleitsystem das phasengesteuerte AN/SPY-1-Radar genutzt wird. Seine sechseckigen Radarflächen sind in 3-, 6-, 9- und 12-Uhr-Position an den vorderen Aufbauten ausgerichtet. Dadurch können – im Gegensatz zur Wirkungsweise eines klassischen Radars – Ziele simultan und kontinuierlich geortet und verfolgt werden. Die passive elektronische Strahlenschwenkung ermöglicht das Hin- und Herschalten zwischen den Zielen in Millisekunden. Zwei Sikorsky SH-60 Seahawk-Helikopter können auf dem 24,6 Meter langen Flugdeck und im Hangar untergebracht werden, in der Regel befindet sich jedoch nur ein Helikopter an Bord. Die 146 Meter langen und 18 Meter breiten Fregatten der Álvaro de Bazán-Klasse werden durch einen CODAG (Combined Diesel and Gas)-Antrieb angetrieben, bei dem zwei General Electric LM-2500-Gasturbinen in Verbindung mit zwei Caterpillar-Bravo-V12-Dieselmotoren genutzt werden. In der Regel kommen bei Marschfahrt bis 18 Knoten Geschwindigkeit nur die beiden Dieselmotoren zum Einsatz. Zur Erzielung von hohen Geschwindigkeiten bis (offiziell) 29 Knoten werden die beiden Gasturbinen dazugeschaltet. Das Antriebssystem wirkt auf zwei Schiffswellen, an deren Ende

Die Schiffe der F-100-Klasse			
Name	**Kennung**	**Stapellauf**	**Indienststellung**
»Álvaro de Bazán«	F-101	31. Oktober 2000	19. September 2002
»Almirante Juan de Borbón«	F-102	28. Februar 2002	03. Dezember 2003
»Blas de Lezo«	F-103	16. Mai 2003	16. Dezember 2004
»Méndez Núñez«	F-104	12. November 2004	21. März 2006
»Cristóbal Colón«	F-105	05. November 2010	23. Oktober 2012

sich je ein Verstellpropeller befindet. Die als Nachzügler georderte »Cristóbal Colón« erhielt stärkere V16-Dieselmotoren und wurde als einzige Einheit der Klasse zusätzlich mit einem Bugstrahlruder ausgestattet.

Waffensysteme

Auf dem Vorschiff der Fregatten der Álvaro de Bazán-Klasse befindet sich je ein MK 41-VLS von Lockheed Martin mit 48 Startzellen für RIM-66 Standard Missile 2 (SM-2) und RIM-162 Evolved Sea Sparrow SAM (ESSM) zur Flugabwehr. Aus dem VLS können weiterhin Tomahawk-Marschflugkörper gestartet werden. Aus Budgetgründen hat die spanische Marine diese jedoch bisher nicht geordert. Zur Schiffsbekämpfung sind acht AGM-84 Harpoon-Seezielflugkörper in zwei Vierfachstartern an Bord untergebracht. Für die Jagd auf gegnerische U-Boote sind zwei MK 32-Torpedowerfer für Mark 46-Torpedos installiert. Als Bordgeschütz wird das 127-mm-MK 45 Mod. 2-Geschütz genutzt. Ein 20-mm-Nahbereichsverteidigungssystem des Typs Meroka 2B und zwei 20-mm-Maschinenkanonen runden die Bewaffnung ab.

Erfolgsmuster

Die Schiffe der Álvaro de Bazán-Klasse gehören zu den leistungsfähigsten Überwasserkampfschiffen der NATO. Durch die Nutzung des AEGIS-Kampfsystems und des AN/SPY-1D-Multifunktionsradars verfügen sie über eine sehr große Interoperabilität mit den amerikanischen Ticonderoga-Klasse-Kreuzern und den Arleigh Burke-Klasse-Zerstörern. Die fünf Einheiten sind heute als 31. Geleitflotille im Marinestützpunkt Ferrol in Galizien beheimatet. Neben NATO- und EU-Operationen im Mittelmeer und am Horn von Afrika wurden sie bereits mehrfach als vollwertige Flugabwehrschiffe in amerikanische Flugzeugträgerkampfgruppen eingebunden. Der moderne und effiziente Schiffsentwurf gepaart mit relativ niedrigen Beschaffungskosten der Álvaro de Bazán-Klasse bescherten dem spanischen Werftkonzern Navantia Exporterfolge in Norwe-

Die australische Hobart-Klasse – hier die HMAS »Sydney« (DDG-42) – wird als Zerstörer klassifiziert und basiert auf der Álvaro de Bazán-Klasse (Foto: US Navy).

Die 2012 in Dienst gestellte fünfte Einheit der Álvaro de Bazán-Klasse namens »Cristóbal Colón« (F105) weist einige technische Neuerungen auf (Foto: Diego Quevedo Carmona, CC BY-SA 3.0).

Auf dem Flugdeck ist Platz für zwei SH-60-Seahawk-Helikopter vorhanden, zumeist wird aber nur ein Bordhubschrauber mitgeführt (Foto: Verfasser).

gen und Australien. Die norwegische Marine hatte zwischen April 2006 und 2011 fünf Einheiten der verkleinerten Fridtjof Nansen-Klasse in Dienst gestellt (siehe Kapitel 10.1.) und in Australien wurden drei technisch auf der fünften spanischen Einheit »Cristóbal Colón« basierende Schiffe der Hobart-Klasse in Lizenz gefertigt. In der Royal Australian Navy werden die drei zwischen 2017 und 2020 in Dienst gestellten Schiffe offiziell als Zerstörer klassifiziert. Die Álvaro de Bazán-Klasse bildete auch die technische Grundlage für die derzeit im Bau befindlichen spanischen Fregatten der F110-Klasse, die wir im Folgekapitel 6.3. besprechen.

Technische Daten Fregatte F-100	
Länge	146,72 m
Breite	18,60 m
Tiefgang	4,75 m
Verdrängung	4.555 Tonnen (5.802 Tonnen voll beladen)
Antrieb	2× LM2500-Gasturbinen (je 18 MW), 2× Bazán-Caterpillar 3600-Dieselmotoren (je 4,5 MW), 2× fünfblättrige Verstellpropeller, 1× Bugstrahlruder (nur F-105, 850 kW))
Geschwindigkeit	28,5 Knoten
Besatzung	35 Offiziere/215 Unteroffiziere und Mannschaften (11 Personen Helikopterpersonal)
Bewaffnung	1× VLS-Startmagazin MK 41 mit 48 Zellen, wechselnde Bewaffnung aus Standard-Raketen RIM-66 Standard Missile 2 (SM-2), RIM-162 Evolved Sea Sparrow SAM; 8× RGM-84F Harpoon Block 1D Seezielflugkörper, 1× 127-mm-Mk 45 Mod. 2-Geschütz, 1× Nahbereichsverteidigungssystem 20 mm Meroka 2B, 2× 20-mm-Maschinenkanonen, 2× Mk.-32-Torpedowerfer für Mark-46-Torpedos
Elektronik	1× Seegestütztes Multifunktionsradar AN/SPY-1D (F-101 bis F-104), AN/SPY-1D(V) (F-105), 1× Oberflächensuchradar Indra Aries Nav (F-101 bis F-104), Aries Diana+ (F-105), 1× Navigationsradar Indra Aries CIT 25-DF, 1× Sonar Raytheon DE1160, 1× Mk 36 SRBOC-Täuschkörperwerfersystem, 1× geschlepptes Täuschkörpersystem AN/SLQ-25 Nixie, Anlagen zur elektronischen Kriegsführung, NATO-Links 11, 14 und 16
Fluggeräte	1× Sikorsky SH-60B Seahawk Helikopter zur U-Bootbekämpfung

6.3 Zukünftige Fregatten der Bonifaz-Klasse

Stapellauf des Typschiffs »Bonifaz« (F111) der spanischen Bonifaz-Klasse am 11. September 2025 bei Navantia in Ferrol (Fotos: Navantia, Armada).

Am 11. September 2025 lief mit der zukünftigen »Bonifaz« (F-111) die erste Einheit der Klasse F110/Bonifaz-Klasse auf der Werft des spanischen Marinerüstungskonzerns Navantia im nordspanischen Ferrol vom Stapel.
Die derzeit fest bestellten fünf Einheiten der Bonifaz-Klasse sollen bei der spanischen Marine die sechs aus den 1980er und -90er Jahren stammenden Einheiten der Santa Maria-Klasse (siehe Kapitel 6.1.) ersetzen, bei denen es sich um Lizenzbauten der amerikanischen Oliver Hazard Perry-Klasse handelt.

Amerikanische Einflüsse

Aber auch der Bonifaz-Klasse liegt ein stark amerikanisierter Schiffsentwurf zugrunde, denn es handelt sich um eine Weiterentwicklung der Flugabwehrfregatten der Alvaro de Bazan (F-100)-Klasse (siehe Kapitel 6.2.), die Elemente der Perry-/Santa Maria-Klasse mit denen der Flugabwehrzerstörer der amerikanischen Arleigh Burke-Klasse vereint. Wie die Alvaro de Bazan-Klasse auch, nutzt die neue Bonifaz-Klasse eine auf die Bedürfnisse der spanischen Marine zugeschnittene Version des AEGIS-Kampfsystems (Waffen- und Führungssystem) namens SCOMBA (Navantia Combat Management System), was den Schiffen eine exzellente Interoperabilität mit den Einheiten der US Navy verleihen wird. Die Anschaffungskosten für die bisher bestellten fünf Einheiten der Bonifaz-Klasse belaufen sich gemäß der Freigabe durch das spanische Regierungskabinett im März 2019 auf insgesamt 4,3 Milliarden Euro. Alle fünf Einheiten sind nach einflussreichen Personen der spanischen Geschichte mit Seefahrtsbezug benannt. Der offizielle Baustart der ersten Einheit »Bonifaz« war im April 2022.

Die Technik

Die 145 Meter langen, 18 Meter breiten und voll beladen 6.100 Tonnen verdrängenden Schiffe der Bonifaz-Klasse werden nicht wie ihrer Vorgänger der Alvaro de Bazan-Klasse das Multifunktionsradar AN/SPY-1 von Lockheed Martin verwenden, sondern das AN/SPY-7(V2) des gleichen Herstellers, das neben der spanischen Marine u.a. von der amerikanischen AEGIS Ashore-Anlage auf Hawaii und von der kanadischen Marine bei den zukünftigen River-Klasse-Zerstörern (siehe Kapitel 16.1.) genutzt werden wird. Die »Bonifaz« war beim Stapellauf bereits zu 70% fertig gestellt und soll im Jahr 2028 der spanischen Marine zulaufen. Die »Bonifaz« und ihre Schwesterschiffe werden von einem Combined Diesel–Electric and Gas (CODLAG)-Antrieb, bestehend aus einer GE LM2500-Gasturbine und vier MTU-4000-Dieselmaschinen angetrieben. Laut dem Forderungskatalog der spanischen Marine sollen die Schiffe in der Lage sein, Geschwindigkeiten bis 35 Knoten zu erreichen. Die Stapelläufe der weiteren vier Einheiten der Klasse nach der »Bonifaz« sollen im Jahresabstand folgen. Obwohl die Bonifaz-Klasse über ausgezeichnete Fähigkeiten zum Aufspüren von gegnerischen Flugkörpern und Flugzeugen verfügen wird, liegt der hauptsächliche Fokus auf der U-Boot-Abwehr. Die Einheiten der Bonifaz-Klasse können jedoch die vom AN/SPY-7-Radar gewonnenen Daten an andere NATO-Einheiten mit weitreichenderen Flugabwehrfähigkeiten oder solchen zur Abwehr von Ballistischen Raketen weiterleiten.

Blick von Backbord auf eine Fregatte der Bonifaz-Klasse in der Computergrafik (Grafik: Navantia).

Grafische Darstellung einer vollausgerüsteten Fregatte der Bonifaz-Klasse (Grafik: Ministerio Defensa).

Die Bewaffnung

Die Hauptbewaffnung der Bonifaz-Klasse besteht aus zwei Mk 41-VLS-Systemen mit je acht Zellen für RIM-162 Evolved Sea Sparrow Missile (ESSM) Block 2-Flugabwehrraketen (bis zu 64 Raketen, da vier Raketen in einer VLS-Zelle gelagert werden können). Zur U-Boot-Abwehr befinden sich zwei Mark 32-Mod9-Zweifach-Torpedowerfer für Mark-54-Torpedos an Bord. Zwei Vierfach-Startcontainer für Landzielflugkörper des Typs Naval Strike Missile von Kongsberg befinden sich ebenfalls an Bord. Abgerundet wird die Bewaffnung durch ein 127-mm-Bordgeschütz und mindestens zwei 30-mm-Maschinengewehre sowie 12,7-mm-Maschinengewehre.

Ausblick

Bereits Ende 2023 hat die spanische Marineführung ihre Absicht kommuniziert, zwei weitere Einheiten der Bonifaz-Klasse mit einer erweiterten Flugabwehrbewaffnung als Bonifaz-Klasse Block II beschaffen zu wollen. Die Bonifaz-Klasse wird derzeit ebenfalls von der portugiesischen Marine bei der Angebotsfindung für neue Fregatten genauer betrachtet. Laut verschiedener Medienberichte soll auch die ägyptische Marine Interesse an den Schiffen der Bonifaz-Klasse gezeigt haben.

Technische Daten Bonifaz-Klasse	
Bauwerft	Navantia, S.A.
Abmessungen	145 Meter Länge, 18 Meter Breite, 5 Meter Tiefgang, 6.100 Tonnen Verdrängung
Antrieb	CODLOG-Antrieb bestehend aus 1× GE LM2500 Gasturbine und 4× MTU 4000 Dieselmaschinen auf 2× Schiffswellen wirkend, 2× Kongsberg Maritime Verstellpropeller
Höchstgeschwindigkeit	Offiziell 35 Knoten
Besatzung	150 Personen
Bewaffnung	16× VLS-Startzellen (2× 8 Mk 41 VLS) für RIM-162 ESSM Block 2 (in »Viererpacks« pro VLS-Zelle) Flugabwehrraketen, 2× Vierfachstarter für Kongsberg Naval Strike Missile Seezielflugkörper, 1× 127 mm OTO 127/64 LW Vulcano Schiffsgeschütz mit Vulcano Lenkmunition, mehrere 30- und 12,7-mm-Maschinengewehre
Sensoren	AEGIS/SCOMBA (Navantia Combat Management System)-Kampfsystem, AN/SPY-7(V)-Radar, 1× Thales CAPTAS-4 Schleppsonar, 1× Thales BlueMaster UMS 4110 Bugsonar
Luftfahrzeuge	1× Sikorsky SH-60 Seahawk Helikopter

7. Türkei

7.1 Zukünftige Zerstörer der TF-2000-/Tepe-Klasse

Bis in die 1990er Jahre setzte die Türkei gebraucht in den USA erworbene Zerstörer der Fletcher-, Sumner- und Gearing-Klassen ein wie die als Museumsschiff erhaltene »Gayret« (D352, Foto: Kocaeligönüllüsü, CC BY-SA 4.0).

Nach dem Zweiten Weltkrieg übernahm die türkische Marine zahlreiche gebrauchte Zerstörer der Fletcher-, Sumner- und Gearing-Klassen von der US Navy und setzte diese bis in die 1990er Jahre ein. Danach endete die Ära der Zerstörer in der türkischen Marine – vorerst!

MILGEM

Anfang der 2000er Jahre startete das dreistufige MILGEM-Programm zum Aufbau einer türkischen Marineindustrie und der Fähigkeit, autonom den Bedarf der türkischen Marine an Überwasserschiffen zu decken. Bisher konnte im Rahmen des MILGEM-Programmes das türkische Korvettenprojekt der Ada-Klasse mit fünf Einheiten erfolgreich zum Abschluss gebracht werden. Die für Operationen in Küstengewässern ausgelegte Ada-Klasse stellt den ersten Schritt des MILGEM-Programmes dar. Im zweiten Schritt werden derzeit acht Lenkwaffenfregatten der Istanbul-Klasse für weltweite Einsätze auf vier türkischen Werften gebaut. Im dritten Schritt haben nun die Arbeiten an modernen Lenkwaffenzerstörern der TF-2000- oder auch Tepe-Klasse begonnen, die in Bezug auf Abmessungen und Bewaffnung nur mit den großen amerikanischen, südkoreanischen, japanischen oder chinesischen Zerstörern verglichen werden können und (bisher) innerhalb der NATO – mit Ausnahme der US Navy – kein Pendant haben.

TF-2000

Wie ihre amerikanischen oder asiatischen Gegenstücke ist die Tepe-Klasse auf die Abwehr von Raketen, Ballistischen Flugkörpern, Fluggeräten und Hyperschallwaffen ausgelegt und soll hierbei hauptsächlich zum Schutz von Marineverbänden eingesetzt werden. Daneben sollen die Einheiten der Tepe-Klasse aber auch als Führungsschiff dieser Marineverbände dienen und gleichermaßen als Aufklärungsschiff genutzt werden können. Neben der starken Bewaffnung zur Flugabwehr sollen die Schiffe auch in der Lage sein, Jagd auf U-Boote zu machen und im Gefecht gegen gegnerische Überwasserkriegsschiffe zu bestehen. Seit April 2023 hat die türkische Marine mit der »Andadolu« (L400) ihr erstes amphibisches Docklandungsschiff in Dienst, das in Zukunft vor allem als Träger für unbemannte Aufklärungs- und Kampfflugzeuge dienen soll. Zusätzlich ist seit Anfang 2025 im Rahmen des MUGEM-Projektes der erste vollwertige türkische Flugzeugträger im Bau. Die Zerstörer der Tepe-Klasse sollen als Begleitschiffe dieser türkischen Träger dienen und sämtliche Bedrohungen aus der Luft und durch gegnerische Über- und Unterwassereinheiten neutralisieren können (in gleicher Funktion wie die Zerstörer der Arleigh Burke-Klasse innerhalb amerikanischer Flugzeugträger verbände). Am 05. Dezember 2007 genehmigte die türkische Regierung den Bau von vier festbestellten und zwei optionalen Einheiten der Tepe-Klasse. Im Januar 2013 wurde schließlich bekannt gegeben, dass mindestens acht Einheiten der Zerstörerklasse gebaut werden sollen. In den Jahren darauf wurde der schiffbauliche Entwurf im Detail erstellt. Sämtliche Planungen waren Ende 2024 abgeschlossen und am 02. Januar 2025 erfolgte auf der Marinewerft Istanbul der Baustart der ersten Einheit der Tepe-Klasse – am gleichen Datum wurde offiziell ebenfalls mit dem Bau des ersten türkischen Flug-

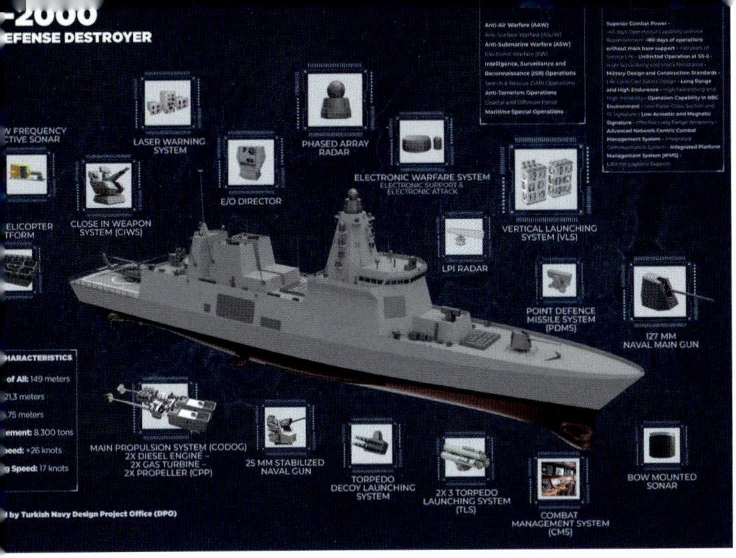

Ein Zerstörer der Tepe-Klasse mit seiner potenziellen Ausstattung (Grafik: ASFAT).

zeugträgers des MUGEM-Projektes und dem ersten vollständig in der Türkei entwickelten U-Boot im Rahmen des MILDEN-Projektes begonnen. Bis diese erste Einheit der Tepe-Klasse vom Stapel läuft, werden allerdings noch einige Jahre vergehen. Mit einer Indienststellung ist frühestens Anfang der 2030er Jahre zu rechnen. Da die Türkei bisher keine Erfahrung in der Konstruktion solch großer und komplexer Überwasserkriegsschiffe wie der Tepe-Klasse aufweisen kann, sind Verzögerungen bei Bau und Indienststellung der Einheiten nicht unwahrscheinlich.

Die Einheiten

Die zukünftigen Schiffe der Tepe-Klasse sind 149 Meter lang, 21,3 Meter breit und verfügen über einen Tiefgang von 5,7 Metern, bei einer Verdrängung von 8.300 Tonnen. Angetrieben werden sie von einem CODOG (Combined Diesel or Gas)-System bestehend aus zwei LM-2500-Gasturbinen von General Electric sowie zwei Dieselmaschinen, die den Schiffen eine offizielle Höchstgeschwindigkeit von 26 Knoten verleihen werden. Die endgültige Ausstattung der Schiffe wurde noch nicht offiziell bestätigt. Es ist allerdings bekannt, dass der überwiegende Teil der Sensoren und der Bewaffnung aus türkischer Produktion stammen wird. Neben einem 127-mm-Bordgeschütz wird auf dem Vorschiff ein MIDLAS-VLS-Startsystem mit 96 Abschusszellen für Flugkörper des türkischen Herstellers Roketsan installiert sein. Dieses VLS-System soll sowohl Flugabwehrraketen der Typen SAPAN (Hisar-D RF) und SİPER Block 1/2 (beide Gemeinschaftsentwicklungen von Aselsan und Roketsan) wie auch Marschflugkörper des Typs Gezgin und Seezielflugkörper des Typs Atmaca von Roketsan verschießen können. Auf dem Helikopterlandedeck und im Hangar wird Platz für einen Sikorsky SH-60 Seahawk-Helikopter sowie mehrere unbemannte Luftfahrzeuge vorhanden sein.

Ausblick

Nach dem Zulauf der acht Zerstörer der Tepe-Klasse wird die türkische Marine über Flugabwehrzerstörer verfügen, die in Bezug auf ihre Größe und Bewaffnung– verglichen mit anderen NATO-Marinen – zur Oberklasse zählen werden. Auf dem Exportmarkt dürften die Zerstörer der Tepe-Klasse ebenfalls gute Absatzchancen haben. Die indonesische Marine – die sich im Frühjahr 2026 bereits zwei Fregatten der Istanbul-Klasse aus türkischer Produktion sicherte – hat bereits Interesse an einer Exportversion der Tepe-Klasse angemeldet.

Technische Daten TF-2000-/Tepe-Klasse (provisorisch)	
Bauwerft	Marinewerft Istanbul
Abmessungen	149 Meter Länge, 21,3 Meter Breite, 5,7 Meter Tiefgang
Verdrängung	8.300 Tonnen
Antrieb	1× CODOG (Combined Diesel or Gas)-Antrieb aus 2× General Electric LM-2500-Gasturbinen und 2× Dieselmaschinen auf 2× Schiffswellen mit je 1× Verstellpropeller wirkend
Höchstgeschwindigkeit	26 Knoten (offiziell)
Besatzung	210 Personen (Platz bis zu 240 Personen an Bord)
Bewaffnung	1× 127-mm-Bordgeschütz, 1× Roketsan MIDLAS-VLS-Startsystem mit 96 Abschusszellen für SAPAN (Hisar-D RF) und SİPER Block 1/2 Flugabwehrraketen von Aselsan und Roketsan sowie Gezgin-Marschflugkörper und Atmaca-Seezielflugkörper von Roketsan, verschiedene Nahbereichsverteidigungssysteme und Maschinengewehre, Anti-U-Boot-Raketen sowie Torpedos, potenziell Energie- und Laserwaffen
Sensoren	Verschiedene Multifunktions-, Feuerleit- und Langstreckenradare von Aselsan, Infrarotgegenmaßnahmen, Combat Management System aus türkischer Produktion
Fluggeräte	1× Sikorsky SH-60 Seahawk Bordhelikopter, mehrere unbemannte Fluggeräte
Bewaffnung	1× 127 mm L/54 Mark 45-Geschütz, 1× Mk 41 VLS mit 24 Zellen für BGM-109 Tomahawk-Marschflugkörper oder zukünftige Seezielflugkörper, 1× VLS mit 12 Zellen für 48× Sea Ceptor-Flugabwehrraketen, 2× 30-mm-Geschütze DS30M Mark 2, 2× 20-mm-Phalanx, 2× 7,62-mm-Minigun, 4× 7,62-mm-MG, RVIN-GQ DLF Täuschkörper

7.2 Die Yavuz- und Barbaros-Klasse

Die erste Einheit der Yavuz-Klasse, die »Yavuz« (F240), im April 2012 vor Istanbul (Foto: Nevit Dilmen, CC BY-SA 3.0).

1983 trat die Türkei dem MEKO200-Programm bei. Der Vertrag sah vor, zwei Schiffe in Deutschland zu bauen und zwei weitere mit deutscher Unterstützung in der Türkei. Der Schiffsentwurf entstand in Deutschland als Teil der MEKO-Familie modularer Kriegsschiffe, die von Blohm + Voss in den 1980er Jahren entwickelt wurden und heute noch angeboten werden.

Das MEKO-System

MEKO steht für Mehrzweck-Kombination; jeder potenzielle Kunde kann aus einem »Baukasten« Ausstattungsoptionen im Bereich der Waffensysteme und Sensoren auswählen. Der Schiffsentwurf ist dabei weitestgehend standardisiert, dadurch gelten die MEKO-Schiffe (Zerstörer, Fregatten und Korvetten) als recht preiswert. Die ersten vier türkischen Schiffe gehören dem MEKO-Entwurf MEKO 200 TN Track 1 bzw. der Yavuz-Klasse (benannt nach dem Typschiff) an. In den 1990er Jahren bestellte die Türkei weitere verbesserte Einheiten der Barbaros-Klasse, die als MEKO 200 TN Track 2 bezeichnet werden. Von jeder der beiden Klassen wurden je zwei Schiffe in Deutschland und zwei Schiffe bei der Marinewerft Gölcuk in der Türkei gefertigt. Die Ablieferung der ersten vier Einheiten (Yavuz-Klasse) bei der türkischen Marine erfolgte zwischen Oktober 1987 und November 1989. Die Fregatten Nr. 5 bis Nr. 8 (Barbaros-Klasse) wurden zwischen Mai 1997 und Juni 2000 ausgeliefert.

Yavuz

Die Schiffe der Yavuz-Klasse sind 115,5 Meter lang, 14,2 Meter breit und verfügen über einen Tiefgang von 4,10 Metern. Die Verdrängung bei voller Ausrüstung kommt auf 2.920 Tonnen. Die Geschwindigkeit beträgt maximal 27 Knoten, bei 20 Knoten beläuft sich der Einsatzradius auf 7.400 Kilometer. Die

Die »Yavuz« (vorne) vor dem amerikanischen Zerstörer USS »Porter« (DDG-78) der Arleigh Burke-Klasse im November 2021 im Schwarzen Meer (Foto: US Navy/ MC3 Andrew Eder).

Die »Yavuz« aufgenommen im April 2012 beim Unterqueren einer der Bosporus-Brücken in Istanbul (Foto: Casalmaggiore Provincia, CC BY-SA 3.0).

Besatzung ist mit 170 Personen angegeben. Der Antrieb, als CODAD (Combined Diesel and Diesel)-System ausgelegt, besteht aus vier MTU 20V1163 TB93-Dieselmotoren mit 29.050 Kilowatt Gesamtleistung. Die Antriebsdiesel wirken über zwei Wellen auf zwei Verstellpropeller. Die Bewaffnung besteht aus einem Mk-29-Starter für RIM-7 Sea Sparrow Flugabwehrraketen, einem Mk-45 Mod.2 127-mm-Deckgeschütz, drei Nahbereichsverteidigungssystemen des Typs Oerlikon Contraves Sea Zenith 25mm CIWS, zwei Mk-141-Flugkörper Startern für bis zu acht Seezielflugkörper des Typs RGM-84 Harpoon SSM sowie zwei Mk-32 Dreifach Torpedo Startern für Mk-46 Torpedos. Das Flugdeck mit Hangar ist ausgelegt für den Betrieb und Unterbringung eines Agusta Bell-212 ASW-Hubschraubers für die U-Boot-Jagd.

Barbaros

Die vier Fregatten der Barbaros-Klasse erhielten einen CODOG (Combined Diesel or Gas)-Antrieb bestehend aus zwei General Electric LM2500-30-Gasturbinen und zwei MTU-16-Dieselmotoren. Dadurch stieg die Verdrängung auf 3.350 Tonnen (voll beladen) und die Höchstgeschwindigkeit auf maximal 31 Knoten. Die Länge der ersten beiden Einheiten »Barbaros« und »Oruc Reis« beträgt 116,7 Meter, die Länge der beiden letzten Einheiten »Salih Reis« und »Kemal Reis« beträgt 118 Meter. Die Differenz ergibt sich durch den Einbau eines Mk.-41 VLS-Startsystems mit 16 Abschusszellen (für 64 RIM-162 ESSM Flugabwehrraketen) bei den späteren Einheiten. Die ersten beiden Einheiten erhielten ein Mk.-41 VLS mit lediglich acht Abschusszellen (für 32 RIM-162 ESSM). Aufgrund dieser Unterschiede werden in der Literatur die beiden letzten Einheiten häufig der »Salih Reis«-Unterklasse zugerechnet. Der deutsche Hersteller unterscheidet hingegen offiziell zwischen MEKO 200 Track 2A und Track 2B. Die Schiffe der

Die dritte Einheit der Yavuz-Klasse, die »Fatih« (F242), aufgenommen im Mai 2025 im Bosporus (Foto: Antoloji, gemeinfrei).

Die Schiffe des MEKO 200 TN-Entwurfes			
Schiff	**Werft**	**Stapellauf**	**In Dienst**
F240 »Yavuz«	Blohm + Voss, Hamburg	30. Mai 1985	11. Oktober 1987
F241 »Turgut Reis«	HDW, Kiel	17. Juli 1987	4. Februar 1988
F 242 »Fatih«	Marinewerft Gölcük	24. April 1987	12. Oktober 1988
F243 »Yilderim«	Marinewerft Gölcük	22. Juli 1988	17. November 1989
F244 »Barbaros«	Blohm + Voss	29. September 1993	23. Mai 1997
F245 »Oruc Reis«	Marinewerft Gölcük	28. Juli 1994	23. Mai 1997
F 246 »Salih Reis«	Blohm + Voss	26. September 1997	22. Juli 1998
F247 »Kemal Reis«	Marinewerft Gölcük	24. Juli 1998	8. Juni 2000

Die vierte Einheit der Yavuz-Klasse, die »Yildirim« (F243), im Februar 2015 aufgenommen vom amerikanischen Zerstörer USS »Cole« aus (DDG-67, Foto: US Navy/MC3 Mat Murch).

Barbaros-Klasse verfügen über eine modernere Bordtechnik und Kommunikationsanlagen verglichen mit den entsprechenden Systemen auf der Yavuz-Klasse.

Putschversuch

Einer größeren Weltöffentlichkeit wurde die Fregatte »Yavuz« im Jahr 2016 ein Begriff. Bei dem gescheiterten Putschversuch in der Türkei am 16. Juli 2016 wurde die »Yavuz« von Putschisten im Marinestützpunkt Gölcük in ihre Gewalt gebracht. Zuvor kursierten von der britischen Zeitung »The Times« in Umlauf gebrachte Meldungen, wonach vierzehn türkische Marineschiffe sowie der oberste türkische Marinebefehlshaber, Admiral Veysel Kösele, auf See vermisst würden. Tatsächlich hatte die »Yavuz« Admiral Kösele an Bord und die Putschisten versuchten mit der gekaperten Fregatte, den Admiral zu entführen. Bei dem Versuch, den Hafen zu verlassen, wurde die »Yavuz« von anderen Schiffen der türkischen Marine daran gehindert. Der entführte Admiral Kösele konnte anschließend befreit werden.

Modernisierungen

Am 03. April 2018 wurde ein Vertrag mit den türkischen Rüstungskonzernen Aselsan und Havelsan sowie der türkischen Marine geschlossen, der die grundlegende Modernisierung der vier Einheiten der Barbaros-Klasse umfasst. Bei diesem als Mid Life-Upgrade bezeichneten Modernisierungsprojekt werden die Schiffe vollständig entkernt und technisch auf den neuesten Stand gebracht. Neben neuen Waffensystemen erhalten sie auch ein neues Combat Management System, neue Radare und Sensoren. Der bisherige Mast wird durch einen geschlossenen integrierten Mast ersetzt, der den Schiffen ein vollständig neues Aussehen verleiht. So ersetzt das von Havelsan entwickelte »B-Sys Combat Management System« das bisher genutzte TACTICOS-System von Thales. Auch

Die erste Einheit der Barbaros-Klasse, die »Barbaros« (F244) läuft im August 2005 in Amsterdam ein (Foto: AlfvanBeem, gemeinfrei).

Die vierte Einheit der Barbaros-Klasse, die »Kemal Reis« (F247) bei einem Hafenbesuch im spanischen Cartagena im Mai 2010 (Foto: Diego Quevedo Carmona, CC BY-SA 3.0).

das bisherige 76-mm-Bordgeschütz wird ersetzt und die Harpoon-Seezielflugkörper werden durch Atmaca-Seezielflugkörper ersetzt.

Ausblick

Viele weitere Änderungen sorgen dafür, dass die modernisierten Schiffe mindestens weitere 15 Jahre aktiv in der türkischen Marine verbleiben können. Die ursprünglichen vier Schiffe der Yavuz-Klasse werden jedoch in den nächsten Jahren durch Einheiten der Istanbul-Klasse (siehe Kapitel 7.4.) ersetzt werden. Wie Ende August 2026 bekannt wurde, soll die »Yavuz« in naher Zukunft als Museumsschiff im Großraum Istanbul für die Öffentlichkeit zugänglich sein.

Die »Yavuz« (links) zusammen mit der dritten Barbaros-Klasse-Fregatte »Salih Reis« (F246, Foto: Allied Joint Force Command Brunssum).

Technische Daten MEKO 200 TN	
Bauwerft	Blohm + Voss, Hamburg; HDW, Kiel; Marinewerft Gölcük
Abmessungen	115,5 Meter Länge (116,7 Meter F244 und F245 / 118 Meter F246 und F247), 14,2 Meter Breite, 4,10 Meter Tiefgang
Verdrängung	2.920 Tonnen (voll beladen) / 3.350 Tonnen (F244 bis F247)
Antrieb	1× CODAD (Combined Diesel and Diesel)-Antrieb aus 4× MTU 20V1163 TB93-Dieselmotoren mit 29.50 Kilowatt Gesamtleistung auf 2× Schiffswellen mit je 1× Verstellpropeller wirkend / 1× CODOG (Combined Diesel or Gas)-Antrieb bestehend aus zwei General Electric LM2500-30-Gasturbinen und zwei MTU-16-Dieselmotoren (F244 bis F247)
Höchstgeschwindigkeit	27 Knoten / 31 Knoten (F244 bis F247)
Reichweite	7.400 Kilometer bei 20 Knoten Geschwindigkeit
Besatzung	170 Personen
Bewaffnung	1× Mk-29-Starter für RIM-7 Sea Sparrow Flugabwehrraketen, 1× Mk-45 Mod.2 127-mm-Bordgeschütz, 3× Nahbereichsverteidigungssystem Oerlikon Contraves Sea Zenith 25mm CIWS, 2× Mk.-141-Flugkörper-Starter für 8× RGM-84 Harpoon Seezielflugkörper, 2× Mk.-32 Dreifach Torpedo Starter für Mk.-46 Torpedos, 1× Mk.-41 VLS mit 8× Abschusszellen für 32 RIM-162 ESSM Flugabwehrraketen (F244 und F245), 1× Mk. 41-VLS 16× Abschusszellen für 64 RIM-162 ESSM Flugabwehrraketen (F246 und F247)
Sensoren	1× HSA DA08 Long-Range Luft-Überwachungs- und Verfolgungsradar, 1× AWS-6 2D-Luft-Boden Multifunktionsradar, 1× TM-1226-Navigationsradar, 1×STIR-24-Zielverfolgungs- und Beleuchtungsradar für Flugkörper, 1× Oerlikon Seaguard TMX Dolphin-Feuerleitsystem für die CIWS-Nahbereichsverteidigungssysteme, 1× TACITOS taktisches Kommando- und Kontrollsystem, 1 URN-25 TACAN (Tactical Air Navigation)-System, 1× AN/SLQ-503 RAMSES reprogrammierbares Multimode ECM-System für Elektronische Gegenmaßnahmen, 1× AN/SQS-56 (DE1160) Rumpfsonar, 2× Mk.-36 SRBOC-Täuschkörperwerfer, 1× AN/SLQ-25 Nixie geschlepptes Täuschkörpersystem
Fluggeräte	1× Agusta Bell-212 ASW-Hubschrauber für die U-Boot-Jagd

7.3 Fregatten der Gabya-Klasse (Oliver H. Perry-Klasse)

Die türkische TCG »Giresun« (F-491) war vormals als USS »Antrim« (FFG-20) in Diensten der US Navy. Hier nimmt sie im Juni 2022 an einem Manöver im Östlichen Mittelmeer teil (Foto: US Navy/MC3 Jack Hoppe).

Zwischen 1998 und 2003 stellte die türkische Marine acht gebrauchte Fregatten der Oliver Hazard Perry-Klasse als türkische G-, Gaziantep-Klasse (nach der ersten Einheit) oder Gabya-Klasse in Dienst.
Da die Schiffe unter dem Projektnamen »Gabya sınıfı fırkateyn(ler)« von der lokalen türkischen Rüstungsindustrie umgebaut wurden, spricht man heute zumeist von der Gabya-Klasse. Der Name »Gabya« leitet sich vom Ausguck- oder Mastkorb (traditionell als Gabya bezeichnet) auf osmanischen/türkischen Segelschiffen vergangener Jahrhunderte ab.

Der Grundentwurf

Die 136 Meter langen, 14 Meter breiten und mit einem Tiefgang von 6,7 Metern versehenen Schiffe verdrängen voll beladen 4.200 Tonnen. Sie werden von zwei General Electric LM2500-30 Gasturbinen mit insgesamt 41.000 PS Leistung angetrieben, die auf eine Schiffswelle mit Verstellpropeller wirken. Zwei 350-PS-Motoren in ausfahrbaren Gondeln werden zum Manövrieren in Häfen und engen Seegebieten genutzt und können als Notfallantrieb verwendet werden. Zur ursprünglichen Hauptbewaffnung zählen ein Mk. 13 Raketenstarter für 36 SM-1MR Flugabwehrraketen oder vier Harpoon Seezielflugkörper, zwei Mark 32 Dreifachtorpedowerfer für Mark 46 Mod 5 Torpedos zur U-Boot-Bekämpfung, ein OTO Melara 76 mm/62 cal.-Bordgeschütz, ein Vulcan Phalanx Mk. 15/CIWS-Nahbereichsverteidigungssystem sowie mehrere Maschinengewehre. Auf dem Helikopterlandedeck und im Hangar ist Platz für zwei Sikorsky S-70B Seahawk- oder einen Agusta/Bell AB-212 Helikopter vorhanden. In der Regel wird aber nur ein einzelner Hubschrauber mitgeführt.

Die Umrüstung

Nach der Auslieferung an die türkische Marine wurden die acht türkischen Einheiten der Oliver Hazard Perrs-Klasse umgehend entsprechend des Gabya-Programmes umgerüstet. So wurde u.a. ein neues FüWES-/Combat Management-System

Die TCG »Giresun« (F-491) im südspanischen Marinestützpunkt Cartagena, aufgenommen am 31. Mai 2010 (Foto: Diego Quevedo Carmona, CC BY-SA 3.0).

Die TCG »Gökova« (F-496) läuft am 21. Juni 2021 in den Marinestützpunkt Kiel ein (Fotos: Verfasser).

namens GENESIS (Gemi Entegre Savaş İdare Sistemi) eingeführt, das gemeinsam von der türkischen Marine und dem türkischen Rüstungs- und Elektronikkonzern Havelsan entwickelt wurde. Neben einer offenen Architektur verfügt GENESIS über NATO-Verbindungslinks Link-16 und Link-22 sowie die Fähigkeit, mehr als 1.000 Ziele gleichzeitig zu verfolgen. Die Modernisierung umfasste neben einem neuen Luftverfolgungsradar des Typs SMART-S Mk2 und einem neuen Sonarsystem auch die Installation eines Mk-41-VLS-Startsystems mit acht Startzellen vor der ursprünglichen Mk. 13-Startanlage auf dem Vorschiff. Diese Modifikation entspricht der, die Anfang des 21. Jahrhunderts auf den australischen Einheiten der Perry-Klasse durchgeführt wurde, und versetzt die türkische Marine ebenfalls in die Lage, aus der VLS-Anlage bis zu 32 Evolved Sea Sparrow-Raketen zur Flugabwehr zu verschießen (vier Flugkörper pro VLS-Zelle). Die Auslieferung der Einheiten aus den USA an die Türkei begann im Jahr 1997. Die letzte Umrüstung auf den Gabya-Standard wurde 2011 auf der Marinewerft Istanbul abgeschlossen.

Die Schiffe

Die acht Schiffe der G-Klasse tragen die folgenden Namen: TCG »Gaziantep« (F 490, ex-USS »Clifton Sprague« FFG-16), TCG »Giresun« (F 491, ex-USS »Antrim« FFG-20), TCG »Gemlik« (F 492, ex-USS »Flatley« FFG-21), TCG »Gelibolu« (F 493, ex-USS »Reid« FFG-30), TCG »Gökçeada« (F 494, ex-USS »Mahlon S. Tisdale« FFG-27), TCG »Gediz« (F 495, ex-USS »John A. Moore« FFG-19), TCG »Gökova« (F 496, ex-USS »Samuel Eliot Morison« FFG-13) und TCG »Göksu« (F 497, ex-USS »Estocin« (FFG-15). Zusätzlich erhielt die türkische Marine im Mai 1999 die ehemalige USS »Duncan« (FFG-10) als Ersatzteilspender. Der ausgeschlachtete Rumpf der ex-USS »Duncan« wurde im Oktober 2017 während einer Übung von einem türkischen U-Boot im Schwarzen Meer versenkt.

Ausblick

Die Einheiten der Gabya-/Perry-Klasse in türkischen Diensten werden in den kommenden Jahren von mindestens acht Einheiten der im Rahmen des Milgem-Projektes entwickelten Fregatten der Istanbul-Klasse ersetzt werden (siehe Kapitel 7.4.).

Technische Daten Oliver Hazard Perry-Klasse	
Bauwerft	Bath Iron Works, Maine; Todd Pacific Shipyards San Pedro/Los Angeles, Kalifornien; Todd Pacific Shipyards Seattle, Washington
Abmessungen	136 Meter Länge, 14 Meter Breite, 6,7 Meter Tiefgang
Verdrängung	4.200Tonnen (voll beladen)
Antrieb	2× General Electric LM2500-30 Gasturbinen mit insgesamt 41.000 PS Leistung, 1× Schiffswelle mit Verstellpropeller, 2× 350-PS-Motoren in ausfahrbaren Gondeln zum Manövrieren
Höchstgeschwindigkeit	29 Knoten
Besatzung	220 Personen
Bewaffnung	1× Mk. 13 Raketenstarter für 36 SM-1MR Flugabwehrraketen oder 4× Harpoon Seezielflugkörper, 1× Mk-41-VLS-Startsystems mit acht Zellen für max. 32 Evolved Sea Sparrow-Raketen zur Flugabwehr, 2× Mark 32 Dreifachtorpedowerfer für Mark 46 Mod 5 Torpedos zur U-Boot-Bekämpfung, 1× OTO Melara 76 mm/62 cal. Bordgeschütz, 1× Vulcan Phalanx Mk. 15/CIWS-Nahbereichsverteidigungssystem, 4× 12,7-mm-Maschinengewehre
Sensoren	1× FüWES-/Combat Management-System GENESIS (Gemi Entegre Savaş İdare Sistemi), 1× SMART-S Mk2 Luftraumsuchradar, 1× SPS-55 Oberflächensuchradar, 1× Mk. 92 Feuerleitsystem, 1× Rumpfsonar, 1× AN/SLQ-32 System zur Elektronischen Kriegsführung, 1× SLQ-25 Nixie geschlepptes Täuschkörpersystem
Luftfahrzeuge	1× Kaman SH-2G Super Seasprite Helikopter

7.4 Fregatten der Istanbul-Klasse

Die Korvetten der Ada-Klasse – hier das Typschiff »Heybeliada« (F-511) im Oktober 2023 im Bosporus – waren die ersten Einheiten des MILGEM-Programmes (Foto: Adem, CC BY-SA 4.0).

Anfang der 2000er Jahre begann in der Türkei die Entwicklung einer eigenen Marineindustrie, die mit im Land produzierten Schiffsentwürfen alle Bedarfe der türkischen Marine abdecken sollte.

Dabei wählte die Türkei einen evolutionären Ansatz. In den 1980er und 1990er Jahren holte sich die Türkei Hilfe im NATO-Ausland – insbesondere aus Deutschland – und produzierte Schnellboote, Minensucher, U-Boote und Fregatten (siehe Kapitel 7.3.) als Lizenzbau ausländischer Entwürfe auf türkischen Werften. Anfang des 21. Jahrhunderts löste sich die Türkei nach und nach immer mehr von der nichttürkischen Werftindustrie und ist heute in der Lage, sämtliche Unter- und Überwassereinheiten bis hin zum großen Flugzeugträger selbst zu entwickeln und zu bauen.

Das MILGEM-Projekt

Unter der Projektbezeichnung MILGEM (nach Milli Gemi = nationales Schiff) zog die türkische Werftindustrie ein dreistufiges Programm zum Bau von Korvetten, Fregatten und Zerstörern auf. Die bei Entwicklung und Bau der Korvetten gemachten Erfahrungen sollten dann in den Schiffsentwurf und die Fertigung der Fregatten einfließen und die dabei gewonnen Erkenntnisse wiederum auf das Zerstörerprojekt übertragen werden. Am 12. März 2004 nahm das Entwicklungs- und Konstruktionsbüro des MILGEM-Projektes auf der Marinewerft Istanbul seine Arbeit auf. Beim ersten Baustein des MILGEM-Projektes orientierte man sich an dem vom amerikanischen Rüstungskonzern Lockheed Martin entwickelten Littoral Combat Ship der Freedom-Klasse (siehe Kapitel 3.6.), mit dem der türkische Korvettenentwurf der Ada-Klasse (alle Namen der Schiffsklasse enden auf -ada) eine frappierende Ähnlichkeit aufweist. Der von einer Gasturbine und zwei Dieselmotoren angetriebene Ada-Entwurf ist 99,5 Meter lang, 14,4 Meter breit und verdrängt rund 2.300 Tonnen. Die erste Einheit »Heybeliada« (F-511) wurde am 26. Juli 2005 auf Kiel gelegt, am 27. September 2008 vom Stapel gelassen und am 27. September 2011 im Beisein des türkischen Präsidenten in Dienst gestellt. Auf die »Heybeliada« folgten vier weitere Schiffe der Ada-Klasse, von denen die letzte Einheit »Ufuk« (A-591) als Spionageschiff ähnlich der deutschen Oste-Klasse operiert. Aus der Ada-Klasse wurden Hochseepatrouillenboote der Hisar-Klasse abgeleitet (zehn Einheiten in Produktion, eine Einheit an Rumänien verkauft) und der Schiffsentwurf konnte nach Pakistan (vier Einheiten), an die Ukraine (zwei Einheiten, nicht ausgeliefert wegen Ukrainekrieg) sowie Malaysia (drei Einheiten) exportiert werden. Dadurch erweist sich der Ada-Entwurf als einer

Ein Modell einer Fregatte der Istanbul-Klasse, die den zweiten Teil des nationalen türkischen MILGEM-Schiffbauprojektes bilden (Foto: BSRF, CC BY-SA 4.0).

der international erfolgreichsten Marineschiffentwürfe des 21. Jahrhunderts.

Die Istanbul-Klasse

Bei den Fregatten der Istanbul-Klasse handelt es sich um vergrößerte Versionen der Ada-Klasse, die über eine umfangreichere Bewaffnung und eine modernere Ausstattung aus überwiegend türkischer Produktion verfügen. Im Gegensatz zu den eher auf den Einsatz im Mittelmeer hin ausgerichteten Schiffen der Ada-Klasse sind die Fregatten der Istanbul-Klasse für den weltweiten Einsatz konzipiert. Die Fregatten der Istanbul-Klasse sind je 113,2 Meter lang, 14,4 Meter breit und weisen einen Tiefgang von 4,05 Meter auf sowie eine Verdrängung von 3.100 Tonnen. Die Schiffe werden von einem CODAG (Combined Diesel and Gas)-System bestehend aus einer GE LM2500 Gasturbine und zwei MTU-Dieselmaschinen mit zwei Mal 5.766 PS Leistung angetrieben, die auf zwei Schiffswellen mit je einem Verstellpropeller wirken. Zur Bewaffnung zählen ein OTO Melara 76 mm Super Rapid-Schiffsgeschütz, ein doppelläufiges Gökdeniz 35-mm-Nahbereichsverteidigungssystem des türkischen Rüstungskonzerns Aselsan, 16 Atmaca Seezielflugkörper von Roketsan, ein in der Türkei entwickeltes MIDLAS-VLS-Startsystem für 16 SAPAN oder SIPER Block 1-Flugabwehrraketen von Roketsan/Aselsan oder alternativ bis zu 64 Hisar-D Flugabwehrraketen (vier Stück in einer VLS-Zelle gelagert sowie ein ZIPKIN 100 D Torpedosystem mit zwei 324-mm-Zweifachtorpedowerfern für Orka-Torpedos von Roketsan. Als FüWes-System kommt das ADVENT Combat Management System des türkischen Anbieters Havelsan zum Zug. Das Typschiff TCG »Istanbul« (F-515) wurde am 23 Januar 2021 bei der Marinewerft Istanbul vom Stapel gelassen und am 19. Januar 2024 in Dienst gestellt. Die Istanbuler Marinewerft fungiert als Musterwerft; die bisher bestellten sieben weiteren Schiffe der Istanbaul-Klasse werden hingegen bei den türkischen Privatwerften Anadolu, Sedef und Sefine gebaut. Im Frühjahr 2026 konnte die Türkei zwei noch im Bau befindliche Schiffe der Istanbul-Klasse an Indonesien verkaufen. Deshalb sollen in Kürze zwei weitere Schiffe als Ersatzbauten bestellt werden. Das gesamte Bauprogramm der Istanbul-Klasse umfasst dadurch bisher zehn Einheiten – acht für die Türkei und zwei für Indonesien. Die weiteren türkischen Einheiten der Istanbul-Klasse sind die »Izmir« (F-516, Stapellauf 10. Januar 2025), »Izmit« (F-517, Stapellauf 11. Januar 2025), »İçel« (F-518, Stapellauf 01. September 2025), »Akdeniz« (F-519, Stapellauf 02. Februar 2026), »Karadeniz« (F-520), »Ege« (F-521) und »Marmara« (F-522).

Ausblick

Nach dem Zulauf der acht Schiffe der Istanbul-Klasse wird die türkische Marine über moderne mittelgroße Fregatten verfügen, die sich nicht hinter anderen vergleichbaren NATO-Einheiten verstecken müssen. Im nächsten Schritt verwirklicht die Türkei die dritte Ausbaustufe des MILGEM-Programmes, bei dem es sich um die Zerstörer der Tepe-Klasse handelt (siehe Kapitel 7.1.). Dadurch ist die türkische Marineindustrie vollkommen autark und befindet sich in etwas auf gleicher Stufe wie die Marineindustrie in Deutschland, Frankreich, Spanien oder Italien.

Technische Daten Istanbul-Klasse	
Bauwerft	Marinewerft Istanbul; Anadolu Shipyard, Tuzla, Istanbul; Sedef Shipyard, Tuzla, Istanbul; Sefine Shipyard, Altinova, Yalova
Abmessungen	113,2 Meter Länge, 14,4 Meter Breite, 4,05 Meter Tiefgang
Verdrängung	3.100 Tonnen
Antrieb	1× GE LM2500 Gasturbine und 2× MTU-Dieselmaschinen mit 2× 5.766 PS Leistung, 2× Schiffswellen mit je 1× Verstellpropeller
Höchstgeschwindigkeit	29 Knoten
Reichweite	10.600 Kilometer bei 14 Knoten Geschwindigkeit
Besatzung	123 Personen
Bewaffnung	1× OTO Melara 76 mm Super Rapid Schiffsgeschütz, 1× doppelläufiges Gökdeniz 35-mm-Nahbereichsverteidigungssystem von Aselsan, 16× Atmaca Seezielflugkörper von Roketsan, 1× MIDLAS-VLS-Startsystem für 16× SAPAN oder SIPER Block 1-Flugabwehrraketen von Roketsan/Aselsan oder 64× Hisar-D Flugabwehrraketen, 1× ZIPKIN 100 D Torpedosystem mit 2× 324-mm-Zweifachtorpedowerfern für Orka-Torpedos von Roketsan, mehrere Maschinengewehre
Sensoren	1× ADVENT Combat Management System von Havelsan, 1×Aselsan Cenk-400N Suchradar, 1×Aselsan ALPER-200N LPI Oberflächen-Suchradar, 1×Aslesan AKREP-300N (AKR-D Block B-1/2)-Feuerleitradar, 1× Aselsan FERSAH 100N/MF-Rumpfsonar
Luftfahrzeuge	1× Sikorsky SH-60 Seahawk Bordhelikopter

8. Griechenland

8.1 Fregatten der Elli-Klasse

Die »Themistocles« (F-465) im Jahr 2005 (Foto: Josè Granado, CC BY-SA 2.1 ES).

Die griechische Marine nutzte nach dem Zweiten Weltkrieg beim Wiederaufbau ihrer Marine viele oftmals im Rahmen von Militärhilfe »preisgünstig« erworbene gebrauchte Einheiten anderer NATO-Marinen.
Zumeist handelte es sich dabei um ausgediente amerikanische Schiffe wie beispielsweise Zerstörer der Fletcher-, Gearing und Charles F. Adams- sowie Fregatten der Knox-Klasse, die teilweise von den 1950er bis Ende der 1990er und Anfang der 2000er Jahre im Dienst standen. Anfang der 1980er Jahre konnte dieses »quasi-Monopol« der US Navy erstmals durch den Erwerb zweier niederländischer Schiffe aufgebrochen werden.

Niederländische Kortenaer-Klasse
Bei diesen beiden Einheiten handelte es sich um die Fregatten »Elli« (F450) und »Limnos« (F-451), die der niederländischen Kortenaer-Klasse zuzurechnen sind und vor der Auslieferung an die Royal Netherlands Navy von der niederländischen Regierung an Griechenland verkauft wurden. Ursprünglich hatte die niederländische Marine zwölf dieser 130 Meter langen, 14,5 Meter breiten und mit einem Tiefgang von 4,4 Metern und einer voll beladenen Verdrängung von 3.800 Tonnen versehenen Mehrzweckfregatten geordert. Kosteneinsparungen führten dann jedoch zur Abgabe der »Elli« und »Limnos« an Griechenland vor der geplanten Aufnahme in die niederländische Flotte. Der Schiffsentwurf der Kortenaer-Klasse ist eng mit der deutschen Bremen-Klasse verwandt, nutzt aber ein anderes Antriebssystem bestehend aus einem Combined Gas or Gas (COGOG)-System aus zwei Rolls-Royce Tyne RM1C Gasturbinen mit je 4.900 PS und zwei Rolls-Royce Olympus TM3B Gasturbinen mit je 25.700 PS (die deutschen Schiffe nutzten einen CODOG-Antrieb mit zwei Gasturbinen und zwei Dieselmaschinen). Die Kortenaer-Klasse wurde zum Einsatz im stürmischen Ostatlantik mit starkem Fokus auf die U-Boot-Jagdfähigkeiten konzipiert. Eine gute Seegängigkeit, ein geringe Geräuschemission, Fähigkeiten zur Flugabwehr und die Möglichkeit zur Unterbringung von zwei Bordhelikoptern verschafften der Kortenaer-Klasse innerhalb der NATO einen exzellenten Ruf (den auch die deutsche Bremen-Klasse genoss). Eine geänderte Bedrohungslage nach dem Ende des Kalten Krieges und sinkende niederländische Militärbudgets führten zur vorzeitigen Außerdienststellung der zehn niederländischen Kortenaer-Einheiten ab den frühen 1990er Jahren. Zwei Einheiten wurden an

Die »Limnos« (F-451) wurde bereits Anfang der 1980er Jahre übernommen. Hier sieht man das Schiff bei einem Hafenbesuch in Piräus im März 2026 (Foto: SV1XV, CC BY 4.0).

Die »Nikiforos Fokas« (F-466) im Mai 2025 aufgenommen vom britischen Flugzeugträger HMS »Prince of Wales« im Mai 2025 im Mittelmeer (Foto: British Ministry of Defence, Helayna Birkett, OGL v1.0).

die Vereinigten Arabischen Emirate verkauft, um zu Megajachten für das Königshaus umgebaut zu werden, und die restlichen Einheiten konnte sich die griechische Marine sichern.

Griechische Elli-Klasse

Zwischen 1993 und 2003 übernahm die griechische Marine die »Aigaion« (F-460, 1993), »Adrias« (F-459), 1995), »Bouboulina« (F-463, 2001), »Kanaris« (F-464, 2002), »Kountouriotis« (F-462, 1997), »Navarinon »(F-461, 1995), »Nikiforos Fokas« (F-466, 2003) und »Themistoklis« (F-465, 2003). Zusammen mit den bereits 1981/82 als Neubauten übernommenen Einheiten »Elli« und »Limnos« hatte die griechische Marine insgesamt 10 Fregatten der Eli-Klasse im Dienst. Da die gebrauchten Kortenaer-/Elli-Einheiten relativ preiswert erworben werden konnten, wurden im Gegenzug zwei Fregatten-Neubauten der Hydra-Klasse (siehe Kapitel 8.2.) gestrichen. Zwischen 2004 und 2009 wurden sechs der griechischen Einheiten einem Mid-Life Upgrade unterzogen (»Kountouriotis«, »Adrias«, »Navarinon«, »Limnos«, »Elli« und »Aegaeon«). Für die Modernisierungen mussten die Schiffe für längere Zeit bei Hellenic Shipyards in Skaramangas ins Trockendock. Dabei erhielten sie das Thales TACTICOS Combat Management System, den elektro-optischen Zielsucher Marador von Thales und das Scout MKII LPI Navigationsradar von Thales. Weiterhin wurde das Thales LW08 2D-Weitbereichs-Luftraumaufklärungsradar modernisiert und das CS-3701 ESM-System von Edo eingebaut. Auch wurden sämtliche Navigations- und Kommunikationssysteme auf den neuesten Stand gebracht und das Antriebskontrollsystem ersetzt. Die Bewaffnung der Elli-Klasse setzt sich aus zwei OTO-Melara Compatto 76 mm/62 cal-Bordgeschützen, acht RGM-84 Harpoon Seezielflugkörpern, acht RIM-7M Sea Sparrow Flugabwehrraketen, zwei Mk.32 Zweifach-324-mm-Torpedowerfern sowie zwei CIWS Mk.15 Phalanx 20-mm-Nahbereichsverteidigungssystemen zusammen.

Dienstende

Die »Bouboulina« wurde bereits 2013 außer Dienst gestellt und dient seitdem als schwimmendes Ersatzteillager für die anderen Schiffe der Elli-Klasse. Nach dem Zulauf der ersten Neubaufregatte des französischen FDI-Typs (siehe Kapitel 8.3.) wurde die »Themistoklis« im März 2026 außer Dienst gestellt. Die weiteren Einheiten der Elli-Klasse der griechischen Marine werden in den nächsten Jahren nach und nach durch modernere Neubauten ersetzt werden.

Technische Daten Elli-Klasse	
Bauwerft	Royal Schelde (heute Damen), Vlissingen und Wilton-Fijenoord, Schiedam/Rotterdam
Abmessungen	130 Meter Länge, 14,5 Meter Breite, 4,4 Meter Tiefgang
Verdrängung	3.800 Tonnen
Antrieb	1× Combined Gas or Gas (COGOG)-System aus 2× Rolls-Royce Tyne RM1C Gasturbinen mit je 4.900 PS und 2× Rolls-Royce Olympus TM3B Gasturbinen mit je 25.700 PS auf 2×Schiffswellen mit je 1× Verstellpropeller wirkend
Höchstgeschwindigkeit	30 Knoten
Besatzung	220 Personen
Bewaffnung	2× OTO-Melara Compatto 76 mm/62 cal-Bordgeschütze, 8× RGM-84 Harpoon Seezielflugkörper, 8× RIM-7M Sea Sparrow Flugabwehrraketen, 2× Mk.32 Zweifach 324-mm-Torpedowerfer, 2× CIWS Mk.15 Phalanx 20-mm-Nahbereichsverteidigungssysteme
Sensoren (nach Modernisierung	1× Thales TACTICOS Combat Management System, 1× elektro-optischer Zielsucher Marador von Thales, 1×Scout MKII LPI Navigationsradar von Thales, 1× Thales LW08 2D-Weitbereichs-Luftraumaufklärungsradar, 1× CS-3701 ESM-System von Edo, 1× Westinghouse AN/SQS 509 Rumpfsonar, 1× AN/SLQ-25 Nixie geschlepptes Täuschkörpersystem
Luftfahrzeuge	2× Sikorsky SH-60 Seahawk Helikopter

8.2 Fregatten des Typs MEKO 200 HN/Hydra-Klasse

Die »Hydra« (F-452) aufgenommen im März 2022 im Ionischen Meer (Foto: US Navy/MC3 Bela Chambers).

Im Jahr 1988 autorisierte die griechische Regierung die Beschaffung neuer Fregatten. Die Wahl fiel auf die als MEKO 200 HN bezeichneten Schiffe nach deutschem MEKO-Entwurf. Ursprünglich wurden sechs Schiffe geplant. Die erste Einheit, das Typschiff und der Prototyp für den griechischen Nachbau – die »Hydra« (F-452) – wurde am 17. Dezember 1990 in Deutschland bei Blohm und Voss in Hamburg auf Kiel gelegt.

Die Schiffe

Der Stapellauf der »Hydra« erfolgte am 25. Juni 1991. Im Anschluss absolvierte das Schiff im Jahr 1992 die Werftprobefahrten. Bei der ersten Fahrt wurde die »Hydra« durch ein Feuer stark beschädigt. Dadurch verzögerte sich die Ablieferung an die griechische Marine auf das Jahr 1993. Die nachfolgenden Schiffe der Hydra-Klasse wurden im Rahmen eines Technologie-Transferabkommens in Griechenland bei Hellenic Shipyards in Skaramangas gefertigt. Die »Spetsai« (F-453) wurde am 11. August 1992 auf Kiel gelegt, der Stapellauf erfolgte am 09. Dezember 1993 in Skaramangas, gefolgt von der Indienststellung am 24. Oktober 1996. Die »Psara« (F-454) wurde am 12. Dezember 1993 auf Kiel gelegt. Am 20. Dezember 1994 lief sie vom Stapel und wurde anschließend am 30. April 1996 in Dienst gestellt. Die »Salamis« (F-455) wurde am 20. Dezember 1994 auf Kiel gelegt, vom Stapel lief sie am 15. Mai 1996 und ging am 16. Dezember 1998 in den Dienst. Die Anzahl der Einheiten reduzierte sich in den 1990er Jahren auf vier Schiffe durch Probleme bei den Budgets der griechischen Marine einerseits, andererseits aufgrund des Zukaufes von acht gebrauchten Kortenaer-Fregatten aus niederländischen Beständen (siehe Kapitel 8.1.). Dadurch wurde aus Sicht der Politik die Beschaffung weiterer Schiffe der Hydra-Klasse unnötig.

Die Technik

Die Einheiten haben eine Länge von 117,50 Metern, eine Breite von 14,80 Metern und sind mit einem Tiefgang von 6,0 Me-

Die zweite Einheit der Hydra-Klasse – die »Spetsai« (F-453) – im Mai 2010 aufgenommen von einem US Navy-Versorger im Mittelmeer (Foto: US Navy/MC1 Jimmy C. Pan).

Die »Spetsai »vor der »Bouboulina« (F-463) der Kortenaer-Klasse, die von Griechenland gebraucht in den Niederlanden erworben wurde (Foto: K. Krallis, CC BY-SA 3.0).

Während der Operation Enduring Freedom erhält die dritte Hydra-Klasse-Fregatte »Psara« (F-454) Treibstoff vom Versorger USS »Seatttle« (AOE-3) der US Navy (Foto: US Navy/MC1 Jim Hampshire).

tern versehen. Die Einsatzverdrängung beträgt 3.200 Tonnen. Der Antrieb ist als CODOG-System ausgelegt. Zwei GE LM-2500-Gasturbinen mit insgesamt 60.656 PS und zwei MTU 20V956-Dieselmotoren mit insgesamt 10.040 PS wirken über zwei Schiffswellen auf je zwei Verstellpropeller. Die Geschwindigkeit ist mit 21 beziehungsweise 31+ Knoten angegeben, ja nach Betriebsmodus. Bei 20 bis 22 Knoten Geschwindigkeit beträgt der Aktionsradius der Hydra-Klasse beachtliche 4.100 Seemeilen. Diese Antriebskombination nutzen auch die türkischen Schiffe der MEKO 200-Serie. Die Besatzung der Hydra-Klasse setzt sich aus 175 Frauen und Männern zusammen.

Die Bewaffnung

Die Bewaffnung besteht fast ausschließlich aus amerikanischen Systemen, wobei die Elektronik zum größten Teil aus den Niederlanden kommt. Das Deckgeschütz ist ein Mk.45 Mod. 2 lightweight 5« (127 mm) L54 Mark 19-Geschütz auf einer Mark 45-Basis. Ursprünglich entwickelt und gebaut bei United Defense, wird es jetzt bei BAE Systems Land & Armaments gefertigt. Hinter den markant nach Außen geneigten Schornsteinen befindet sich das VLS-System Mk.48 Mod.2: »in-deck« für 16x RIM-7 Sea Sparrow- oder 32x RIM-162 ESSM-Flugabwehrraketen. Auf dem Vorschiff vor der Brücke und achtern auf dem Helikopterhangar befindet sich je ein Mk15 Phalanx CIWS-Nahbereichsverteidigungssystem. Mittschiffs auf dem Aufbau sind zwei Vierfachstarter Mk141 für RGM-84 Harpoon SSM-Seezielflugkörper installiert. Ebenfalls mittschiffs aber auf dem Hauptdeck befinden sich die Mk.32 Mod.5-Werfer für Mk46-Torpedos zur U-Boot-Jagd. Hangar und Flugdeck können einen Sikorsky SH-60 Helikopter aufnehmen.

Die Elektronik

Die elektronische Ausrüstung der Hydra-Klasse ist recht umfangreich. Signaal liefert das MW08 Air Search Radar, das mittlerweile durch das Thales NS110ersetzt wurde. Ebenfalls von

Die »Spetsai« aufgenommen im April 2008 während der Übung Phoenix Express im Mittelmeer (Foto: US Navy/MC1 James C. Davis).

Die »Psara« im April 2016 im Östlichen Mittelmeer, aufgenommen vom US-Zerstörer USS »Porter« (DDG-78, Foto: US Navy/MC3 Robert S. Price).

Signaal ist das DA08 Air Warning and Surface Search Radar. Auch dieses ist durch das Thales NS110 ersetzt worden. Zwei Thales STIR 1.2 EO Mk2 dienen als Feuerleitradare, von Racal Decca ist das 2690BT Navigationsradar installiert. Als Sonar wird das Raytheon SQS-56/DE 1160 Rumpfsonar genutzt. Als Torpedo-Täuschsystem ist das geschleppte Täuschkörpersystem SLQ-25 Nixie am Heck des Schiffes installiert. Das Mk XII Mod.4 IFF-Radar ist Teil der MW/DA08 Anlage. Zwei Signaal Mk.73 Mod.1-Radare dienen als Zielbeleuchter für ESSM-Raketen. Das Signaal STACOS Mod.2 wird als Kampfdatensystem oder auch Combat Management System (CMS) genutzt. Das SAR-8 IR-Infrarot-Such- und Zielzuweisungssystem ist ein passives, elektrooptisches, schiffsgestütztes Überwachungssystem. Zur Elektronischen Kriegsführung werden das elektronische Unterstützungssystem Argo AR700 und das Radarstörsystem Argo APECS genutzt. Vier SCLAR-Täuschkörper-Starter runden diese umfangreiche Ausrüstung ab.

Modernisierungen

Im Jahr 2007 wurde die Modernisierung des STIR-Feuerleitsystems initiiert, um den Einsatz der Flugabwehrrakete RIM-162 ESSM zu ermöglichen. Die »Salamis« wurde als erste Einheit modernisiert und absolvierte im August 2008 erfolgreich einen Schießtest. Die drei anderen Schiffe der Hydra-Klasse wurden im Laufe des Jahres 2008 den entsprechenden Modernisierungsmaßnahmen unterzogen. Auf Grund von zugenommenen Spannungen mit der Türkei seit 2020 werden die Schiffe der Hydra-Klasse in Zukunft noch umfangreicher modernisiert werden. Das griechische Parlament hat die Mittel hierfür im April 2023 freigegeben.

Die Schiffe der Hydra-Klasse					
Name	**Kennung**	**Werft**	**Kiellegung**	**Stapellauf**	**In Dienst**
»Hydra«	F452	Blohm + Voss	17. Dezember 1990	25. Juni 1991	12. November 1992
»Spetsai«	F453	Hellenic Shipyards	11. August 1992	9. Dezember 1993	24. Oktober 1996
»Psara«	F 454	Hellenic Shipyards	12. Dezember 1993	20. Dezember 1994	30. April 1998
»Salamis«	F455	Hellenic Shipyards	20. Dezember 1994	15. Mai 1997	16. Dezember 1998

Die vierte Hydra-Klasse-Fregatte »Salamis« (F-455) aufgenommen im Jahr 2009 (Foto: Eugenio Castillo Pert, CC BY-SA 3.0).

Technische Daten Hydra-Klasse	
Bauwerft	Blohm + Voss, Hamburg, Deutschland und Hellenic Shipyards, Skaramangas, Griechenland
Abmessungen	117,50 Meter Länge, 14,80 Meter Breite, 6,0 Meter Tiefgang
Verdrängung	3.200 Tonnen voll beladen
Antrieb	CODOG-System aus 2× GE LM-2500-Gasturbinen mit 60.656 PS, 2× MTU 20V956-Dieselmotoren mit 10.040 PS, 2× Schiffswellen auf je 1× Verstellpropeller wirkend
Höchstgeschwindigkeit	31+ Knoten
Reichweite	4.100 Seemeilen bei 22 Knoten Geschwindigkeit
Besatzung	175 Personen
Bewaffnung	1× Mk.45 Mod. 2 lightweight 5« (127 mm) L54 Mark 19-Geschütz von BAE Systems, 1× VLS-System Mk.48 Mod.2 für 16x RIM-7 Sea Sparrow- oder 32x RIM-162 ESSM-Flugabwehrraketen, 2× Mk.15 Phalanx CIWS-Nahbereichsverteidigungssystem, 2× Vierfachstarter Mk141 für RGM-84 Harpoon SSM-Seezielflugkörper, 2× Mk.32 Mod.5-Werfer für Mk46-Torpedos
Sensoren	1× Thales NS110 Air Search Radar, 2× Zwei Thales STIR 1.2 EO Mk2 Feuerleitradare, 1× Racal Decca 2690BT Navigationsradar installiert, 1× Raytheon SQS-56/DE 1160 Rumpfsonar, 1× geschlepptes Täuschkörpersystem SLQ-25 Nixie am Heck, 1× Mk. XII Mod.4 IFF-Radar als Teil der MW/DA08 Anlage, 2× Signaal Mk.73 Mod.1-Radare als Zielbeleuchter für ESSM-Raketen, 1× Signaal STACOS Mod.2 Combat Management System (CMS, 1× SAR-8 IR-Infrarot-Such- und Zielzuweisungssystem, 1× elektronisches Unterstützungssystem Argo AR700. 1× Radarstörsystem Argo APECS, 4× SCLAR-Täuschkörper-Starter
Fluggeräte	1× Sikorsky SH-60 Seahawk Helikopter

8.3 Fregatten der Kimon-Klasse (Typ FDI)

Die erste griechische FDI-Fregatte »Kimon« (F 601) (Foto: Griechische Marine).

Derzeit befinden sich vier Fregatten des französischen Typs Frégate de Défense et d'Intervention (FDI, als Kimon-Klasse im Zulauf in der griechischen Marine.
Die relativ kompakten Schiffe (122 Meter Länge und 4.500 Tonnen Verdrängung) sind bei einem Stückpreis von rund 750 Millionen US Dollar relativ preisgünstig.

Der Entwurf

Als Mehrzweckfregatte mit Radarsignatur reduzierenden Stealth-Eigenschaften ist die Kimon-Klasse für die Bekämpfung von Bedrohungen aus der Luft sowie Über- und Unterwasser ausgelegt. Als erste Fregattenklasse sind die Schiffe mit einer klassischen Operationszentrale und mit einer separaten Kommandostation ausgestattet, von der aus sogenannte asymmetrischen Bedrohungen wie beispielsweise unbemannte Drohnen oder Schnellboote bekämpft werden können. Augenauffälligstes Merkmal der FDI-Fregatten ist der als negative Steven bezeichnete »umgekehrte Bug«, der die Wellen »durchschneiden« soll, statt von ihnen angehoben zu werden. Dadurch liegt das Schiff stabiler im Wasser und spart ebenfalls Kraftstoff. Weiterhin sind mehrere aktive Stabilisatoren im Rumpf installiert, die für eine nochmalige Verbesserung der Stabilität der Schiffe sorgen. Ein hoher Automatisierungsgrad eröffnet der griechischen Marine einen relativ kleinen Personalbedarf von lediglich 125 Personen pro FDI-Einheit. Die Schiffe der Kimon-Klasse sind mit einem relativ einfachen Antriebskonzept bestehend aus einem CODAD-System (Combined Diesel and Diesel) mit vier MTU 16V 8000 M91L-Dieselmotoren mit einer Gesamtleistung von 32 MW versehen, die auf zwei Schiffswellen wirken. Dadurch können Geschwindigkeiten von bis zu 27 Knoten erreicht werden.

Die Ausstattung

Zur Bewaffnung zählen ein Schiffsgeschütz des Typs OTO Melara 76-mm-Super-Rapid, zwei Mal vier MM40 Exocet Block 3c-Seezielflugkörper, zwei 324 mm ASW-TT (Torpedo: MU90) Zweifachtorpedowerfer zur U-Boot-Jagd, 32 VLS-Flugkörperzellen für Aster 30-Flugabwehrraketen (die ersten französischen Fregatten verfügen über nur 16 VLS-Startzellen), eine 20-mm-Automatikkanone Lionfish von Leonardo sowie ein Mk.49 Startgerät für 21 Nahbereichsflugabwehrraketen des Typs RAM Block-2B. Die italienische ELT Group steuert das Virgilius-IEWS (Integrated Electronic Warfare System) für aktive elektronische Gegenmaßnahmen (ECM) bei. Weiterhin sind ein Laserwarnsystem des schwedischen Herstellers Saab sowie Täuschkörperwerfer des Typs Sylena Mk 1 an Bord vorhanden. Auf dem Helikopterlandedeck und im Hangar ist Platz für einen Bordhelikopter des Typs Sikorsky MH-60R Seahawk

Die zweite griechische FDI-Fregatte »Nearchos« (F 602) kurz nach dem Stapellauf im September 2024 (Fotos: Griechische Marine).

und zwei unbemannte Hubschrauberdrohnen des Typs Schiebel Camcopter S-100 vorhanden.

Die »Nearchos« im August 2025 am Ausrüstungskai der zur Naval Group gehörenden Werft in Lorient (Foto: XIIIfromTOKYO, CC BY 4.0).

Das Beschaffungsprogramm

Die griechische Marine war bereits seit einiger Zeit auf der Suche nach einem Nachfolger für die in die Jahre gekommene Elli-Klasse (siehe Kapitel 8.1.), als sie im September 2021 die Bestellung von zunächst drei Einheiten der FDI-Klasse bekanntgab. Das französische Schiffsdesign setzte sich gegen zahlreiche europäische Konkurrenten durch (darunter die deutsche MEKO-A-200-Klasse von TKMS und die britische Type 31-Klasse von Babcock). Die griechischen Schiffe verfügen über eine in vielen Details geänderte Ausstattung, darunter – wie zuvor beschrieben – auch eine deutlich stärkere Bewaffnung als ihre französischen Schwesterschiffe. Im September 2024 orderte die griechische Marine eine weitere Einheit bei der Naval Group, die wie die ersten drei Einheiten in Lorient gebaut werden soll. Die erste griechische Fregatte HS »Kimon« (HS steht für Hellenic Ship, also griechisches Marineschiff) wurde schon im Dezember 2025 an die griechische Marine ausgeliefert – und damit noch vor der ersten Einheit für die französische Marine. Möglich wurde dies durch den Tausch von Lieferpositionen, bei denen die griechische Marine den Vorrang erhielt, um endlich moderne Marineeinheiten, die im 21. Jahrhundert gebaut wurden, in die Flotte aufnehmen zu können. Im Lauf des FDI-Bauprogrammes wird der Anteil an in Griechenland gefertigten Komponenten immer mehr zunehmen. So werden ab der dritten griechischen Einheit »Formion« (F 603) ganze vorausgerüstete Rumpfmodule auf der griechischen Marinewerft Salamis gebaut und diese anschließend zur Endmontage per Schiff ins französische Lorient transportiert.

Ausblick

Zur kurzfristigen Überbrückung von Engpässen in der Flottenplanung gab die griechische Marine im Mai 2026 den Kauf der gebrauchten italienischen Fregatten »Carlo Bergamini« und »Virginio Fasan« der FREMM-Klasse bekannt (siehe Kapitel 5.5.), die in den Jahren 2029/30 ausgeliefert werden sollen. Danach besteht eine Option zum Kauf von zwei weiteren FREMM-Fregatten. Aber auch Frankreich hat großes Interesse, zusätzlich FDI-Fregatten an die griechische Marine zu verkaufen. Wie im Februar 2026 bekannt wurde, bietet die Naval Group für das nächste griechische Los FDI-Fregatten – sollte es zustande kommen – einen vollen Technologietransfer und die lokale Fertigung der Schiffe auf griechischen Werften an. Die nächsten Jahre werden zeigen, welchen Weg die griechische Marine gehen wird.

Technische Daten Kimon-Klasse	
Länge	121,6 Meter
Breite	17,7 Meter
Tiefgang	6,4 Meter
Verdrängung	4.500 Tonnen
Antrieb	1×CODAD aus 4x MTU 16V 8000 M91L-Dieselmotoren mit Gesamtleistung 32 MW auf zwei Wellen wirkend
Geschwindigkeit	27 Knoten max.
Reichweite	5.000 Seemeilen bei 15 Knoten
Seeausdauer	45 Tage
Besatzung	125 + 28 Personen
Bewaffnung	4x 8 Aster 30 Flugabwehrraketen, 2x 4 MM40 Exocet Block 3c-Seezielflugkörper, 2x 2 324 mm ASW-TT (Torpedo: MU90) zur U-Boot-Jagd, 1x 76 mm /62 cal Super Rapid-Bordgeschütz, 1× Mk. 49 RAM Block 2B-Flugabwehrraketen zur Nahbereichsverteidigung, 2× Lionfish 20 mm ferngelenkte Waffenstationen
Elektronik	1×Multifunktions-Radar Thales SEA FIRE 500 (S-Band), 1× Thales Kingklip Mark 2 Rumpfsonar, 1× Schlepp-Sonar Thales CAPTAS-4 compact (VDS), 1× Sylena Mk.1 Canto Anti-Torpedo-Täuschkörperwerfer, 1× ELT Group Virgilius-IEWS (Integrated Electronic Warfare System) aktive elektronische Gegenmaßnahmen (ECM), 1× Laserwarnsystem von Saab
Luftfahrzeuge	1× Sikorsky SH-60 Seahawk Helikopter, 2 Schiebel S100 UAV

9. Portugal

9.1 Fregatten der Vasco da Gama-Klasse

Die »Álvares Cabral« (F331) läuft am 30. Juli 2026 aus der Marinebasis von Lissabon aus (Foto: Marinha).

Im Jahr 1985 orderte die Marinha Portuguesa (die portugiesische Marine) die ersten drei Lenkwaffenfregatten ihrer Geschichte. Nach Prüfung verschiedener Entwürfe entschied man sich für die MEKO 200PN (PN=Portugal Navy), eine speziell angepasste Version der deutschen MEKO 200-Familie. Portugal wählte nach der Türkei als zweite NATO-Nation (noch vor Griechenland) die Anschaffung der kompakten Mehrzweckfregatte. Ursprünglich war der Fregattenkauf bereits im Jahr 1980 initiiert worden, parlamentarische Hürden führten jedoch zu einer Verzögerung von fünf Jahren.

Die Schiffe

Die erste Eineit »Vasco da Gama« (F330) wurde am 02. Februar 1989 bei Blohm & Voss in Hamburg auf Kiel gelegt, am 26. Juni 1989 zu Wasser gelassen und am 18. Januar 1991 in den Dienst der portugiesischen Marine gestellt. Die zweite Einheit »Álvares Cabral« (F331) wurde am 02. Juni 1981 bei HDW in Kiel auf Kiel gelegt, am 06. Juni 1990 zu Wasser gelassen und am 24. Mai 1991 in Dienst gestellt. Die dritte Einheit »Corte-Real« (F332) wurde ebenfalls bei HDW in Kiel gebaut. Ihre Kiellegung fand am 20. Oktober 1989 statt, gefolgt vom Stapellauf am 22. November 1991 und der Indienststellung am 01. Februar 1992. Die 115,9 Meter langen, 14,8 Meter breiten und voll beladen 3.200 Tonnen verdrängenden portugiesischen Schiffe sind technisch eng mit den MEKO 200-Fregatten der Türkei, Griechenlands, Australiens und Neuseelands verwandt. Die Einheiten werden von einem CODOG-System angetrieben. Dieses besteht aus je zwei General Electric LM2500 Gasturbinen mit je 38 MW Leistung und zwei MTU 20V 956 TB92-Dieselmaschinen mit je 8,14 MW Leistung, die auf zwei Schiffswellen mit je einem Verstellpropeller wirken. Mit den Dieselmaschinen können Geschwindigkeiten bis 20 Knoten erreicht werden; im Gasturbinenbetrieb bis zu 32 Knoten. Die Reichweite der Vasco da Gama-Klasse bei 18 Knoten beträgt 4.000 Seemeilen. Die Besatzung ist für ein Schiff dieser Kompaktheit relativ groß und umfasst 180 Personen. Zur Bewaffnung zählen ein 100-mm-Mod68-CADAM-Schiffsgeschütz, ein 20-mm-Vulcan-Nahbereichsverteidigungssystem, zwei Mark 46-Dreifachtorpedowerfer, zwei Mk 141 Vierfachstarter für acht RGM-84 Harpoon-Seezielflugkörper sowie ein MK 21 Startsystem für acht RIM-7 Sea Sparrow-Flugabwehrraketen. Im Doppelhangar und auf dem Flugdeck ist Platz für zwei Super Lynx-Bordhelikopter vorhanden.

Die portugiesische Fregatte »Vasco da Gama« (F330, rechts) »im Päckchen« mit der spanischen Fregatte »Blas de Lezo« (F103). Das Bild zeigt die Kompaktheit des portugiesischen Schiffes (Foto: Joao Teixeira, CC BY 2.0).

Fit für die Zukunft

Das Mid-Life Upgrade (MLU) der Vasco da Gama-Klasse ist ein umfassendes Modernisierungsprogramm, das die drei Fregatten technisch auf den Stand der 2020er Jahre bringen und ihre Nutzungsdauer bis mindestens 2035 verlängern soll. Nachdem mehrere frühere Modernisierungspläne aus Budgetgründen verschoben wurden, läuft das Programm nun konkret an. Diese Modernisierungsmaßnahmen wurden aufgrund eines veralteten Führungs- und Waffeneinsatzsystems, Sensoren mit begrenzter Leistungsfähigkeit, Kommunikationssystemen, die heutigen NATO-Anforderungen nur eingeschränkt genügen, sowie zunehmenden Schwierigkeiten bei der Ersatzteilbeschaffung notwendig. Das Ziel des MLU ist daher weniger eine neue Bewaffnung als eine grundlegende Erneuerung der Elektronik und der Missionssysteme. Die wichtigsten Modernisierungsmaßnahmen umfassen den Einbau eines neuen Führungs- und Einsatzsystemes, neue Radare (Luftsuchradar, Oberflächenradar, Feuerleitradare), eine neue Freund-Feind-Erkennung (IFF) sowie elektronische Unterstützungsmaßnahmen (ESM). Durch das MLU sollen die ursprünglich verwendeten RIM-7P Sea Sparrow-Flugabwehrraketen durch die leistungsfähigeren ESSM (Evolved Sea Sparrow Missile) mit größerer Reichweite, höherer Geschwindigkeit und besserer Manövrierfähigkeit ersetzt werden. Dafür werden auch die Feuerleitsysteme angepasst. Weiterhin erhält die Klasse neue Radarwarnempfänger, eine verbesserte elektronische Aufklärung, modernisierte Täuschkörperwerfer und bessere Störsender. Dadurch steigt die Überlebensfähigkeit gegen Lenkwaffen erheblich.

Bessere Kommunikation

Ein großer Teil des MLU betrifft die Vernetzung. Installiert werden unter anderem eine neue Satellitenkommunikation, moderne NATO-Datenlinks sowie verschlüsselte Sprach- und Datensysteme. Auch die eigentliche Schiffstechnik wird überholt, darunter elektrische Anlagen, Generatoren, die Klimatisierung, Navigationssysteme, Maschinenüberwachung und der Ersatz veralteter Computer. Die Fregatten bleiben für den Einsatz des Bordhelikopters vom Typ Super Lynx ausgelegt. Gleichzeitig werden Datenverbindungen und Führungsanlagen modernisiert, sodass die Helikopter enger in das Gefechtssystem eingebunden werden. Einige bewährte Systeme werden weiter genutzt: das 100-mm-Hauptgeschütz, die Harpoon-Antischiffsraketen, das Phalanx CIWS-Nahbereichsverteidigungssystem und die Dreifachtorpedowerfer. Zunächst wird eine Fregatte zwischen 2026 und 2028 modernisiert, die Modernisierung einer zweiten Einheit ist geplant, aber soweit bekannt noch nicht vertraglich gesichert. Die dritte Einheit soll hingegen als Kommandoschiff für amphibische Operationen umgerüstet werden.

Die »Corte-Real« (F332) aufgenommen im Juli 2009 im Nordatlantik (Foto: US Navy/MC Shonna Cunningham).

Technische Daten Vasco da Gama-Klasse (zum Zeitpunkt der Indienststellung)	
Abmessungen	115,9 Meter Länge, 14,8 Meter Breite, 6,2 Meter Tiefgang
Verdrängung	3.200 Tonnen voll beladen
Antrieb	1× CODOG-System aus 2× General Electric LM2500 Gasturbinen mit je 38 MW Leistung und zwei MTU 20V 956 TB92-Dieselmaschinen mit je 8,14 MW Leistung auf 2× Schiffswellen mit je 1× Verstellpropeller wirkend.
Höchstgeschwindigkeit	32 Knoten
Reichweite	4.000 Seemeilen bei 18 Knoten
Besatzung	180 Personen
Bewaffnung	1× 100-mm-Mod68-CADAM-Schiffsgeschütz, 1× 20-mm-Vulcan-Nahbereichsverteidigungssystem, 2× Mark 46-Dreifachtorpedowerfer, 2× Mk 141 Vierfachstarter für acht RGM-84 Harpoon-Seezielflugkörper, 2× MK 21 Startsystem für acht RIM-7 Sea Sparrow-Flugabwehrraketen
Sensoren	1× Thales DA08 D-Band-Luftsuchradar, 1× Thales MW08 F-Band Luft- und Oberflächensuchradar, 2× Thales STIR 180 Feuerleitradar, 1× SQS510 Rumpfsonar, SRBOC-Täuschkörperwerfer
Luftfahrzeuge	2× Westland Super Lynx-Bordhelikopter

9.2 Fregatten der Bartolomeu Dias-Klasse

Die »Dom Francisco de Almeida« (F334) bei einem Hafenbesuch in Ponta Delgada auf den Azoren im Juni 2026 (Foto: Marinha).

Die Bartolomeu Dias-Klasse bildet zusammen mit der Vasco da Gama-Klasse das Rückgrat der Überwasserflotte der portugiesischen Marine. Die Klasse besteht aus zwei modernisierten Fregatten, die ursprünglich für die niederländische Marine gebaut wurden.

Sie verkörpern eine kosteneffiziente Lösung für die Anforderungen eines mittelgroßen NATO-Landes: vielseitig einsetzbar, hochseetauglich und mit starkem Fokus auf U-Boot-Abwehr. Benannt sind die Schiffe nach bedeutenden portugiesischen Entdeckern – ganz im Zeichen der maritimen Tradition des Landes.

Geschichte und Beschaffung

In den 2000er Jahren suchte Portugal nach einem Ersatz für die veralteten Fregatten der João-Belo-Klasse. Statt neuer Einheiten oder US-amerikanischer Oliver-Hazard-Perry-Fregatten entschied man sich 2006 für zwei gebrauchte Schiffe der niederländischen Karel Doorman-Klasse (M-Klasse). Der Vertrag über rund 240 Millionen Euro wurde im November 2006 unterzeichnet. Er umfasste die »Bartolomeu Dias« (F333) (Ex HNLMS »Van Nes«, 1994 in Dienst der niederländischen Marine gestellt, von Portugal übernommen am 16. Januar 2009) und die »Dom Francisco de Almeida« (F334) (Ex HNLMS »Van Galen«, von Portugal übernommen am 15. Januar 2010). Die Schiffe wurden in Vlissingen bei Damen Schelde gebaut und hatten bereits eine solide Dienstzeit in der niederländischen Marine mit zahlreichen NATO-Einsätzen hinter sich.

Der Schiffsentwurf

Die Fregatten sind kompakte, aber leistungsstarke Einheiten. Sie verfügen über eine Verdrängung von voll beladen 3.320 Tonnen, bei Abmessungen von 122,25 Metern Länge, 14,4 Metern Breite und einem Tiefgang von circa 4,3 bis 6,2 Metern (je nach Quelle). Der Antrieb besteht aus einem CODOG-System mit zwei Rolls-Royce Spey 1A-Gasturbinen (je circa 16.700 PS Leistung) und zwei Stork-Wärtsilä-Dieselmotoren, die auf zwei Schiffswellen mit je einem Verstellpropeller wirken. Die Maximalgeschwindigkeit beträgt 29 bis 30 Knoten im Gasturbinenbetrieb und circa 20 Knoten bei Nutzung der Dieselmaschinen. Bei 18 Knoten Marschfahrt kann das Schiff rund 5.000 Seemeilen ohne Nachversorgung zurücklegen. Die Besatzung setzt sich aus 164 bis 174 Personen zuzüglich Flugpersonal des Bordhelikopters zusammen. Das Schiffsdesign zeichnet sich durch gute Seeeigenschaften und eine hohe Automatisierung aus.

Bewaffnung und Sensoren

Die Bartolomeu Dias-Klasse ist als Multi-Role-Fregatte konzipiert, mit besonderer Stärke in der U-Boot-Jagd (ASW). Die Bewaffnung umfasst die 76-mm-Oto-Melara-Mehrzweckkanone als Schiffsgeschütz, das Goalkeeper-CIWS (30-mm-Gatling) zur Nahbereichsverteidigung, bis zu acht Harpoon-Seezielflugkörper, Sea Sparrow (bzw. modernere ESSM)-Flugabwehrraketen in einem Mk-48-Vertikalstartsystem und vier Mk.32 324-mm-Torpedorohre für Mk-46-Torpedos. Hangar und Flugdeck für einen Westland Super Lynx Mk.95-Hubschrauber sind an Bord vorhanden. Zu den Sensoren gehören ein 3D-Radar (SMART-S), ein Langstrecken-Luftüberwachungsradar (LW-08), Feuerleitradare, Sonaranlagen und umfassende elektronische Kampfführungssysteme.

Die »Dom Francisco de Almeida« als Teil des NATO-Verbandes SNMG1 im Juni 2026 im Nordatlantik (Foto: Marinha).

Mid-Life Upgrade (MLU)

Zwischen 2018 und 2022 durchliefen beide portugiesischen Schiffe in den Niederlanden eine umfangreiche Modernisierung (Mid-Life Upgrade). Für circa 100 Millionen Euro wurden Plattform-Systeme (Antriebssteuerung, Klimaanlage, Frischwassererzeugung, Stromversorgung) erneuert und Obsoleszenzen im Führungs- und Waffeneinsatzsystem beseitigt. Ziel der Modernisierung war die Verlängerung der Einsatzfähigkeit bis mindestens zum Jahr 2035.

Die »Vasco da Gama« beim Hafenbesuch in Helsinki im April 2023 (Foto: Simo Räsänen, CC BY-SA 4.0).

Einsätze und Bedeutung

Die Fregatten der Bartolomeu Dias-Klasse nehmen regelmäßig an NATO-Operationen teil (z. B. SNMG1, Operation Neptune Strike) sowie an Missionen der Europäischen Union und internationalen Marineübungen. Sie schützen kritische Infrastruktur, können bei Operationen von Flugzeugträgerkampfgruppen als Eskortschiffe eingesetzt werden und demonstrieren portugiesische Marinepräsenz im Atlantik, Mittelmeer und sogar in arktischen Gewässern. Ihre Hauptmission bleibt die U-Boot-Abwehr, sie sind aber für ein breites Spektrum von Einsätzen (von humanitärer Hilfe bis Kampfeinsatz) geeignet.

Ersatzbeschaffung

Am 20. Juli 2026 kündigte das portugiesische Verteidigungsministerium die Vertragsunterzeichnung für die Beschaffung der ersten drei portugiesischen Neubaufregatten nach der Vasco da Gama-Klasse aus den 1980er Jahren an. Nach mehrjähriger Prüfung hatte man sich für die italienische FREMM-Fregattenklasse in ihrer neuesten Version FREMM EVO (siehe Kapitel 5.3.) entschieden. Die drei Schiffe sollen bei Fincantieri in Rava Trigoso gebaut werden, unter Einbeziehung der portugiesischen Marinerüstung. Mit dem geplanten Erwerb dieser modernen Lenkwaffenfregatten wird die etwas in die Jahre gekommene Bartolomeu Dias-Klasse mittelfristig ergänzt oder teilweise ersetzt. Dennoch bleiben die beiden Schiffe dank ihrer Modernisierung noch viele Jahre ein unverzichtbarer und kosteneffizienter Bestandteil der portugiesischen Marine.

Heckansicht der »Dom Francisco de Almeida« aufgenommen im August 2019 im Nordatlantik (Foto: US Navy/MC2 Cameron Stoner).

Technische Daten Bartolomeu Dias-Klasse	
Bauwerft	Royal Schelde (heute Damen), Vlissingen
Abmessungen	122,25 Meter Länge, 14,4 Meter Breite, circa 4,3 bis 6,2 Meter Tiefgang (je nach Quelle)
Verdrängung	3.320 Tonnen voll beladen
Antrieb	1× CODOG-System mit 2× Rolls-Royce Spey 1A-Gasturbinen (je circa 16.700 PS Leistung) und 2× Stork-Wärtsilä-Dieselmotoren auf 2× Schiffswellen mit je 1× Verstellpropeller wirkend
Geschwindigkeit	29 bis 30 Knoten mit Gasturbinenbetrieb, circa 20 Knoten mit Dieselmaschinen
Reichweite	5.000 Seemeilen bei 18 Knoten Marschfahrt
Besatzung	164 bis 174 Personen
Bewaffnung	1× 76-mm-Oto-Melara-Schiffsgeschütz, 1× Goalkeeper-CIWS (30-mm-Gatling) zur Nahbereichsverteidigung, 8× Harpoon-Seezielflugkörper, Sea Sparrow oder ESSM-Flugabwehrraketen in 1× Mk-48-Vertikalstartsystem, 4× Mk.32 324-mm-Torpedorohre für Mk-46-Torpedos
Sensoren	1× 3D-Radar (SMART-S), 1× Langstrecken-Luftüberwachungsradar (LW-08), Feuerleitradare, Sonaranlagen
Luftfahrzeuge	1× Westland Super Lynx Mk.95-Bordhubschrauber

10. Norwegen

10.1 Die Fregatten der Fridtjof-Nansen-Klasse

Die »Thor Heyerdahl« (F-314) aufgenommen am 25. März 2021 in der norwegischen Fjordlandschaft von der britischen Fregatte HMS »Lancaster« aus (Foto: British MOD/LPhot Dan Rosenbaum).

Als es sich abzeichnete, dass die fünf aus den 1960er Jahren stammenden Fregatten der Oslo-Klasse in ein Alter kamen, in dem sich Wartung und Reparaturen aufgrund von Materialermüdung häuften, begann in den 1990er Jahren die Planung für ein neues, international einsetzbares Schiff als Ersatz.
Im Jahre 2000 wurde schließlich die spanische Navantia-Werft mit dem Bau von fünf Fregatten beauftragt. Als Grundlage wählte man die Alvaro-de-Bazan-Klasse (siehe Kapitel 6.2.), die nach norwegischen Vorgaben verändert wurde. Der Schiffsentwurf wurde einer Schlankheitskur unterzogen, so dass die Fregatten der nach dem Typschiff als Fridtjof Nansen-Klasse bezeichnete Schiffsklasse eine Verdrängung von 5.290 Tonnen aufweisen. Die Alvaro-de-Bazan-Klasse Fregatten der spanischen Marine kommen hingegen auf 6.050 Tonnen.

Planungen

Zu Beginn sollten drei Fregatten in Spanien gefertigt werden, dann zwei weitere Fregatten mit aus Spanien angelieferten Modulen in Norwegen. Nach technischen Schwierigkeiten und zusätzlichem Überziehen des vorgegebenen Kostenrahmens, nahm man davon aber wieder Abstand. So sind am Ende doch alle Schiffe in Spanien bei Navantia gebaut worden. Das Typschiff, die »Fridtjof Nansen« (F-310), wurde 2003 abgeliefert. Nach der abschließenden Endausrüstung und den Erprobungen wurden die nachfolgenden vier Fregatten ab 2006 bis 2011 in Dienst gestellt. Bereits im Jahre 2009 nahm die »Friedtjof Nansen« während der Operation Atalanta an ihrem ersten NATO-Einsatz teil.

Blick auf das vordere Deckshaus der »Roald Amundsen« (F-311, Foto: Matthias Klingspohn).

Zielbeleuchter und Navigationsradar (Foto: Matthias Klingspohn).

Die AN/SPY-1F-Antenne und das Reutech RSR 210N 2D-Radar (Foto: Matthias Klingspohn).

Das Schiff

Die Schiffe der Fridtjof Nansen-Klasse verfügen über eine Länge von 133,25 Metern, eine Breite von 16,8 Metern und einen Tiefgang von 4,6 Metern. 5.290 Tonnen Verdrängung bei Vollausrüstung ergeben sich hieraus. Der Rumpf wurde aus geschweißtem Stahl gefertigt und er ist in 13 wasserdichte Sektionen unterteilt. Die norwegischen Fregatten werden von zwei Wellen mit Verstellpropellern auf eine Höchstgeschwindigkeit von 27 Knoten gebracht. Die weitaus ökonomischere Marschfahrt liegt bei 18 Knoten. Das Combined diesel and gas turbine (CODAG)-Antriebskonzept besteht aus zwei 12V-Bazan-Bravo-Dieselmotoren mit je 4,5 MW Leistung und einer LM2500-Gasturbine mit 19,5 MW Leistung. Die für die Systeme an Bord benötigte elektrische Leistung liefern vier MTU-Generatoren mit je 1.250 kW Leistung. Damit eröffnet sich den Schiffen eine Reichweite von mehr als 4.500 Seemeilen bei 16 Knoten Geschwindigkeit. Ein einziehbares Bugstrahlruder mit 1.000 W Leistung ist an Bord vorhanden. Ein Paar aktive Stabilisator-Flossen achterlich der Schlingerkiele sorgen für eine ruhige Fahrt auch bei höherem Wellengang. Die Besatzung besteht aus bis zu 120 Personen, Unterbringungsmöglichkeiten gibt es an Bord für bis zu 146 Männer und Frauen.

Waffen und Sensoren

Das 76-mm-OTO-Melara Super Rapid-Geschütz dient als Bordgeschütz auf dem Vorschiff. Die schweren Maschinengewehre des Typs Browning M2 in KDS Sea Protector remote controlled (ferngesteuerten) Waffenstationen (RWS) sind achtern auf dem Hangar (zwei Stationen) und auf dem Dach der Brücke (eine Station an Steuerbord) aufgestellt. Je Seite befinden sich im Rumpf zwei 324-mm-Torpedorohre für Stingray-Torpedos des britischen Herstellers BAE. Hinter dem charakteristischen Brückenaufbau, dem Thor-Tower, sind bis zu acht Seezielflugkörper des Typs KDS Naval Strike Missile in Startcontainern aufgestellt. Dieses von Kongsberg Defence & Aerospace, Norway gefertigte System hat eine Reichweite von 100 Seemeilen im Einsatzprofil »Low« und bis 300 Seemeilen im Einsatzprofil »High-Low«. Ein MK-41-VLS-System von Lockheed Martin mit acht Zellen befindet sich auf dem Vorschiff vor der Brücke. Es sind bis zu vier RIM-162 Evolved Sea Sparrow-Flugkörper je Zelle untergebracht. Abweichend von den anderen Schiffen der Serie befinden sich auf der letztgebauten Einheit »Thor Heyerdal« (F-314) zwei VLS-Starter mit je acht Zellen. Ebenfalls hinter der Brücke ist je Seite ein Ter-

In der Heckansicht wird die flache Bauweise der Fregatten deutlich (Foto: Matthias Klingspohn).

ma DL-12T-Täuschkörperwerfer montiert. Hangar und Flugdeck sind für den Betrieb mit NH-90 ausgelegt. Herzstück der Sensoren ist das Lockheed Martin AN/SPY-1F 3D-Radar, das extra für diese Klasse entwickelt wurde. Die Sensorflächen sind im Winkel von 45 Grad zur Schiffslängsachse montiert. Als Führungs- und Waffeneinsatzsystem dient das amerikanische AEGIS Combat Management System. Das Reutech RSR 210N-Radar befindet sich auf der Oberseite des Thor-Towers (Bezeichnung für den hohen Turm über der Brücke) an Backbord. Es ist ein 2D-Luft- und Seeüberwachungsradar. Dies erlaubt die Klassifizierung von Flugzeugen, Hubschraubern und Oberflächenzielen. Das MRS200-Sonar ist Mittschiffs an der Rumpfunterseite installiert. Am Heck unter dem Flugdeck befindet sich das aktiv und passiv ausgerüstete Schleppsonar Captas MK II V1.

Der Unfall

Traurige Berühmtheit erfuhr die »Helge Ingstad« (F-313), als sie am 08. November 2018 in der Nähe des Sture Öl-Terminals mit dem Tanker »Sola-TS« kollidierte. Trotz mehrmaliger Aufforderung der Revierkontrolle setzte die Fregatte an diesem Tag ihren Kurs in Richtung des Tankers fort. Im Nachgang sagte die Brückenwache aus, sie habe den Tanker als Teil der Terminalbebauung angesehen. Der Tanker traf die Fregatte an ihrer Steuerbordseite auf Höhe des Hangars und schlitze sie auf mehrere Meter auf. Durch den dadurch verursachten Wassereinbruch in drei Sektionen kam es zum Verlust der Steuerungsfähigkeit und das Schiff lief danach mit dem Bug voran auf die Felsküste auf. Die Schlepper »Ajax« und »Velox« konnten den Großteil der Besatzung übernehmen und zum Ölterminal in Sicherheit bringen. Die Fregatte versank während der kommenden zehn Tage fast vollständig im flachen Wasser. Erst am 26. Februar 2019 konnte mit den Bergungsarbeiten begonnen werden, welche am 03. März desselben Jahres ihren Abschluss fanden. Im Juni 2019 fiel der Entschluss, die »Helge Ingstad« abzubrechen, da sie ein wirtschaftlicher Totalschaden war. Sämtliche Gerüchte, wonach das Schiff aufwendig wieder repariert werden sollte, wurden danach Ad Acta gelegt. Die Verschrottung des Schiffes er-

Im August 2017 macht der amerikanische Zerstörer USS »Oscar Austin« (DDG-79) längsseits der »Fridtjof Nansen« in Bergen fest (Foto: US Navy/MC2 Ryan U. Kledzik).

folgte auf dem Gelände des Abbruchunternehmens Norscrap. Der erste Bericht der Unfallkommissionen – der norwegischen DAIBN (Defence Accident Investigation Board Norway), der maltesischen CIAIM (Marine Safety Investigation Unit of Malta) und der spanischen Spanish Standing Commission for Maritime Accident and Incident Investigations – ging von einem Unfall aus, nannte aber schon mehrere Punkte, die auf der »Helge Ingstad« im Argen lagen. Der »Sola-TS« schrieb man nur die nicht gelöschten Arbeitslichter zu, die man eben fälschlicherweise als Bauwerke an Land missdeuten konnte. Im weiteren Verlauf der Unfalluntersuchung wurde dieser Aspekt aber immer seltener erwähnt. Zu einem späteren Zeitpunkt wurde sogar von Seiten der norwegischen Marine die Bauwerft beschuldigt, sie hätte das bei der Stabilität im Havariefall geforderte Maß nicht eingehalten. Der abschließende Unfallbericht der Havarie-Kommission nennt klar die Defizite auf Seiten der norwegischen Marine beim Namen. Eine unzureichend ausgebildete Brückencrew und mangelnde Kenntnis des eigenen Schiffes führten schließlich zum Totalverlust der drei Milliarden US-Dollar teuren Fregatte. Da wird von weiterlaufenden Systemen berichtet sowie Türen und Luken, die nach der Kollision offenstehend gelassen wurden. Wären die Vorschriften befolgt worden, hätte das Schiff vor dem Verlust gerettet werden können. Die spanische Bauwerft Navantia wurde von den genannten Vorwürfen vollständig entlastet.

Die drei Monate später verunglückte »Helge Ingstad«, aufgenommen im August 2018 in Lerøyosen, Hordaland (Foto: Cavernia, CC BY-SA 4.0).

Die »Roald Amundsen« im Juni 2017 an der Mole des Marinestützpunktes Kiel (Foto: Verfasser).

Die Schiffe der Santa María-Klasse						
Name	**Kennung**	**Kiellegung**	**Stapellauf**	**Indienststellung**	**Außerdienststellung**	**Status**
»Fridtjof Nansen«	F-310	09. April 2003	03. Juni 2004	05. April 2006	-	Aktiv
»Roald Amundsen«	F-311	03. Juni 2004	25. Mai 2005	21. Mai 2007	-	Aktiv
»Otto Sverdrup«	F-312	25. Mai 2005	28. April 2006	30. April 2008	-	Aktiv
»Helge Ingstad«	F-313	28. April 2006	23. November 2007	29. September 2009	24. Juni 2019	Ab Januar 2019 abgewrackt
»Thor Heyerdahl«	F-314	23. November 2007	11. Februar 2009	18. Januar 2011	-	Aktiv

Ausblick

Der Verlust der »Helge Ingstad« veranlasste die norwegische Marine offensichtlich dazu, die »Thor Heyerdahl« von ihrer letzten Verwendung als im Hafen schwimmender Ersatzteilspender zu entbinden und wieder zurück in den aktiven Dienst zu versetzen. Die nun noch aus vier Einheiten bestehende Fridtjoff Nansen-Klasse wird in ihrer Rolle als Rückgrat der norwegischen Marine von mindestens fünf britischen Type 26-Fregatten ersetzt werden, die im Sommer 2025 geordert wurden (siehe Kapitel 10.2.). Es ist möglich, dass die Schiffe der Fridtjof Nansen-Klasse als Fregatten zweiten Ranges oder als Hochseepatrouillenschiffe weiter in Dienst stehen werden, da das veranschlagte »Schiffsleben« mit einer Dauer von vier Jahrzehnten noch nicht »aufgebraucht« ist.

Die nach der Kollision mit einem Tanker halb versunkene »Helge Ingstad« am 08. November 2018 (Foto: Norwegian Coastal Administration, CC BY 3.0).

Im Februar 2019 wurde die »Helge Ingstad« von der norwegischen Marine gehoben und anschließend wieder aufgeschwommen. Ab 2021 wurde das Schiff verschrottet, da es ein wirtschaftlicher Totalschaden war (Foto: Norwegian Armed Forces/Emil Wenaas Larsen).

Technische Daten Fridtjof Nansen-Klasse	
Bauwerft	Navantia S.A., Ferrol, Spanien
Abmessungen	133,25 Meter Länge, 16,8 Meter Breite, 4,6 Meter Breite
Verdrängung	5.290 Tonnen
Antrieb	Combined diesel and gas turbine (CODAG)-Antrieb bestehend aus 1× LM2500-Gasturbine mit 19,5 MW Leistung, 2× 12V-Bazan-Bravo-Dieselmotoren mit je 4,5 MW Leistung, auf 2× Schiffswellen mit Verstellpropeller wirkend, 4× MTU-Generatoren mit je 1.250 kW Leistung, 2× aktive Stabilisator-Flossen, 1× einziehbares Bugstrahlruder mit 1.000 W Leistung
Höchstgeschwindigkeit	27 Knoten
Besatzung	120 bis 146 Personen
Reichweite	4.500 Seemeilen bei 16 Knoten Marschfahrt
Bewaffnung	1× 76-mm-OTO-Melara Super Rapid-Geschütz-Kanone, 3× schwere Maschinengewehre des Typs Browning M2 in KDS Sea Protector remote controlled (ferngesteuerten) Waffenstationen (RWS), 2× 324-mm-Torpedorohre für Stingray-Torpedos von BAE, 8× Seezielflugkörper des Typs KDS Naval Strike Missile in Startcontainern, 1× MK-41-VLS-System von Lockheed Martin mit acht Startzellen für 4× RIM-162 Evolved Sea Sparrow-Flugkörper je Zelle (2× VLS bei »Thor Heyerdal«), 1× Terma DL-12T-Täuschkörperwerfer
Sensoren	1× Lockheed Martin AN/SPY-1F 3D-Radar, AEGIS Combat Management System, 1× Reutech RSR 210N-2D Luft- und Seeüberwachungsradar, 1× Sagem Vigy 20 optisch-elektronisches System zur Führung von ferngesteuerten Waffenstationen, 2× Mark 81 SPG-62-Zielbeleuchter, 1× MRS200-Rumpfsonar, 1× aktiv- und passiv-Schleppsonar Captas MK II V1, S-Band-Navigationsradare
Luftfahrzeuge	1× Airbus NH-90 Bordhelikopter

10.2 Zukünftige Fregatten des Type 26

Grafische Darstellung einer zukünftigen Type 26-Fregatte der norwegischen Marine (Grafik: BAE Systems/UK Government).

Nach der Havarie der Fregatte »Helge Ingstad« der Fridtjof Nansen-Klasse (siehe Kapitel 10.1.) mehrten sich innerhalb der norwegischen Politik und bei den Streitkräften Stimmen, die den Ersatz der noch relativ jungen Fregattenklasse forderten. Nach dem Beginn des Ukrainekrieges im Februar 2022 wurde bei der norwegischen Marine dann tatsächlich ein Programm zum frühzeitigen Ersatz der Fridtjof Nansen-Klasse angestoßen.

Das Programm

Am 31. August 2025 wählte die norwegische Marine schließlich die britischen Fregatten der City-Klasse bzw. des Type 26 (siehe Kapitel 4.5.) als zukünftige Anti-U-Boot-Fregatten und Ersatz der Nansen-Klasse aus. Die mindestens fünf geplanten norwegischen Schiffe – Norwegen hält eine Option auf eine sechste Einheit – sollen vollständig bei BAE Systems in Glasgow gebaut werden. Wie ihre britischen Schwesterschiffe werden die norwegischen Type 26-Schiffe 149,9 Meter lang und 20,8 Meter breit sein sowie eine Verdrängung von voll beladen 8.000 Tonnen aufweisen und von einem CODLOG-Antrieb mit einer MT30-Gasturbine von Rolls-Royce und vier MTU-Dieselmotoren angetrieben werden. Die Ausstattung der norwegischen Schiffe in Bezug auf Bewaffnung und Sensoren wird weitestgehend der britischen Variante entsprechen (siehe nachstehende Tabelle bzw. Kapitel 4.5.). Dadurch werden die britische und die norwegische Marine über einzigartige Synergien in Bezug auf Interoperabilität, Wartung, Ausbildung und Crewaustausch verfügen.

Britische Sorgen

Da die erste Ablieferung einer norwegischen Einheit seitens BAE Systems bereits für das Jahr 2029 angekündigt wurde, ist die Abgabe einer derzeit im Bau befindlichen britischen Einheit der Royal Navy an die norwegische Marine unvermeidlich. Wie das Marinebranchenportal Navy Lookout am 27. April 2026 berichtete, sind derzeit sogar zwei ursprünglich britische Lieferpositionen der Royal Navy an die norwegische Marine transferiert worden. Sogar die Abgabe einer dritten Lieferposition an Norwegen gilt als realistisch. Nach den derzeitigen Planungen werden wahrscheinlich die derzeit im Bau befindlichen britischen Fregatten HMS »Belfast« (F90) und HMS »Birmingham« (F91) – bei denen es sich um die dritte und vierte Einheit des britischen Bauprogrammes handelt – nach Fertigstellung direkt an die norwegische Marine übergeben. Dieser Umstand wird derzeit in britischen Marinekreisen »heiß diskutiert«, da die Royal Navy eigentlich dringend auf ihre bestellten Schiffe angewiesen ist, da sich die verbliebene Dienstzeit ihrer Type 23-Fregatten nicht mehr weiter verlängern lässt. Da bisher (Stand Frühsommer 2026) von der Royal Navy kein Ersatz für die beiden an Norwegen abzugebenden Einheiten geordert wurde, herrscht bei der britischen Marine – auch aufgrund eines flachen britischen Militärbudgets – derzeit die Sorge, dass sie am Ende sogar mit nur sechs statt der ursprünglichen acht Type-26-Einheiten auskommen muss.

Blick auf die Schiffbauhalle von BAE Systems in Govan/Glasgow, wo die zukünftigen norwegischen Fregatten des Type 26 gebaut werden (Foto: BAE Systems).

Taufe der ersten britischen Type 26-Einheit HMS »Glasgow« (F88) am 22. Mai 2025. Das Schiff ist baugleich mit den zukünftigen norwegischen Fregatten (Foto: BAE Systems).

Vier Nutzer, drei Programme

Am 20. April 2026 ist die Königlich Norwegische Marine offiziell der Nutzergruppe des Global Combat Ship beigetreten, als ihre Vertreter in einer feierlichen Zeremonie im kanadischen Halifax die offizielle Charta der Gruppe unterzeichneten. Die weiteren Unterzeichner sind die Royal Navy, die Royal Canadian Navy und die Royal Australian Navy. Da die australische Hunter (sechs Schiffe)- und die kanadische River-Klasse (15 Schiffe) in Bezug auf die Waffen- und Sensorenausstattung massiv vom britischen Grundentwurf abweichen, spricht man innerhalb der Gruppe von drei unterschiedlichen Schiffbauprogrammen von vier Nutzernationen. Da der zugrundeliegende Schiffsentwurf bei allen drei Programmen jedoch derselbe ist, werden innerhalb der Global Combat Ship-Nutzergruppe Test- und Entwicklungsresultate geteilt und soweit möglich eine einheitliche Besatzungsausbildung verwirklicht. Im Anschluss an die Vertragsunterzeichnung konnten sich die Vertreter der norwegischen Marine bei einem Besuch von Irving Shipbuilding in Halifax ein Bild von den Bauarbeiten an der ersten kanadischen Einheit (der zukünftigen HMCS »Fraser) auf der Werft machen.

Ausblick

Die mindesten fünf norwegischen Type 26-Fregatten sollen mit den (wahrscheinlich) acht britischen Einheiten eine einheitliche Flotte von 13 Fregatten bilden, die im Nordatlantik und an der NATO-Nordflanke russische U-Boote aufspüren und im Konfliktfall bekämpfen sollen. Die überaus großen zukünftigen Type 26-Fregatten der norwegischen Marine stehen im Gegensatz zu den relativ kleinen Fregatten der vorangegangenen Fridtjof Nansen-Klasse und werden diesen in Bezug auf Ausstattung sowie Bewaffnung weit überlegen sein. Die ab 2029 der norwegischen Marine zulaufenden Type 26-Fregatten – derzeit noch namenlos – werden in den 2030er Jahren zu den kampfstärksten seegängigen Einheiten der NATO zählen.

Technische Daten Type 26	
Bauwerft	BAE Systems Glasgow
Länge	149,9 m
Breite	20,8 m
Verdrängung	6.800 Tonnen (light), 8.000 Tonnen (voll beladen)
Antrieb	1× CODLOG-Antrieb bestehend aus 1× Rolls-Royce MT30 Gasturbine, 4× MTU-Dieselmotoren, 2× Elektromotoren
Höchstgeschwindigkeit	mehr als 26 Knoten
Reichweite	Mehr als 13.000 km bei Fahrt im Elektro-Betrieb
Besatzung	118 bis 208 Personen
Sensoren	1× Luft-/Bodenüberwachungs-Radar Type 997 Artisan, 1× Navigationsradar Kelvin Hughes Ltd Sharp-Eye, 1× Bugsonar Ultra Electronics Type 2150, 1× Schleppsonar Thales 2087
Bewaffnung	1× 127 mm L/54 Mark 45-Geschütz, 1× Mk 41 VLS mit 24 Zellen für BGM-109 Tomahawk-Marschflugkörper oder zukünftige Seezielflugkörper, 1× VLS mit 12 Zellen für 48× Sea Ceptor-Flugabwehrraketen, 2× 30-mm-Geschütze DS30M Mark 2, 2× 20-mm-Phalanx, 2× 7,62-mm-Minigun, 4× 7,62-mm-MG, RVIN-GQ DLF Täuschkörper
Luftfahrzeuge	2× mittelgroße AgustaWestland AW159 Wildcat-Bordhubschrauber oder 1× großer AgustaWestland AW101 Merlin-Helikopter oder 1× Airbus NH-90 Helikopter

11. Niederlande

11.1 Fregatten der Karel Doorman- / M-Klasse

Die HNLMS »Van Amstel« (F831) aufgenommen im Mai 2023 im Nordatlantik (Foto: US Navy/MC2 Kerri Kline).

In den 1970er Jahren begann die niederländische Marine mit Planungen zum Ersatz der aus 1950er Jahren stammenden kleinen Patrouillenfregatten der Roofdier-Klasse. Im Jahr 1977 wurde schließlich ein als »Nordzeefregat« (Nordseefregatte) bezeichnetes Beschaffungsprogramm für acht Schiffe gestartet.

Das Bauprogramm

Die Schiffskonstruktion wurde von der Koninklijke Marine (der Königlich Niederländischen Marine) selbst entwickelt, in enger Abstimmung mit der Bauwerft Royal Schelde in Vlissingen und dem Marinearchitekturbüro Nevesbu. Erstmals wurden bei einem niederländischen Marineschiff Maßnahmen zur Reduktion der Radarsignatur durch Stealth-Bauweise umgesetzt (beispielsweise durch abgewinkelte Bordwände). Im Gegensatz zu früheren niederländischen Schiffsentwürfen wurde bei der »Nordzeefregat« erhöhter Wert auf das Wohlbefinden der Besatzung gelegt (beispielsweise durch komfortablere Unterkünfte). In den 1980er Jahre änderte sich die Bezeichnung der neuen Fregattenklasse von »Nordzeefregat« in »M-Klasse« (M steht für Multi-Purpose-Frigate / Mehrzweckfregatte), da sie sowohl für die U-Boot-Jagd sowie die Bekämpfung von Luftfahrzeugen und gegnerischer Überwasserschiffe ausgelegt war. Die erste Einheit HNLMS »Karel Doorman« wurde im Februar 1985 auf Kiel gelegt, im April 1988 vom Stapel gelassen und im Mai 1991 in den Dienst der niederländischen Marine gestellt. Auf die »Karel Doorman« folgten sieben weitere Einheiten: »Willem van der Zaan«, »Tjerk Hiddes«, »Van Amstel«, »Abraham van der Hulst«, »Van Nes«, »Van Galen« und »Van Speijk«, die als letzte Einheit am 07. September 1995 in Dienst gestellt wurde. Schon während des Baues versuchte die niederländische Regierung aufgrund einer neuen Sicherheitslage, einige Einheiten an befreundete Nationen zu verkaufen. Diese Bestrebungen wurden aber erst einige Jahre später von Erfolg gekrönt und Anfang der 2.000er Jahre konnten jeweils zwei Fregatten an die belgische, die portugiesische und die chilenische Marine verkauft werden. Seit 2009 dienen nur noch die »Van Amstel« und die »Van Speijk« in der niederländischen Marine.

Der Schiffsentwurf

Die Fregatten sind kompakte, aber leistungsstarke Einheiten. Sie verfügen über eine Verdrängung von voll beladen 3.320 Tonnen, bei Abmessungen von 122,25 Metern Länge, 14,4 Metern Breite und einem Tiefgang von circa 4,3 bis 6,2 Metern (je nach Quelle). Der Antrieb besteht aus einem CODOG-System mit zwei Rolls-Royce Spey 1A-Gasturbinen (je circa 16.700 PS Leistung) und zwei Stork-Wärtsilä-Dieselmotoren, die auf zwei Schiffswellen mit je einem Verstellpropeller wirken. Die Maximalgeschwindigkeit beträgt 29 bis 30 Knoten im Gasturbinenbetrieb und circa 20 Knoten bei Nutzung der Dieselmaschinen. Bei 18 Knoten Marschfahrt kann das Schiff rund 5.000 Seemeilen ohne Nachversorgung zurücklegen. Die Besatzung setzt sich aus 164 bis 174 Personen zuzüglich Flugpersonal des Bordhelikopters zusammen. Das Schiffsdesign zeichnet sich durch gute Seeeigenschaften und eine hohe Automatisierung aus.

Bewaffnung und Sensoren

Die Bewaffnung umfasst die 76-mm-Oto-Melara-Mehrzweckkanone als Schiffsgeschütz, das Goalkeeper-CIWS (30-mm-Gatling) zur Nahbereichsverteidigung, bis zu acht Harpoon-Seezielflugkörper, Sea Sparrow (bzw. modernere ESSM)-Flugabwehrraketen in einem Mk-48-Vertikalstartsystem und vier

Mk.32 324-mm-Torpedorohre für Mk-46-Torpedos. Hangar und Flugdeck für einen Westland Super Lynx Mk.95-Hubschrauber sind an Bord vorhanden. Zu den Sensoren gehören ein 3D-Radar (SMART-S), ein Langstrecken-Luftüberwachungsradar (LW-08), Feuerleitradare, Sonaranlagen und umfassende elektronische Kampfführungssysteme.

Die »Van Amstel« Anfang Juli 2026 im Rahmen der 250-Jahr-Feierlichkeiten der USA im Hafen von New York City (Foto: Oleg Yunakov).

Mid-Life Upgrade (MLU)

Das MLU (Mid-Life Update / Mid-Life Upgrade) der beiden verbliebenen niederländischen Schiffe »Van Amstel« und »Van Speijk« ist im Wesentlichen das gemeinsame niederländisch-belgische »Instandhoudingsprogramma M-fregatten« (IPM). Es handelt sich um ein Erhaltungs- und Modernisierungsprogramm, das die Schiffe bis (ursprünglich) ca. 2020 und später bis in die Mitte der 2020er-Jahre voll einsatzfähig halten soll. Das IPM startete im August 2010 und lief in den folgenden Jahren. Es erfolgte im Rahmen der engen belgisch-niederländischen Zusammenarbeit (BENESAM). Der Großteil der Arbeiten fand im niederländischen Marinestützpunkt Den Helder statt. Ziel war es, die Schiffe nicht nur technisch instand zu halten, sondern auch für den Betrieb mit dem schwereren NH90-Bordhubschrauber fit zu machen und sie für Einsätze im gesamten operationellen Spektrum (inkl. Küsten- und Hochseegewässer) zu ertüchtigen.

Die Maßnahmen

Das Flugdeck und der Hangar wurden für den größeren NH90-Bordhelikopter von Airbus angepasst. Hierzu wurde das Flugdeck um ca. 1,4 Meter verlängert und verstärkt (die Fläche von ca. 82,6 m² auf ca. 90 m² erhöht), der Hangar um ca. 1,5 Meter verlängert und die Tore erhöht. Dadurch konnte der NH90 (statt der zuvor genutzten leichteren Lynx) sicher operieren. Auch die Sensorik und die Überwachungstechnik wurde runderneuert. So erhielten die Schiffe eine neue Mastkonstruktion mit SeaWatcher 100 / Seastar-Radar (Phased-Array)-Oberflächenüberwachungsradar und ein Gatekeeper-Elektrooptik-System (360°-Überwachung mit IR- und hochauflösenden Kameras, automatische Objekterkennung und -identifikation) wurde eingebaut. Weiterhin wurden das Combat-Management-System sowie die Bordrechner auf den neuesten Stand gebracht und die Kommunikationsanlagen teilweise erneuert. Bei den beiden niederländischen Schiffen kam zusätzlich ein neues Low Frequency Active and Passive Sonar (LFAPS) hinzu.

Einsatz und Zukunft

Die beiden Fregatten stoßen inzwischen an ihre Grenzen. Ersatzteile werden knapper und die Systeme entsprechen nicht mehr dem aktuellen Standard. Deshalb sollen sie durch die gemeinsame niederländisch-belgische ASWF-Klasse ersetzt werden (siehe Kapitel 11.3.). Da das ASWF-Projekt aber von mehrjährigen Verzögerungen betroffen ist, bleiben die »Van Speijk« und die »Van Amstel« bis auf weiteres in Betrieb.

Technische Daten Karel Doorman-Klasse	
Bauwerft	Royal Schelde (heute Damen), Vlissingen
Abmessungen	122,25 Meter Länge, 14,4 Meter Breite, circa 4,3 bis 6,2 Meter Tiefgang (je nach Quelle)
Verdrängung	3.320 Tonnen voll beladen
Antrieb	1× CODOG-System mit 2× Rolls-Royce Spey 1A-Gasturbinen (je circa 16.700 PS Leistung) und 2× Stork-Wärtsilä-Dieselmotoren auf 2× Schiffswellen mit je 1× Verstellpropeller wirkend
Geschwindigkeit	29 bis 30 Knoten mit Gasturbinenbetrieb, circa 20 Knoten mit Dieselmaschinen
Reichweite	5.000 Seemeilen bei 18 Knoten Marschfahrt
Besatzung	164 bis 174 Personen
Bewaffnung	1× 76-mm-OTO-Melara-Schiffsgeschütz, 1× Goalkeeper-CIWS (30-mm-Gatling) zur Nahbereichsverteidigung, 8× Harpoon-Seezielflugkörper, Sea Sparrow oder ESSM-Flugabwehrraketen in 1× Mk-48-Vertikalstartsystem, 4× Mk.32 324-mm-Torpedorohre für Mk-46-Torpedos
Sensoren	1× 3D-Radar (SMART-S), 1× Langstrecken-Luftüberwachungsradar (LW-08), Feuerleitradare, Sonaranlagen, 1× SeaWatcher 100 / Seastar-Radar (Phased-Array Oberflächenüberwachungsradar, nach Modernisierung)), 1× Gatekeeper-Elektrooptik-Systems (360°-Überwachung, nach Modernisierung), 1× Low Frequency Active and Passive Sonar (LFAPS, nach Modernisierung)
Luftfahrzeuge	1× Westland Super Lynx Mk.95-Bordhubschrauber, 1× Airbus NH90 (nach Modernisierung)

11.2 Fregatten der De Zeven Provinciën-Klasse

Die »Evertsen« (F805) läuft im Juni 2017 in den Marinestützpunkt Kiel ein (Foto: Verfasser).

Zwischen 1998 und 2005 wurden bei Damen Naval in Vlissingen vier Flugabwehrfregatten der De Zeven Provinciën-Klasse gebaut, die konstruktiv und in Bezug auf Waffensysteme sowie Sensorik eng mit der deutschen Sachsen-Klasse verwandt sind.
Die Grundlagen der Schiffe gehen dabei zurück bis in die 1980er Jahre. Aufgrund stetig steigender Entwicklungs-, Produktions- und Unterhaltskosten hatten sich damals Großbritannien, Westdeutschland, die Niederlande, Frankreich, Italien, Spanien, Kanada und die USA bei der Entwicklung eines neuen Fregattentyps mit U-Jagd-Fokussierung zusammengeschlossen.

Heckansicht der »Evertsen« beim Einlaufen in Kiel (Foto: Verfasser).

Rahmenbedingungen

Das Projekt trug den Namen NFR-90 (NATO Frigate Replacement for the 1990s) und sah einen Schiffsentwurf mit rund 5.000 Tonnen Verdrängung vor, von dem mindestens 50 Einheiten gebaut werden sollten. Da bei diesem Projekt unterschiedliche nationale Interessen aufeinanderprallten und vor allem in Bezug auf das Luftabwehrsystem Uneinigkeit herrschte, lief die Entwicklung des Schiffes nur sehr schleppend. Im Jahr 1990 kam es deshalb zur Auflösung des NFR-90-Projektes. Zu diesem Zeitpunkt hatte sich der Fokus des Projektes bereits auf die Verbandsflugabwehr verschoben. Die USA konzentrierten sich daraufhin vollkommen auf die Entwicklung der Zerstörer der Arleigh Burke-Klasse (der ein weit größeres Schiff ist als die projektierte NFR-90-Fregatte) und es bildeten sich zwei europäische Arbeitsgruppen zur Entwicklung von Flugabwehrschiffen. Großbritannien, Frankreich und Italien zählten zu den Ländern, die ein rein europäisches Flugabwehrsystem favorisierten, welches nicht auf US-Technik aufbaute. Die britisch-, französisch- und italienische Arbeitsgruppe brachte nach vielen Verzögerungen die Zerstörer der Horizon-Klasse (Frankreich, Italien) und der Daring-Klasse (Großbritannien) hervor. Die Niederlande, Spanien und Deutschland taten sich 1992 zur Trilateral Frigate Corporation zusammen, aus der letztendlich die deutsche Sachsen-Klasse, die spanische Alvaro de Bazan-sowie die niederländische De Zeven Provinciën-Klasse hervorging. Alle drei Schiffsentwürfe weisen in Bezug auf Sensoren und Waffensysteme einen hohen Anteil US-Technik auf. Spanien ging sogar noch einen Schritt weiter, denn man orientierte sich bei der Alvaro de Bazan-Klasse auch beim

Schiffsentwurf und in Bezug auf die Verwendung des amerikanischen SPY-1-Radars deutlich an der amerikanischen Arleigh Burke-Klasse. Die deutsche Sachsen- und die niederländische De Zeven Provinciën-Klasse hingegen nutzen bei aller eingebauten US-Technik jedoch jeweils einen nationalen Schiffsentwurf sowie europäische Radarsysteme zur Flugabwehr.

Deutsch-niederländische Kooperation

Bei der deutschen Sachsen-Klasse handelt es sich um eine auf die Flugabwehr hin ausgerichtete Weiterentwicklung der Mitte der 1990er Jahre gebauten Brandenburg-Klasse, die die drei Flugabwehrzerstörer der Lütjens-Klasse (Typ amerikanische Charles F. Adams-Klasse) aus den 1960er Jahren ersetzen sollte. Die Niederlande suchten hingegen Ersatz für vier Fregatten der Tromp-Klasse und zwei Schiffe der Jacob van Heemskerck-Klasse. Sowohl die zu ersetzenden deutschen wie auch die niederländischen Schiffe nutzten als Hauptbewaffnung die inzwischen völlig veralteten SM-1-Flugabwehrraketen in Verbindung mit dem langsamen und wartungsintensiven Mk 13-Einzelarm-Starter (der im Vergleich zu den VLS-Startern mit »Feldern« von Abschusszellen nicht mehr zeitgemäß war). Bei der gemeinsamen Entwicklung der Mehrzweckfregatten der niederländischen Kortenaer- und der deutschen Bremen-Klasse in den 1970er Jahren hatten die niederländische und die deutsche Marine mit der Zusammenarbeit hervorragende Erfahrungen gesammelt. Die beiden Partner einigten sich auf ein gemeinsames Führungs- und Waffeneinsatzsystem (Combat Management System) und ein noch in der Entwicklung befindliches Sensorenpaket des niederländischen Unternehmens Hollandse Signaalapparaten B.V. (heute als Thales Nederland firmierend). Beide Länder wählten für den Antrieb eine Kombination aus Gasturbinen und Dieselmaschinen aus. Die Entwürfe der deutschen Sachsen- und der niederländischen De Zeven Provinciën-Klasse sind ähnlich, aber nicht gleich. Die Gesamtkosten des niederländischen Bauprogrammes lagen bei etwa 1,9 Milliarden Euro.

Vor der Brücke befindet sich das 1× Oto Melara 127 mm/54 Dual-Purpose-Schiffsgeschütz (Foto: Verfasser).

Die »De Zeven Provinciën« im Mai 2011 in schwerer See vor der niederländischen Küste (Foto: Dutch Government Department of Economy).

Die Schiffe

Die De Zeven Provinciën-Klasse (bei der niederländischen Marine offiziell als LCF – Luchtverdedigings- en Commandofregatten oder NLF – Nieuw Luchtverdedigingsfregat bezeichnet)

Auf dem Dach des Helikopterhangars ist das 3D-Radar SMART-L installiert (Foto: Verfasser).

Auf dem vorderen Mast über der Brücke befinden sich die vier Flächenantennen des AESA-Radars APAR (Foto: Verfasser/Sengoku2501, CC BY-SA 4.0).

Die »De Ryter« (F804) verschießt im November 2024 in einem Manöver eine SM-2-Flugabwehrrakete (Fotos: Defensie).

Auf der De Zeven Provinciën-Klasse sind mittschiffs Startcontainer für Harpoon-Seezielflugkörper installiert (Foto: Defensie).

umfasst die zwei Flugabwehr- und Kommando-Fregatten des Typs LCF namens HNLMS »De Zeven Provinciën« (F802, Indienststellung 26. April 2002) und HNLMS »Tromp (F803, Indienststellung 14. März 2003) sowie die beiden Flugabwehrfregatten des Typs NLF namens HNLMS »De Ruyter« (F804, Indienststellung 22. April 2004) und HNLMS »Evertsen« (F805, Indienststellung 10. Juni 2005). Die Unterschiede in der Klassifizierung liegen darin begründet, dass die ersten beiden Einheiten über Einrichtungen zur Unterbringung eines Kommandostabes verfügen, die auf den letzten beiden Schiffen aus Kostengründen nicht vorhanden sind. Die technische Ausstattung der Schiffe ist ansonsten identisch. Die Verdrängung beträgt jeweils circa 6.050 Tonnen (voll beladen) bei Abmessungen von 144,24 Metern Länge, 18,8 Metern Breite und 5,18 Metern Tiefgang. Als Antrieb wird ein CODOG (Combined Diesel or Gas)-System bestehend aus zwei Wärtsilä 16V26-Dieselmotoren (je ca. 5,1 MW Leistung) und zwei Rolls-Royce Spey SM1C-Gasturbinen (je ca. 19,5 MW Leistung) genutzt. Die Höchstgeschwindigkeit beträgt 30 Knoten, was bei europäischen Fregatten in der Regel als ausreichend angesehen wird (die US Navy fordert hingegen von eigenen Fregatten- und Zerstörerentwürfen höhere Geschwindigkeiten, da die US-Eskortschiffe mit den nuklear angetriebenen Flugzeugträgern mithalten müssen). Die Reichweite der De Zeven Provinicën-Klasse beträgt bis zu 5.000 Seemeilen bei einer Marschfahrt von 18 Knoten. Für ein Schiff dieser Größe kommen die Einheiten mit einer relativ kleinen Stammbesatzung von 174 Personen aus. In der Funktion als Kommandoschiff eines maritimen Verbandes kann auf den ersten beiden Einheiten zusätzlich Stabspersonal eingeschifft werden. Maximal 230 Personen können insgesamt an Bord untergebracht werden. Die Einheiten verfügen über Stealth-Elemente (abgewinkelte Bauweise zur Verringerung der Radarsignatur) und einen hohen Automatisierungsgrad, was die relativ kleine Besatzung ermöglicht. Ein Flugdeck und ein Hangar zur Unterbringung eines Airbus NH-90-Helikopters sind an Bord vorhanden. Im Unterschied zur deutschen Sachsen-Klasse mit zwei Helikopterhangars haben die niederländischen Schiffe nur jeweils einen Hangar (und können deswegen nur einen Helikopter einschiffen).

Die Bewaffnung

Die Hauptbewaffnung der De Zeven Provinciën-Klasse besteht aus einer Mischung aus SM-2- (zur Bekämpfung von Luftzielen in mittlerer Entfernung) und Evolved Sea Sparrow (ESSM)-Flugabwehrraketen (für die Flugabwehr im Mittel- und Nahbereich), die in einem Mk-41-VLS mit 40 Zellen gelagert sind (die deutschen Schiffe der Sachsen-Klasse verfügen über nur 32 Zellen). Sowohl die Flugkörper wie auch das MK-41-Startsystem stammen aus amerikanischer Produktion. Da vier ESSM-Raketen als »Quadpack« in einer VLS-Abschus-

Die »De Zeven Provinciën« feuert im November 2008 einen Harpoon-Seezielflugkörper ab (Foto: Defensie).

Das Goalkeeper 30-mm-Nahbereichsverteidigungssytem auf dem Hangar der »Tromp« (F803) (Foto: Sengoku2501, CC BY-SA 4.0).

szelle Platz finden, sind normalerweise mehr Flugkörper an Bord gelagert als Abschuzsszellen vorhanden sind. Der Standard-Waffenmix der niederländischen Marine setzt sich aus 64 Flugkörpern zusammen (32 SM2- und 32 ESSM-Raketen). Weiterhin zählen zur Bewaffnung ein Oto Melara 127 mm/54 Dual-Purpose-Schiffsgeschütz, acht Harpoon-Antischiffsflugkörper (teilweise modernisiert/Ersatz geplant), ein bis zwei Goalkeeper 30-mm-CIWS (Close-In Weapon System)-Nahbereichsverteidigungssysteme, Maschinengewehre (Browning M2 12,7 mm und FN MAG 7,62 mm) sowie zwei Doppel-Torpedorohre Mk 32 mit Mk 46-Torpedos.

Die Sensoren

Auf dem hinteren Mast der De Zeven Provinciën-Klasse ist ein langsam drehendes 3D-Radar des Typs SMART-L installiert, das für die weitreichende Luftraumüberwachung verwendet wird und das im L-Band (1 bis 2 GHz) arbeitet. Dabei können Lufträume mit einem Radius von bis zu 400 Kilometern und sich darin bewegende 1.000 Fluggeräte sowie zusätzlich bis zu 100 Seeziele überwacht werden. Das Multifunktionsradar APAR auf dem vorderen Mast der Fregattenklasse nutzt hingegen vier fest installierte Radarflächen, die gemeinsam den Luftraum um 360 Grad abdecken. Das APAR-Radar wird dem Radartyp »weiterentwickeltes aktives Phased-Array-Radar« zugeordnet, der auch als Active Electronically Scanned Array (AESA) bezeichnet wird. Im Vergleich zu einem traditionellen passiven Radarsystem ist ein AESA-Radar deutlich leichter und kleiner, es arbeitet zuverlässiger (jedes Element nutzt eine eigenständige Hochfrequenz-Quelle) und ist weniger störanfällig durch vom Gegner verwendete Elektronische Gegenmaßnahmen (ESM). Ein AESA-Radar sendet auf einer hohen Frequenz im X-Band (zwischen 8 bis 12 GHz). Dieses Verfahren weist eine große Präzision auf, die aber auf Kosten der Reichweite geht. Diese Präzision ermöglicht die Steuerung eines Luftzielflugkörpers vom Start bis ins Ziel, ohne dabei auf separate Feuerleitradare zur Zielbeleuchtung angewiesen zu sein, wie sie derzeit noch auf amerikanischen Zerstörern benötigt werden. APAR selbst kann 250 zusätzliche Ziele verfolgen und ist laut Medienberichten befähigt, gleichzeitig 32 Flugkör-

Die Schiffe der De Zeven Provinciën-Klasse

Name	Kennung	Kiellegung	Stapellauf	Indienststellung
»De Zeven Provinciën«	F802	01. September 1998	08. April 2000	26. April 2002
»Tromp«	F803	03. September 1999	07. April 2001	14. März 2003
»De Ruyter«	F804	01. September 2000	13. April 2002	22. April 2004
»Evertsen«	F805	03. September 2001	19. April 2003	10. Juni 2005

Ein Mark 32-Doppeltorpedowerfer an Bord einer Fregatte der De Zeven Provinciën-Klasse (Foto: Defensie).

per zu steuern, davon 16 im finalen Anflug auf das Ziel. Dazu soll es auch die Feuerleitung des 127-mm-Schiffsgeschützes übernehmen können. Die geringe Reichweite des APAR-Radars von 150 Kilometern (was auch in etwa der Reichweite einer SM-2-Rakete entspricht) spielt aufgrund der Kombination mit dem bis zu 400 Kilometer reichenden SMART-L-Radar nur eine untergeordnete Rolle. Weitere Sensoren an Bord der De Zeven Provinciën-Klasse sind ein Scout LPI-Oberflächenradar, ein Sirius-Infrarotzielsystem (Infra-Red Search and Track, IRST), ein Mirador optisches System sowie ein Rumpfsonar des Typs DSQS-24C.

Modernisierung und Ersatz

Die De Zeven Provinciën-Klasse gilt als eine der fähigsten europäischen Flugabwehrfregatten ihrer Generation und bildet

Die »De Ryter« aufgenommen im Hafen von Muskat im Oman im März 2013 (Foto: Banja-Frans Mulder, CC BY 3.0).

das Rückgrat der niederländischen Überwasser-Flotte. Sie nimmt regelmäßig an NATO-, EU- und internationalen Einsätzen teil (z. B. Antipirateneinsätze, RIMPAC-Marinemanöver im Pazifik.). Die Klasse wurde mehrfach modernisiert (u. a. wurde das SMART-L-Radar aktualisiert und Software-Upgrades durchgeführt). Es gibt Pläne zur weiteren Verlängerung der Lebensdauer und einer möglichen Ausstattung mit zusätzlichen Fähigkeiten wie Tomahawk-Marschflugkörpern, Raketen zur Abwehr Ballistischer Raketen (Ballistic Missile Defence, BMD) und einem eventuellen Ersatz der Goalkeeper-Nahbereichsverteidigungssysteme. Die Schiffe sollen bis mindestens in die 2030er Jahre im Dienst bleiben. Im Dezember 2020 unterzeichneten die Niederlande und Deutschland ein Abkommen, um einen gemeinsamen Nachfolger der De Zeven Provinciën-Klasse und der Sachsen-Klasse zu entwickeln, der als Future Air Defender bezeichnet wurde. Nach dem Beginn des Ukrainekrieges und aufgrund einer gestiegenen Bedrohungslage zog sich die deutsche Marine jedoch wieder aus dem Projekt zurück und entschied sich für einen alleinigen nationalen Entwurf in Form der F-127-Fregattenklasse, bei der sowohl amerikanische SPY-6-Radare wie auch das amerikanische AEGIS Führungs- und Waffeneinsatzsystem genutzt werden sollen. Soweit bekannt ist (Stand August 2026) hält die Niederlande hingegen an europäischen Radaranlagen und FüWES-Systemen fest. Nach dem Ausscheiden Deutschlands aus dem Programm befindet sich die Niederlande derzeit auf der Suche nach anderen europäischen Kooperationspartnern für den Future Air Defender.

Die »Tromp« im Juli 2024 während des internationalen RIMPAC-Marinemanövers vor Hawaii (Foto: US Navy/Petty Officer 1st Class John Bellino).

Technische Daten De Zeven Provinciën-Klasse	
Bauwerft	Damen Naval, Vlissingen
Abmessungen	144,24 Meter Länge, 18,8 Meter Breite und 5,18 Meter Tiefgang
Verdrängung	6.050 Tonnen (voll beladen)
Antrieb	1× CODOG (Combined Diesel or Gas)-System bestehend aus 2× Wärtsilä 16V26-Dieselmotoren (je ca. 5,1 MW Leistung) und 2× Rolls-Royce Spey SM1C-Gasturbinen (je ca. 19,5 MW Leistung) auf 2× Schiffswellen mit je 1× Verstellpropeller wirkend
Die Höchstgeschwindigkeit	30 Knoten
Reichweite	5.000 Seemeilen bei Marschfahrt von 18 Knoten
Besatzung	174 Personen + Stabspersonal bei ersten beiden Einheiten
Bewaffnung	SM-2- und Evolved Sea Sparrow (ESSM)-Flugabwehrraketen in 1× Mk-41-VLS mit 40× Startzellen, 1× Oto Melara 127 mm/54 Dual-Purpose-Schiffsgeschütz, 8× Harpoon-Antischiffsflugkörper (teilweise modernisiert/Ersatz geplant), 1× oder 2× Goalkeeper 30-mm-CIWS (Close-In Weapon System)-Nahbereichsverteidigungssysteme, Maschinengewehre (Browning M2 12,7 mm und FN MAG 7,62 mm), 2× Doppel-Torpedorohre Mk 32 mit Mk 46-Torpedos
Sensoren	1× 3D-Radar SMART-L, 1× Active Electronically Scanned Array (AESA)-Radar APAR, 1× Scout LPI-Oberflächenradar, 1× Sirius-Infrarotzielsystem (Infra-Red Search and Track, IRST), 1 optisches System Mirador, 1× Rumpfsonar DSQS-24C
Luftfahrzeuge	1× Airbus NH-90-Bordhelikopter

11.3 Zukünftige Fregatten der ASWF-Klasse

Grafische Darstellung der vier zukünftigen Fregatten der ASWF-Klasse (Grafik: Ministerie van Defensie).

Die Anti-Submarine Warfare Frigate (ASWF) wurde gemeinsam von der belgischen und der niederländischen Marine initiiert, um die insgesamt verbliebenen vier Einheiten der aus den 1980er/90er Jahren stammenden Karel Doorman- / M-Klasse-Fregatten zu ersetzen.
Bereits im Januar 2017 hatten sich die beiden Länder auf das gemeinsame Fregattenprojekt geeinigt. Nach mehreren Bedarfsanpassungen sollen nach dem derzeit offiziellen Stand (August 2026) insgesamt vier Fregatten für die Niederlande und drei Fregatten für Belgien gebaut werden.

Der Schiffsentwurf
Die bisher noch namenlosen ASWF-Fregatten werden 145 Meter lang sein, 6.650 Tonnen verdrängen und einen CODLAD-Antrieb bestehend aus zwei MAN 20V28/33D STC-Schiffsdieseln und vier Variable-Speed MAN 16V175D-MEV-Dieselgeneratoren nutzen. Die Rümpfe der Schiffe sollen bei Damen Shipyards im rumänischen Galati gebaut werden, die Integration von Sensoren und Effektoren soll dann bei Damen Naval in Vlissingen, in den Niederlanden erfolgen. Die Bewaffnung der ASWF-Fregatten soll aus einem 76-mm-Bordgeschütz, zwei 40-mm-Bofors-Geschützen, zwei Mk 41-VLS-Startanlagen mit je acht Zellen für insgesamt 64 RIM-162 ESSM Block 2-Flugabwehrraketen, zwei Startanlagen für je vier Naval Strike Missile-Seezielflugkörper sowie Torpedowerfer für Mk 54-Leichtgewichtstorpedos bestehen. Die Kiellegung der ersten ASWF-Fregatte für die Niederlande wurde offiziell 2025 erwartet, gefolgt von der Indienststellung im Jahr 2029. Die weiteren belgischen und niederländischen Einheiten sollten dann abwechselnd im Jahresrhythmus folgen. Eine Kiellegung einer ASWF-Einheit ist jedoch bisher (Stand August 2026) nicht erfolgt und bis auf weiteres auch nicht absehbar. Aktuell wird die erste niederländische Einheit frühestens 2033 erwartet, die erste belgische möglicherweise 2034. Derzeit ist vollkommen offen, inwieweit die technischen Probleme von Damen Naval beim deutschen Fregattenbauprogramm der Klasse 126 und der im Juni 2026 erfolgten Aufkündigung des Projektes durch das deutsche Verteidigungsministerium auch Auswirkungen auf das niederländisch-belgische ASWF-Fregattenprojekt hatten. Dazu kommen in den niederländischen Medien breitgetretene Korruptionsvorwürfe an den niederländischen Werftkonzern Damen Naval.

Probleme
Inzwischen wurden einige der Gründe für die umfassenden Verzögerungen publik. So soll der ursprüngliche Schiffsentwurf Design- und Stabilitätsprobleme aufgewiesen und sich als nicht stabil erwiesen haben. Er musste aktualisiert und angepasst werden (u. a. durch eine Verlängerung um ca. 7 Meter, Verbreiterung, höhere Tonnage von bis ca. 6.400–6.650 Tonnen), um mehr Gewicht/Volumen für moderne Sensoren, Waffen und zukünftige Systeme inklusive unbemannter Drohnen-Begleitschiffe (USVs - Uncrewed Surface Vessels) zu schaffen. Die späte Erkennung von Gewichts- und Stabilitätsproblemen durch Verschiebung des Schwerpunkts im Schiff bei zusätzlicher Ausrüstung war ein zentraler Auslöser dafür. Während der anhaltenden Verzögerungen kam es auch zu einer Kostenexplosion der Schiffe. So stieg der Stückpreis von ursprünglich ca. 600 Millionen Euro auf 1,25 bis 1,3 Milliarden Euro pro Schiff.

Eine Konzeptgrafik eines ASWF-Schiffes vor arktischer Kulisse (Grafik: Damen Naval).

Jeder der vier niederländischen ASWF-Fregatten soll ein 12-Meter-USV tragen, welches mit einem FLASH-Tauchsonar zur U-Boot-Jagd ausgerüstet sein wird (Grafik: Ministerie van Defensie).

Festauftrag

Im Gegensatz zur belgischen Marine bzw. dem belgischen Verteidigungsministerium, wo man sich seit Frühjahr 2026 aufgrund der jahrelangen Verzögerung recht medienwirksam auf die Suche nach einer möglichen Ersatzbeschaffung begibt (siehe hierzu auch Kapitel 12.2.), hält die Niederlande an der Bestellung der ASWF-Fregatte fest. Dabei hat man sicher auch die Stärkung des niederländischen Werftkonzerns Damen bzw. dessen Marinesparte Damen Naval im Blick. Denn Damen Naval hatte seit dem Bekanntwerden der Probleme beim Bau der deutschen Fregatten der Klasse 126 im Frühjahr/Sommer 2025 und der gegen das Unternehmen erhobenen Korruptionsvorwürfen massiv an Ansehen verloren. Mit der endgültigen Aufkündigung des Bauvertrages über sechs Schiffe der Fregattenklasse 126 durch das deutsche Verteidigungsministerium im Juni 2026 verlor Damen Naval den größten Auftrag seiner Firmengeschichte und international massiv an Ansehen. Allein aus diesem Grund werden sowohl die niederländische Politik sowie die ihr unterstellte niederländische Marine ihrem traditionellen, nationalen Lieferanten von Marineschiffen nicht den Rücken zukehren.

USVs

Aufwind bekam das ASWF-Projekt Anfang August 2026, als Thales und das niederländische Verteidigungsministerium den Projektstart für die Konzeption von 12 Meter langen, unbemannten Überwasserfahrzeugen gab. Das USV soll mit einem FLASH-Tauchsonar zur U-Bootjagd von Thales Underwater Systems France ausgestattet werden. Jede der vier zukünftigen niederländischen Fregatten der ASWF-Klasse sollen eines der USVs mitführen. Dadurch sollen die Fähigkeiten der Fregatte in der U-Boot-Jagd massiv erweitert werden. Das Konsortium Dutch Naval Design (DND) bestehend aus niederländischem Verteidigungsministerium, der Rüstungsindustrie sowie Forschungseinrichtungen übernimmt die Umsetzung des USV-Projekts. Die zukünftigen USVs und deren Systeme sollen nahtlos in die zukünftigen niederländischen ASWF-Fregatten integriert werden.

Eine frühe Projektgrafik einer ASWF-Fregatte (Grafik: Damen Naval).

Technische Daten ASWF-Fregatte (vorläufig)	
Bauwerft	Damen Shipyards, Galati, Rumänien (Rümpfe)/Damen Naval, Vlissingen, Niederlande
Abmessungen	145 Meter Länge, 18 Meter Breite, 5,5 Meter Tiefgang
Verdrängung	6.650 Tonnen
Antrieb	1× CODLAD-System aus 2× MAN 20V28/33D STC-Schiffsdieseln und 4× Variable-Speed MAN 16V175D-MEV-Dieselgeneratoren auf zwei Schiffswellen mit je 1× Verstellpropeller wirkend
Besatzung	117 Personen
Bewaffnung	1× OTO Melara 76-mm-Bordgeschütz, 2× 40-mm-Bofors-Geschütze, 2× Mk 41-VLS-Startanlagen mit je 8× Zellen für insgesamt 64× RIM-162 ESSM Block 2-Flugabwehrraketen, 2× Startanlagen für je 4× Naval Strike Missile-Seezielflugkörper, Torpedowerfer für Mk 54-Leichgewichtstorpedos
Sensoren	1×Thales APAR Block 2.0 X-Band Multifunktionsradar, 1× Thales SM400 Block 2 E-Band – F-Band (NATO)) Multifunktionsradar, 1× Thales PHAROS Multi-Target Tracking Radar, 1× Bugsonar, Aktiv-/Passiv-Schleppsonar, 1× 12-Meter-USV (Unbemanntes Überwasserfahrzeug zur U-Jagd)
Luftfahrzeuge	1× Airbus NH90-Bordhelikopter, 1× UAV (unbemanntes Luftfahrzeug)

12. Belgien

12.1 Fregatten der Karel Doorman-Klasse

Die »Leopold I« (F930) im Oktober 2016 auf dem Fluss Clyde unweit vom schottischen Glasgow (Foto: Mark Harkin, CC BY 2.0).

In den 1980er und 1990er Jahren fertigte die Marinewerft Royal Schelde in Vlissingen acht Mehrzweckfregatten der Karel Doorman-Klasse (auch als M-Klasse bekannt) für die niederländische Marine.
Eine geänderte Sicherheitslage nach dem Ende des Kalten Krieges führten zu einer deutlichen Reduktion zahlreicher europäischer NATO-Marineflotten, darunter auch der Koninklijke Marine (der Königlich Niederländischen Marine). Deshalb suchte die Niederlande um die Jahrtausendwende Käufer für den Großteil ihrer noch relativ jungen Fregatten der Karel Doorman-Klasse.

Geschichte und Beschaffung
Im Jahr 2005 wählte die Marinekomponente – so der offizielle Name der belgischen Marine – die beiden ersten gebauten Fregatten der Karel Doorman-Klasse als Ersatz für die in Belgien entwickelten, relativ kleinen und veralteten Fregatten der Wielingen-Klasse aus. Die beiden Einheiten »Leopold I« (F930, ex »Karel Doorman«) und »Louise-Marie« (F931, ex »Willem van der Zaan«) kosteten die belgischen Steuerzahler insgesamt 296,6 Millionen US-Dollar. Aufgrund der zu erwartenden Dienstdauer der beiden Schiffe von noch mindestens zwei Jahrzehnten galt der Preis als Schnäppchen. Beide Einheiten wurden am 08. April 2008 in den Dienst der Belgischen Marine gestellt und sind im Marinestützpunkt Zeebrugge beheimatet.

Der Schiffsentwurf
Die Fregatten sind kompakte, aber leistungsstarke Einheiten. Sie verfügen über eine Verdrängung von voll beladen 3.320 Tonnen, bei Abmessungen von 122,25 Metern Länge, 14,4 Metern Breite und einem Tiefgang von circa 4,3 bis 6,2 Metern (je nach Quelle). Der Antrieb besteht aus einem CODOG-System mit zwei Rolls-Royce Spey 1A-Gasturbinen (je circa 16.700 PS Leistung) und zwei Stork-Wärtsilä-Dieselmotoren, die auf zwei Schiffswellen mit je einem Verstellpropeller wirken. Die Maximalgeschwindigkeit beträgt 29 bis 30 Knoten im Gasturbinenbetrieb und circa 20 Knoten bei Nutzung der Dieselmaschinen. Bei 18 Knoten Marschfahrt kann das Schiff rund 5.000 Seemeilen ohne Nachversorgung zurücklegen. Die Besatzung setzt sich aus 164 bis 174 Personen zuzüglich Flugpersonal des Bordhelikopters zusammen. Das Schiffsdesign zeichnet sich durch gute Seeeigenschaften und eine hohe Automatisierung aus.

Bewaffnung und Sensoren
Die Karel Doorman-Klasse ist als Mehrzweckfregatte konzipiert, mit besonderem Einsatzschwerpunkt auf der U-Boot-Jagd (ASW). Die Bewaffnung umfasst die 76-mm-Oto-Melara-Mehrzweckkanone als Schiffsgeschütz, das Goalkeeper-CIWS (30-mm-Gatling) zur Nahbereichsverteidigung, bis zu acht Harpoon-Seezielflugkörper, Sea Sparrow (bzw. modernere ESS-M)-Flugabwehrraketen in einem Mk-48-Vertikalstartsystem und vier Mk.32 324-mm-Torpedorohre für Mk-46-Torpedos. Hangar und Flugdeck für einen Westland Super Lynx Mk.95-Hubschrauber sind an Bord vorhanden. Zu den Sensoren gehören ein 3D-Radar (SMART-S), ein Langstrecken-Luftüberwachungsradar (LW-08), Feuerleitradare, Sonaranlagen und umfassende elektronische Kampfführungssysteme.

Mid-Life Upgrade (MLU)
Das MLU (Mid-Life Update / Mid-Life Upgrade) der beiden belgischen »Leopold I« und »Louise-Marie« ist im Wesentlichen das gemeinsame niederländisch-belgische »Instandhoudingsprogramma M-fregatten« (IPM). Es handelt sich um ein Erhaltungs- und Modernisierungsprogramm, das die Schif-

fe bis (ursprünglich) ca. 2020 und später bis in die Mitte der 2020er-Jahre voll einsatzfähig halten soll. Bereits nach dem Kauf 2005 waren die Schiffe zunächst für den belgischen Betrieb angepasst worden. Das eigentliche größere IPM startete 2010 (Ausführung ab August 2010) und lief in den folgenden Jahren. Es erfolgte im Rahmen der engen belgisch-niederländischen Zusammenarbeit (BENESAM). Der Großteil der Arbeiten fand im niederländischen Marinestützpunkt Den Helder statt. »Louise-Marie« wurde relativ früh modernisiert (ca. 2008–2010), »Leopold I« folgte etwas später und war um 2012/2013 wieder voll einsatzbereit. Ziel war es, die Schiffe nicht nur technisch instand zu halten, sondern auch für den Betrieb mit dem schwereren NH90-Bordhubschrauber fit zu machen und sie für Einsätze im gesamten operationellen Spektrum (inkl. Küsten- und Hochseegewässer) zu ertüchtigen.

Heckansicht der »Leopold I« bei einem Besuch in Wilhelmshaven im Juni 2014 (Foto: Ein Dahmer, CC BY-SA 3.0).

Die Maßnahmen

Das Flugdeck und der Hangar wurden für den größeren NH90-Bordhelikopter von Airbus angepasst. Hierzu wurde das Flugdeck um ca. 1,4 Meter verlängert und verstärkt (die Fläche von ca. 82,6 m² auf ca. 90 m² erhöht), der Hangar um ca. 1,5 Meter verlängert und die Tore erhöht. Dadurch konnte der NH90 (statt der zuvor genutzten leichteren Lynx) sicher operieren. Auch die Sensorik und die Überwachungstechnik wurde runderneuert. So erhielten die Schiffe eine neue Mastkonstruktion mit SeaWatcher 100 / Seastar-Radar (Phased-Array)-Oberflächenüberwachungsradar und ein Gatekeeper-Elektrooptik-System (360°-Überwachung mit IR- und hochauflösenden Kameras, automatische Objekterkennung und -identifikation) wurde eingebaut. Weiterhin wurden das Combat-Management-System sowie die Bordrechner auf den neuesten Stand gebracht und die Kommunikationsanlagen teilweise erneuert.

Einsatz und Zukunft

Die beiden Schiffe werden regelmäßig in internationalen NATO- und EU-Missionen eingesetzt. Allerdings stoßen sie inzwischen an ihre Grenzen. Ersatzteile werden knapper und die Systeme entsprechen nicht mehr dem aktuellen Standard. Die Einheiten sind inzwischen über 30 Jahre alt und sollen durch die gemeinsame niederländisch-belgische ASWF-Klasse ersetzt werden (siehe das Nachfolgekapitel 12.2.). Da das ASWF-Projekt aber von mehrjährigen Verzögerungen betroffen ist, bleiben die »Leopold I« und die »Louise-Marie« bis auf weiteres das Rückgrat der belgischen Marine.

Technische Daten Karel Doorman-Klasse	
Bauwerft	Royal Schelde (heute Damen), Vlissingen
Abmessungen	122,25 Meter Länge, 14,4 Meter Breite, circa 4,3 bis 6,2 Meter Tiefgang (je nach Quelle)
Verdrängung	3.320 Tonnen voll beladen
Antrieb	1× CODOG-System mit 2× Rolls-Royce Spey 1A-Gasturbinen (je circa 16.700 PS Leistung) und 2× Stork-Wärtsilä-Dieselmotoren auf 2× Schiffswellen mit je 1× Verstellpropeller wirkend
Geschwindigkeit	29 bis 30 Knoten mit Gasturbinenbetrieb, circa 20 Knoten mit Dieselmaschinen
Reichweite	5.000 Seemeilen bei 18 Knoten Marschfahrt
Besatzung	164 bis 174 Personen
Bewaffnung	1× 76-mm-OTO-Melara-Schiffsgeschütz, 1× Goalkeeper-CIWS (30-mm-Gatling) zur Nahbereichsverteidigung, 8× Harpoon-Seezielflugkörper, 16× Sea Sparrow oder ESSM-Flugabwehrraketen in 1× Mk-48-Vertikalstartsystem, 4× Mk.32 324-mm-Torpedorohre für Mk-46-Torpedos
Sensoren	1× 3D-Radar (SMART-S), 1× Langstrecken-Luftüberwachungsradar (LW-08), Feuerleitradare, Sonaranlagen, 1× SeaWatcher 100 / Seastar-Radar (Phased-Array Oberflächenüberwachungsradar, nach Modernisierung)), 1× Gatekeeper-Elektrooptik-Systems (360°-Überwachung, nach Modernisierung)
Luftfahrzeuge	1× Westland Super Lynx Mk.95-Bordhubschrauber, 1× Airbus NH90 (nach Modernisierung)

12.2 Zukünftige Fregatten der ASWF-Klasse

Grafische Darstellung der zukünftigen Fregatten des ASWF-Entwurfes (Grafik: Ministerie van Defensie).

Die Anti-Submarine Warfare Frigate (ASWF) ist ein gemeinsam von den Niederlanden und Belgien initiiertes Projekt zum Ersatz der von beiden Nationen genutzten Karel Doorman-Klasse (M-Klasse) aus den 1980er/90er Jahren.
Bereits im Januar 2017 einigten sich die beiden Länder auf das gemeinsame Fregattenprojekt. Nach mehreren Bedarfsanpassungen sollen nach dem derzeit offiziellen Stand insgesamt vier Fregatten für die Niederlande und drei Fregatten für Belgien gebaut werden. Ursprünglich plante die belgische Marine mit nur zwei Einheiten. Nach dem Beginn des Ukrainekrieges 2022 und aufgrund der geänderten Sicherheitslage in Europa orderte Belgien noch ein drittes Schiff.

Der Schiffsentwurf

Die bisher noch komplett namenlosen ASWF-Fregatten werden 145 Meter lang sein, 6.650 Tonnen verdrängen und einen CODLAD-Antrieb bestehend aus zwei MAN 20V28/33D STC-Schiffsdieseln und vier Variable-Speed MAN 16V175D-MEV-Dieselgeneratoren nutzen. Die Rümpfe der Schiffe sollen bei Damen Shipyards im rumänischen Galati gebaut werden, die Integration von Sensoren und Effektoren soll dann bei Damen Naval in Vlissingen, in den Niederlanden erfolgen. Die Bewaffnung der ASWF-Fregatten soll aus einem 76-mm-Bordgeschütz, zwei 40-mm-Bofors-Geschützen, zwei Mk 41-VLS-Startanlagen mit je acht Zellen für insgesamt 64 RIM-162 ESSM Block 2-Flugabwehrraketen, zwei Startanlagen für je vier Naval Strike Missile-Seezielflugkörper sowie Torpedowerfer für Mk 54-Leichtgewichtstorpedos bestehen. Die Kiellegung der ersten ASWF-Fregatte für die Niederlande wurde offiziell 2025 erwartet, gefolgt von der Indienststellung im Jahr 2029. Die weiteren belgischen und niederländischen Einheiten sollten dann abwechselnd im Jahresrhythmus folgen. Eine Kiellegung einer ASWF-Einheit ist jedoch bisher (Stand August 2026) nicht erfolgt und bis auf weiteres auch nicht absehbar. Aktuell wird die erste niederländische Einheit frühestens 2033 erwartet, die erste belgische möglicherweise 2034. Das ergibt eine Verzögerung von sechs bis sieben Jahren. In Belgien spricht man daher von einer »Fregattencrisis«. Derzeit ist vollkommen offen, inwieweit die technischen Probleme von Damen Naval beim deutschen Fregattenbauprogramm der Klasse 126 und der im Juni 2026 erfolgten Aufkündigung des Projektes durch das deutsche Verteidigungsministerium auch Auswirkungen auf das niederländisch-belgische ASWF-Fregattenprojekt hatten. Dazu kommen in den niederländischen Medien breitgetretene Korruptionsvorwürfe an den niederländischen Werftkonzern Damen Naval.

Die türkische Korvette »Burgazada« (F513) der ADA-Klass (Milgem-Projekt) besuchte Anfang Juli 2026 die belgische Marinebasis Zeebrugge (Foto: US Navy/MC3 Louis Staats).

Probleme
Inzwischen wurden einige der Gründe für die umfassenden Verzögerungen publik. So soll der ursprüngliche Schiffsentwurf Design- und Stabilitätsprobleme aufgewiesen und sich als nicht stabil erwiesen haben. Er musste aktualisiert und angepasst werden (u. a. durch eine Verlängerung um ca. 7 Meter, Verbreiterung, höhere Tonnage von bis ca. 6.400–6.650 Tonnen), um mehr Gewicht/Volumen für moderne Sensoren, Waffen und zukünftige Systeme inklusive unbemannter Drohnen-Begleitschiffe (USVs - Unmanned Surface Vessels) zu schaffen. Dies führte zu einer »vollständigen Designkrise« (so der belgische Verteidigungsminister Theo Francken). Die späte Erkennung von Gewichts- und Stabilitätsproblemen durch Verschiebung des Schwerpunkts im Schiff bei zusätzlicher Ausrüstung war ein zentraler Auslöser dafür. Während der anhaltenden Verzögerungen kam es auch zu einer Kostenexplosion der Schiffe. So stieg der Stückpreis von ursprünglich ca. 600 Millionen Euro auf 1,25 bis 1,3 Milliarden Euro pro Schiff. Für die ursprünglich geplanten zwei belgischen Schiffe sind die Kosten dadurch von ca. 1 bis 1,2 Milliarden auf über 2,5 Milliarden Euro gestiegen.

Möglicher Ersatz
Wie am 21. Juli 2026 bekannt wurde, hat Belgien ein RFI (Request for Information) an andere europäische Anbieter von Marineschiffen gestartet, um Alternativen zu prüfen. Zu den in Betracht kommenden Schiffsentwürfen zählen die französische FDI-Fregatte, die italienische FREMM EVO, die MEKO A200 aus Deutschland und die Klasse F110 aus Spanien. Wie in verschiedenen maritimen Nachrichtenportalen berichtet wurde, darf sich zudem die türkische Werftindustrie besondere Hoffnungen machen, die im Land entwickelten Fregatten der Istif-Klasse (siehe Kapitel 7.4.) nach Belgien zu verkaufen. So besuchte der belgische Verteidigungsminister Francken bereits im Mai 2026 im Rahmen einer dienstlichen Reise in die Türkei (zur Verbesserung der belgisch-türkischen Beziehungen im Verteidigungsbereich) die SEDEF-Werft in Istanbul, wo er sich beeindruckt von der Fertigung der Fregatten der Istif-Klasse zeigte. Anschließend lief die türkische Korvette »Burgazada« (F513, Ada-Klasse-Vorgängerschiff der Istif-Klasse) am ersten Juliwochenende 2026 die belgischen Navy Days in Zeebrugge an (entspricht dem deutschen Tag der Bundeswehr), wo Francken das Schiff besichtigte. Hier hatte auch die belgische Öffentlichkeit die Möglichkeit, im Rahmen des Open-Ship-Events an Bord des türkischen Kampfschiffes zu gehen.

Eine frühe Konzeptgrafik der ASWF-Schiffe von Damen Naval (Grafik: Damen).

Baldige Entscheidung
Die endgültige Entscheidung, ob Belgien mit dem ASWF-Projekt fortfährt oder doch ein schiffbaulicher Ersatz geordert wird, wird für Herbst 2026 erwartet. Verteidigungsminister Francken nannte das ASWF-Projekt teilweise ein »Desaster«, will aber weiter mit den Niederlanden verhandeln. Es ist noch nicht gescheitert, steht aber unter großem Druck. Die Niederlande und Belgien verhandeln intensiv über Lösungen, inklusive Übergangsmaßnahmen wie zum Beispiel einer Lebensdauerverlängerung der alten Schiffe der M-Klasse.

Technische Daten ASWF-Fregatte (vorläufig)	
Bauwerft	Damen Shipyards, Galati, Rumänien (Rümpfe)/Damen Naval, Vlissingen, Niederlande
Abmessungen	145 Meter Länge, 18 Meter Breite, 5,5 Meter Tiefgang
Verdrängung	6.650 Tonnen
Antrieb	1× CODLAD-System aus 2× MAN 20V28/33D STC-Schiffsdieseln und 4× Variable-Speed MAN 16V175D-MEV-Dieselgeneratoren auf zwei Schiffswellen mit je 1× Verstellpropeller wirkend
Besatzung	117 Personen
Bewaffnung	1× OTO Melara 76-mm-Bordgeschütz, 2× 40-mm-Bofors-Geschütze, 2× Mk 41-VLS-Startanlagen mit je 8× Zellen für insgesamt 64× RIM-162 ESSM Block 2-Flugabwehrraketen, 2× Startanlagen für je 4× Naval Strike Missile-Seezielflugkörper, Torpedowerfer für Mk 54-Leichgewichtstorpedos
Sensoren	1×Thales APAR Block 2.0 X-Band Multifunktionsradar, 1× Thales SM400 Block 2 E-Band – F-Band (NATO)) Multifunktionsradar, 1× Thales PHAROS Multi-Target Tracking Radar, 1× Bugsonar, Aktiv-/Passiv-Schleppsonar
Luftfahrzeuge	1× Airbus NH90-Bordhelikopter, 1× UAV (unbemanntes Luftfahrzeug)

13. Dänemark

13.1 Patrouillenfregatten der Thetis-Klasse

Die »Thetis« (F357) läuft am 11. August 2026 in den kanadischen Marinestützpunkt Halifax ein (Foto: Royal Canadian Navy).

Die Thetis-Klasse (auch StanFlex 3000 oder Ocean Patrol Frigates/Vessels) sind vier große Inspektionsschiffe der dänischen Marine (Kongelige Danske Marine / Søværnet), die als Ozean-Patrouillenfregatten klassifiziert sind.
Seit ihrer Indienststellung zu Beginn der 1990er Jahre bilden sie das Rückgrat der dänischen Präsenz in den Gewässern um Grönland und die Färöer-Inseln, die Teil des Dänischen Königreiches sind. Die Schiffe sind speziell für den Nordatlantik und die Arktis konzipiert und vereinen Fähigkeiten zur Souveränitätssicherung, Fischereiüberwachung, Seenotrettung und zur Unterstützung ziviler Behörden.

Entstehungsgeschichte
Ende der 1980er-Jahre suchte Dänemark einen modernen Ersatz für die veraltete Hvidbjørnen-Klasse. Die neuen Schiffe sollten ganzjährig in eisbedeckten Gewässern operieren können, eine hohe Seeausdauer besitzen und flexibel einsetzbar sein. Der Auftrag ging an die Svendborg Skibsværft auf der Insel Fünen. Zwischen 1988 und 1992 wurden vier Einheiten gebaut und in Dienst gestellt: HDMS »Thetis« (F357, Indienststellung 01. Juli 1991), HDMS »Triton« (F358, Indienststellung 02. Dezember 1991), HDMS »Vædderen« (F359, Indienststellung 09. Juni 1992) und HDMS »Hvidbjørnen« (F360, Indienststellung 30. November 1992). Die Namen spiegeln dänische und mythologische Bezüge wider: Thetis und Triton stammen aus der griechischen Mythologie, Vædderen (Widder) und Hvidbjørnen (Eisbär) aus den Wappen der Färöer-Inseln und Grönlands.

Konstruktion und technische Merkmale
Die Schiffe der Thetis-Klasse sind als robuste Mehrzweckplattformen ausgelegt. Mit einer Länge von 112,3 Metern, einer Breite von 14,4 Metern und einer Verdrängung von rund 3.500 Tonnen zählen sie zu den größeren Patrouillenschiffen der jüngeren Zeit. Der doppelwandige, eisverstärkte Rumpf (Eisklasse DNV GL Ice-IA) ermöglicht das Brechen von bis zu 80 Zentimetern festem Eis. Der Antrieb besteht aus drei MAN-B&W-Dieselmotoren (Typ 12V28/32A-D), die zusammen etwa 8.800–9.000 kW leisten und eine Höchstgeschwindigkeit von rund 21 bis 22 Knoten ermöglichen. Die Reichweite beträgt ca. 8.500 bis 8.700 Seemeilen bei 15 Knoten, die Ausdauer liegt bei bis zu 60 Tagen. Ein Bugstrahlruder und ein Azimuth-Thruster verbessern die Manövrierfähigkeit, besonders in engen oder eisigen Gewässern. Charakteristisch ist das dänische StanFlex-Konzept: austauschbare Container-Module erlauben eine flexible Anpassung an unterschiedliche Missionen. Eine Modulposition vor der Brücke trägt in der Regel das Hauptgeschütz.

Bewaffnung und Ausrüstung
Die Bewaffnung ist bewusst moderat ausgelegt und konzentriert sich auf Selbstverteidigung und Durchsetzung von Hoheitsrechten. Sie besteht aus einem 76-mm-OTO-Melara Super Rapid-Geschütz, mehreren 12,7-mm- und 7,62-mm-Maschinengewehren, zwei Schienen zum Legen von Wasserbomben sowie nachgerüsteten Stinger-Flugabwehrraketen und Täuschkörperwerfern. Die Schiffe verfügen über ein modernes Sensorkonzept mit Navigations- und Suchradaren, Rumpfsonar, elektro-optischen Systemen und einem Führungs- und Waffeneinsatzsystem C-Flex des dänischen Rüstungskonzerns Terma. Ein Hangar und Flugdeck ermöglichen den Ein-

Heckansicht der »Vædderen« (F359) aufgenommen von einer Einheit der US Coast Guard im März 2008 im Atlantik vor Boston (Foto: US Coast Guard, PA3 Connie Terrell).

Die »Hvidbjørnen« (F360) im September 2017 vor der Küste von Nuuk, Grönland (Foto: Gordon Leggett, CC BY-SA 4.0).

satz eines Hubschraubers – ursprünglich einer Westland Lynx, seit Mitte der 2010er-Jahre kommt der leistungsfähigere Sikorsky MH-60R Seahawk zum Einsatz.

Einsätze und Bedeutung

In der dänischen Marine heißen die Schiffe offiziell Inspektionsskibe (Inspektionsschiffe), gleichzeitig tragen sie die Pennant-(Kenn-)Nummern F357 bis F360. Das »F« steht im NATO- und internationalen Pennant-System traditionell für Frigate. Heute gibt es international eine fließende Grenze zwischen großen Hochseepatrouillenbooten (Offshore Patrol Vessels, OPVs) und leichten Fregatten. Viele moderne OPVs erreichen Fregattengröße und -bewaffnung. Die Thetis-Klasse sitzt genau in diesem Übergangsbereich: Für reine Küstenwachaufgaben etwas »überqualifiziert«, für eine volle Kriegsschiff-Rolle (starke Luftabwehr, schwere Anti-Schiffsraketen usw.) unterbewaffnet. Im Alltag und offiziell sind die Einheiten der Thetis-Klasse Inspektionsschiffe/Patrouillenfahrzeuge. Technisch, nach Pennant-Nummer und in vielen internationalen Quellen gelten sie als Ocean Patrol Frigates – wegen Größe, Ausrüstung und ihren Mehrzweckfähigkeiten. Die Thetis-Klasse operiert schwerpunktmäßig im Verantwortungsbereich des Arktischen Kommandos Dänemarks. Typischerweise sind ständig ein bis zwei Schiffe in den Gewässern um Grönland und die Färöer-Inseln im Einsatz. Zu den Kernaufgaben zählen die Souveränitätssicherung und die Grenzüberwachung, die Fischereiinspektion, Such- und Rettungsaufgaben (SAR) sowie Unterstützungsaufgaben für Polizei und Umweltbehörden (u.a. Eisaufklärung und Umweltüberwachung). Darüber hinaus wurden die Schiffe international eingesetzt. Die »Thetis« diente zeitweise als Kommandoschiff und schützte im Jahr 2008 Nahrungsmitteltransporte vor Piraten am Horn von Afrika. Einzelne Einheiten wurden in NATO-Minenabwehrverbände integriert und nahmen an arktischen Forschungsfahrten teil.

Zukunft der Klasse

Nach mehr als drei Jahrzehnten intensiver Nutzung sind die Schiffe stark beansprucht. Bereits seit den 2000er-Jahren wurde der Bedarf an einem Nachfolger diskutiert. Im Jahr 2025 beschloss die dänische Regierung den Bau neuer arktistauglicher Einheiten, die voraussichtlich nach 2030 die Thetis-Klasse ablösen sollen. Diese Ersatzbauten werden als MPV80-Klasse bezeichnet und sollen von Odense Maritime Technology and SH Defence gefertigt werden. Bis dahin bleiben die vier Schiffe der Thetis-Klasse unverzichtbar für die dänische Präsenz im Hohen Norden.

Technische Daten Thetis-Klasse	
Bauwerft	Svendborg Skibsværft, Insel Fünen
Abmessungen	112,3 Meter Länge, 14,4 Meter Breite, 6 Meter Tiefgang
Verdrängung	3.500 Tonnen
Antrieb	3× MAN-B&W-Dieselmotoren (Typ 12V28/32A-D mit circa 8.800–9.000 kW Leistung auf 1× Schiffswelle mit 1× Verstellpropeller wirkend, Bugstrahlruder, Azimuth-Thruster
Geschwindigkeit	21 bis 22 Knoten
Reichweite	8.500 bis 8.700 Seemeilen bei 15 Knoten
Besatzung	60 Personen, Platz für maximal 90 Personen an Bord
Bewaffnung	1× 76-mm-OTO-Melara Super Rapid-Geschütz, mehrere 12,7-mm- und 7,62-mm-Maschinengewehre, 2× FIM-92 Stinger-Flugabwehrraketenstarter (fest installierter Doppelstarter), 2× Schienen für Wasserbomben
Sensoren	1× Luft-/Überwasserradar Plessey AWS 6, 1× Überwasserradar Furuno 2135, 1× Navigationsradar Furuno 2115, 1× Waffenleitradar CelsiusTech 9LV Mk 3, 1× Sonar Thomson Sintra TSM 2640 Salmon, 2 × 12 130-mm-Täuschkörperwerfer Terma DL-12T, 1× Führungs- und Waffeneinsatzsystem C-Flex von Terma
Luftfahrzeuge	1× Sikorsky MH-60R-Bordhelikopter

13.2 Fregatten der Absalon-Klasse

Die »Absalon« (noch als Unterstützungsschiff L16 klassifiziert) im August 2019 vor Grönland (Foto: US Navy/MC2 Jessica L. Dowell).

Die Absalon-Klasse besteht aus zwei Mehrzweck-Fregatten der Königlich Dänischen Marine. Sie wurden ursprünglich als »flexible Unterstützungsschiffe« (Fleksible støtteskibe) klassifiziert und 2020 zu U-Jagd-Fregatten (ASW, Anti-Submarine Warfare) umklassifiziert. Die Absalon-Klasse umfasst die HDMS »Absalon« (F341, ex L16) und die HDMS »Esbern Snare« (F342, ex L17).

Entstehung und Geschichte

Nach dem Ende des Kalten Krieges benötigte die dänische Marine Schiffe, die sowohl klassische Kampfaufgaben als auch neue Missionen wie humanitäre Einsätze, Truppenverlegung und Kommando-Funktionen erfüllen konnten. Im Verteidigungsabkommen von 2000 wurde der Bau von zwei »flexiblen Unterstützungsschiffen« (Fleksible støtteskibe) beschlossen. Die Schiffe wurden bei der Odense Staalskibsværft (Lindø) gebaut. Die »Absalon« wurde am 28. November 2003 auf Kiel gelegt, am 25. Februar 2004 vom Stapel gelassen und am 19. Oktober 2004 in Dienst gestellt. Die »Esbern Snare« wurde am 24. März 2004 auf Kiel gelegt, am 21. Juni 2004 vom Stapel gelassen und am 18. April 2005 in Dienst gestellt. Die Gesamtkosten für beide Schiffe beliefen sich auf rund 2,5 Milliarden Dänische Kronen (ca. 189 Millionen US-Dollar pro Schiff ohne Waffenmodule). Ursprünglich trugen sie die Kennungen L16 und L17 und wurden bewusst als Unterstützungsschiffe klassifiziert, um politische Sensibilitäten gegenüber Russland zu berücksichtigen. Am 16. Oktober 2020 wurden sie offiziell zu ASW-Fregatten (Anti-Submarine Warfare) umklassifiziert und erhielten die neuen Kennungen F341 und F342. Grund war vor allem ihre verstärkte Rolle in der U-Boot-Jagd sowie die bessere Kompatibilität mit NATO-Partnern, die den Begriff »Unterstützungsschiff« oft mit Versorgungsschiffen verwechselten. Die Namen erinnern an den dänischen Erzbischof und Heerführer Absalon (1128 bis 1201 n.Chr.) und seinen Bruder Esbern Snare (1127 bis 1204 n.Chr.), die im 12. Jahrhundert gegen die Wenden kämpften.

Design und Besonderheiten

Die Absalon-Klasse ist ein Hybrid aus klassischer Fregatte und militärischem Transporter. Das herausragende Merkmal ist das große Flex-Deck (ca. 900 bis 915 m^2) mit Heckrampe (RoRo-fähig). Dieses Mehrzweckdeck kann innerhalb kurzer Zeit umkonfiguriert werden und ermöglicht den Transport von bis zu 55 Fahrzeugen (einschließlich bis zu sieben Kampfpanzer), die Unterbringung einer Kompanie (rund 200 Soldaten), den Aufbau eines containerisierten Feldhospitals, die Einrichtung von Stabsräumen für bis zu 75 Personen (Command-Plattform), eine Minenlege-Kapazität (bis zu 300 Minen) sowie die Nutzung als Operationsbasis für Spezialkräfte. Die Schiffe nutzen das dänische StanFlex-Konzept. Dabei werden Waffen und Ausrüstung in standardisierten Containern/Modulen mitgeführt und können je nach Mission ausgetauscht werden. Dadurch lassen sich die Schiffe innerhalb eines Tages von einer voll bewaffneten Kampfplattform in ein Hospital- oder Transportschiff umwandeln.

Der Schiffsentwurf

Die Verdrängung einer Einheit der Absalon-Klasse beträgt 4.500 Tonnen leer und rund 6.300 bis 6.600 Tonnen voll beladen. Die Schiffe sind 137,6 Meter lang, 19,5 Meter breit und weisen einen Tiefgang von 6,3 Metern auf. Als Antrieb dienen zwei MTU 8000 M70 Dieselmotoren (insgesamt ca. 16,6 MW Leistung), die eine Höchstgeschwindigkeit von 24 Knoten sowie eine Reichweite von ca. 9.000 Seemeilen bei 15 Knoten Fahrt ermöglichen. Die Besatzung besteht in der Regel aus 100

Die »Absalon« im Juni 2025 im Marinestützpunkt Kiel mit neuer Kennung F341, die sie nun als U-Jagd-Fregatte ausweist (Foto: Verfasser).

bis 114 Personen bei einer Gesamtkapazität von 300 Personen an Bord. Das Flugdeck und der Hangar bieten Platz für zwei Hubschrauber. In der Regel kommt hier der Sikorsky MH-60R zum Zug. Das Grunddesign der Absalon-Klasse bildete die Basis zur Entwicklung der auf Flugabwehr spezialisierten Fregatten der Iver Huitfeld-Klasse (siehe Kapitel 13.3), aus der wiederum die britische Type 31 (siehe Kapitel 4.6.)- und die polnische Wicher-Klasse (siehe Kapitel 17.2.) abgeleitet wurden.

Bewaffnung und Sensorik

Die typische Kampfausstattung umfasst ein 127-mm-Geschütz Mk 45 Mod 4, Startcontainer für Harpoon Block II Seezielflugkörper (meistens 16 Exemplare), ESSM (Evolved SeaSparrow Missile) Flugabwehrraketen in VLS-Modulen (Kapazität für ca. 36 Stück), zwei 35-mm Millennium CIWS-Nahbereichsverteidigungssysteme, MU90 Anti-U-Boot-Torpedos sowie 12,7-mm-Maschinengewehre. Die Sensoren-Ausstattung besteht aus einem Thales SMART-S Mk2 3D-Radar, Terma Scanter Oberflächenradar, Atlas ASO 94 Rumpfsonar sowie (seit der ASW-Aufrüstung) einem Schleppsonar mit großer Reichweite. Die MH-60R-Hubschrauber können zusätzlich mit Tauchsonar, Sonobojen und Torpedos ausgestattet werden. Im August 2026 erhielt die dänische Beschaffungsbehörde (DALO) den Auftrag, beide Absalon-Einheiten (sowie die drei Iver-Huitfeldt-Fregatten) mit dem Rheinmetall MASS-Täuschkörpersystem nachzurüsten. Dieses Softkill-System verbessert den Schutz gegen anfliegende Seezielflugkörper und lasergelenkte Waffen erheblich.

Einsätze und Rolle

Die Schiffe haben sich in zahlreichen Missionen bewährt, darunter mehrfache Anti-Piraterie-Einsätze am Horn von Afrika (2008–2015), die Begleitung und Sicherung des Abtransports chemischer Waffen aus Syrien sowie Libyen, die regelmäßige Teilnahme an den NATO-Standing Naval Forces (SNMG 1 und 2) und Souveränitätssicherung in der Ostsee, dem Nordatlantik und in dänischen Gewässern. Dank regelmäßiger Teilnahme am NATO-Ostsee-Manöver BALTOPS sind die »Absalon« und die »Esben Snare« häufige und gern gesehene Gäste im Marinestützpunkt Kiel. Heute bilden die beiden Schiffe die primären U-Jagd-Einheiten der dänischen Marine, während die eng verwandte Iver-Huitfeldt-Klasse wesentlich stärker auf die Luftverteidigung spezialisiert ist. Beide Klassen teilen sich viele Systeme und Komponenten, was die Logistik vereinfacht.

Die »Esben Snare« noch mit der alten Kennung L17 während des BALTOPS-Ostseemanövers im Juni 2020 (Foto: Royal Navy LPhot Dan Rosenbaum/MOD, OGL v1.0).

Bedeutung

Die Absalon-Klasse zeigt eindrucksvoll, wie eine kleinere Marine mit begrenztem Budget hochflexible und kampfstarke Schiffe realisieren kann. Ihr modularer Ansatz und das Flex-Deck machen sie zu einem der anpassungsfähigsten Marineschiffe der Gegenwart. Die laufenden Modernisierungen stellen sicher, dass sie auch in den kommenden Jahren eine zentrale Rolle in der dänischen und der NATO-Seeverteidigung spielen werden.

Technische Daten Absalon-Klasse	
Bauwerft	Odense Staalskibsværft, Lindø
Abmessungen	137,6 Meter Länge, 19,5 Meter Breite, 6,3 Meter Tiefgang
Verdrängung	4.500 Tonnen leer, circa 6.300 bis 6.600 Tonnen voll beladen
Antrieb	2× MTU 8000 M70 Dieselmotoren (insgesamt ca. 16,6 MW Leistung) auf 2× Schiffswellen mit 1× Verstellpropeller wirkend, 1× Bugstrahlruder
Geschwindigkeit	24 Knoten
Reichweite	9.000 Seemeilen bei 15 Knoten Fahrt
Besatzung	100 bis 114 Personen (Gesamtkapazität von 300 Personen)
Bewaffnung	1× 127-mm-Geschütz Mk 45 Mod 4, Startcontainer für Harpoon Block II Seezielflugkörper (meistens 16 Exemplare), ESSM (Evolved Sea Sparrow Missile) Luftabwehr-Raketen in VLS-Startzellen (Mk 48 oder Mk 56, Kapazität für ca. 36), 2× 35-mm Millennium CIWS-Nahbereichsverteidigungssysteme, Mk 32-Werfer für MU90 Anti-U-Boot-Torpedos, 12,7-mm-Maschinengewehre, 1× Doppelstarter für Stinger-Nahbereichs-Flugabwehrraketen
Sensoren	1× Thales SMART-S Mk2 3D-Radar, 1× Terma Scanter Oberflächenradar, 1× Atlas ASO 94 Rumpfsonar, 1× Atlas Elektronik ACTAS-Schleppsonar (nach Upgrade), MASS-Täuschkörpersystem von Rheinmetall (nach Upgrade 2026), Führungs- und Waffeneinsatzsytem Terma C-Flex C4I
Luftfahrzeuge	2× Sikorsky MH-60R-Helikopter

13.3 Fregatten der Iver Huitfeld-Klasse

Die »Niels Juel« (F363) aufgenommen im Juni 2018 vor der norwegischen Küste bei Harstad (Foto: Mark König, CC BY-SA 4.0).

Die Iver Huitfeldt-Klasse besteht aus drei modernen Luftverteidigungsfregatten der Königlichen Dänischen Marine (Søværnet), die als relativ kostengünstige Schiffe Anfang des 21. Jahrhunderts konzipiert wurden.
Sie traten 2011/2012 in Dienst und basieren auf dem Rumpfdesign der Absalon-Klasse. Dadurch konnten die Baukosten deutlich gesenkt werden (ca. 325 Millionen US-Dollar pro Schiff). Die Schiffe sind flexibel einsetzbar (u. a. durch das dänische StanFlex-Modulsystem), aber primär für die Luftverteidigung ausgelegt und können auch Anti-Schiffs-, U-Boot-Abwehr- und begrenzte Landangriffsaufgaben übernehmen.

Das Bauprogramm

Im Jahr 2004 erfolgte die Genehmigung zum Bau der drei Schiffe durch die dänische Regierung. Im Dezember 2006 wurde der Vertrag mit der Odense Staalskibsværft (Lindøværftet) in Munkebo bei Odense geschlossen. Die Schiffe nutzen den Rumpf der Absalon-Klasse (siehe Kapitel 13.2.) als Basis (mit Anpassungen, z. B. ohne das große Flex-Deck und mit einer geänderten Schornsteinposition). Um Kosten zu sparen, wurden die Rumpfsektionen nicht in Dänemark, sondern bei Tochter- bzw. Partnerwerften im Baltikum hergestellt. So wurden auf der Baltija Shipbuilding Yard (Klaipėda, Litauen) größere untere Sektionen (Bug, Heck und Kielbereiche) gefertigt und bei der Loksa Shipyard (Loksa, Estland) die oberen und mittleren Rumpfsektionen sowie die Aufbauten einschließlich der Masten. Die Fregatten entstanden aus insgesamt rund 75 Blöcken (die größten 14 von Baltija, die restlichen kleineren von Loksa). Die Produktion der ersten Blöcke begann bereits Anfang 2008. Die fertigen Sektionen wurden per Schiff nach Munkebo (Lindø) transportiert und dort im Trockendock der Odense-Werft zusammengeschweißt. Die drei Fregatten wurden gleichzeitig im selben Dock in einem gestaffelten (phased) Verfahren gebaut. Der Bau gliederte sich in drei Hauptphasen. Zuerst erfolgten der Stahlbau und die Montage der Blöcke bis zum Erreichen des fertigen Rumpfes. Danach folgte die zivile Ausrüstung durch die Werft und ihre Unterauftragnehmer in den Bereichen Antrieb, elektrische Systeme sowie allgemeine Schiffstechnik. Abschließend wurde die militärische Ausrüstung der Schiffe vollzogen. Diese erfolgte größtenteils nach

Die »Niels Juel« läuft im Juni 2024 den Marinestützpunkt Kiel an (Foto: Verfasser).

der Übergabe an die Forsvarets Materieltjeneste (FMT, die dänische Beschaffungsbehörde). Die Schiffe liefen dazu zur Marinebasis Korsør, wo Waffen, Sensoren, Kampfsysteme und die StanFlex-Module installiert wurden. Viele Waffen stammten aus älteren Schiffen (zum Beispiel Niels-Juel-Korvetten und Patrouillenboote der Flyvefisken-Klasse), um Kosten zu sparen. Dieses Vorgehen (Blockbau im Ausland + parallele Montage + getrennte zivile/militärische Ausrüstung) ermöglichte die vergleichsweise niedrigen Baukosten von rund 325 Millionen US-Dollar pro Schiff und eine relativ kurze Bauzeit. Die Odense-Werft lieferte im Prinzip »nackte« Plattformen mit Antrieb und Grundsystemen. Die aufwendige Integration der kostenintensiven Kampf- und Sensorsysteme übernahm weitgehend die dänische Marine selbst. Die drei Fregatten waren die letzten Neubauten der Odense Staalskibsværft, bevor diese 2012 geschlossen wurde.

Hier sind auf der »Niels Juel« zwei 76-mm-Bordgeschütze installiert. Das obere befindet sich auf einem Stan Flex-Container und kann je nach Missionsanforderung aus- und wieder eingebaut werden (Foto: Forsvaret/Lars Bogh Vinther).

Die Schiffe

Die Iver Huitfeld-Klasse besteht aus der HDMS »Iver Huitfeldt« (F361, Indienststellung 21. Januar 2011), HDMS »Peter Willemoes« (F362, Indienststellung 22. Juni 2011) und HDMS »Niels Juel« (F363, Indienststellung 07. November 2011). Die Schiffe sind nach dänischen Seehelden benannt und haben ihren Heimathafen in Korsør in der 2. Eskadre. Sie weisen eine Länge von 138,7 Metern, eine Breite von 19,75 Metern und einen Tiefgang von circa 5,3 bis 6,45 Metern auf, bei einer Verdrängung von voll beladen 6.645 Tonnen. Der Antrieb nutzt ein CODAD (Combined Diesel and Diesel)-System mit vier MTU 8000 20V M70-Dieselmotoren (je ca. 8,2 MW Leistung) die auf zwei Schiffswellen mit je einem Verstellpropeller wirken. Dadurch erreichen die Schiffe eine offizielle Höchstgeschwindigkeit von 28+ Knoten (in der Literatur wird teilweise ein Wert von bis zu 30 Knoten angegeben). Die Reichweite beträgt 9.000 Seemeilen bei einer Marschfahrt von 18 Knoten. Aufgrund eines hohen Automatisierungsgrades kommen die Fregatten der Iver Huitfeld-Klasse mit einer relativ kleinen Besatzung von 117 Personen aus – an Bord ist Platz für maximal 165 Personen vorhanden. Ein Flugdeck und ein Hangar zur Aufnahme eines Sikorsky MH-60R-Seahawk-Helikopters sind an Bord vorhanden.

Ein Großteil der Flugkörperbewaffnung ist mittschiffs untergebracht. Zentral erkennt man 32 Zellen des Mk-41-VLS-Systems flankiert von zwei Mk-56-VLS-Systemen und rechts schräg angebrachte Starter für Harpoon-Seezielflugkörper (Fotos: Forsvaret).

Die Bewaffnung

Zur Bewaffnung der Iver Huitfeld-Klasse zählen ein 32-Zellen-Mk-41-VLS für Flugabwehrraketen des Typs SM-2 IIIA sowie ein bis zwei zusätzliche Mk-56-VLS in dem bis zu 24 RIM-162 ESSM (Evolved Sea Sparrow) gelagert sind sowie acht bis 16 Harpoon Block II-Seezielflugkörper. Diese werden in der Zukunft durch Seezielflugkörper des Typs Naval Strike Missile (NSM) ersetzt werden. Weiterhin sind an Bord ein bis zwei OTO Melara 76-mm-Schiffsgeschütze installiert sowie ein Nahbereichsverteidigungssystem des Typs Oerlikon

Start einer SM-2-Rakete von der »Niels Juel« (Foto: Forsvaret).

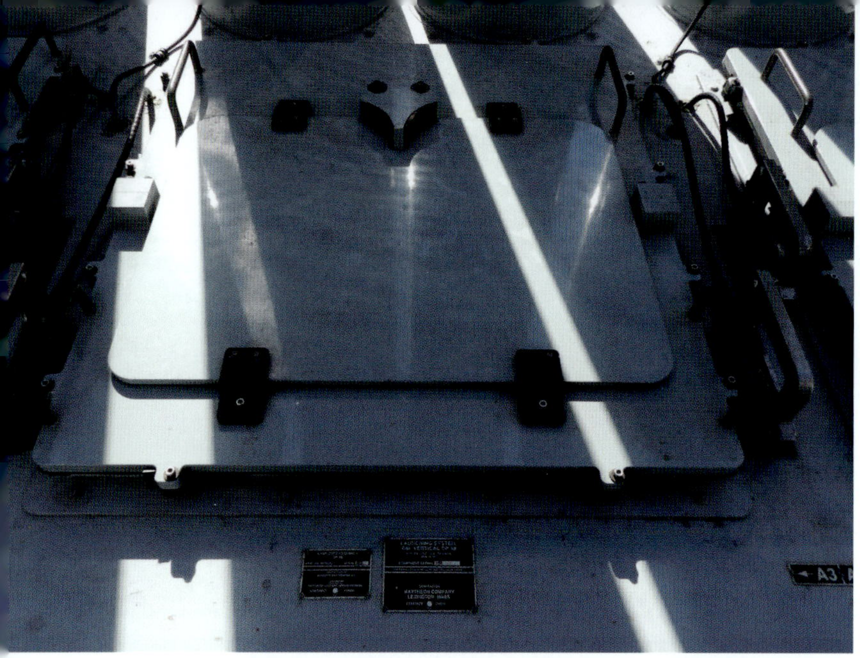

Detailaufnahme einer Mk 56-VLS-Startzelle auf der »Peter Willemoes«. In einer Startzelle können bis zu zwei ESSM-Flugkörper gelagert werden (Foto: Verfasser).

Ein Zweifach-Torpedowerfer für Torpedos Typ MU90-Impact von EuroTorp auf der »Peter Willemoes« (Foto: Verfasser).

Millennium 35-mm-CIWS und zwei Zweifach-Torpedowerfer für Torpedos des Typs MU90-Impact von EuroTorp. Sowohl das zweite 76-mm-Geschütz wie auch die bis zu zwei Mk-56-VLS-Startsysteme und die Harpoon-Startcontainer sind nicht fest auf dem Schiff installiert, sondern befinden sich auf austauschbaren modularen Stan Flex-Containern. Sie können je nach Missionsbedarf eingerüstet und auch wieder ausgebaut werden. Für ein Marine-Kampfschiff ungewöhnlich, befinden sich die Raketenstartsysteme bei der Iver Huitfeld-Klasse nicht vor der Brücke, sondern mittschiffs gelagert.

Die Sensoren

Obwohl das dänische Iver Huitfeld-Fregattenprogramm nicht Teil der langjährigen deutsch-niederländischen Marinekooperation ist, nutzen die dänischen Schiffe die Hauptradarsysteme der niederländischen De Zeven-Provincien und der deutschen Sachsen-Klasse. Auf dem hinteren Mast der dänischen Schiffe ist wie auf den niederländischen und deutschen Einheiten ein langsam drehendes 3D-Radar des Typs SMART-L installiert, das für die weitreichende Luftraumüberwachung verwendet wird und das im L-Band (1 bis 2 GHz) arbeitet. Dabei können Lufträume mit einem Radius von bis zu 400 Kilometern und sich darin bewegende 1.000 Fluggeräte sowie zusätzlich bis zu 100 Seeziele überwacht werden. Das Multifunktionsradar APAR auf dem vorderen Mast der Fregattenklasse nutzt hingegen vier fest installierte Radarflächen, die gemeinsam den Luftraum um 360 Grad abdecken. Das APAR-Radar wird dem Radartyp »weiterentwickeltes aktives Phased-Array-Radar« zugeordnet, der auch als Active Electronically Scanned Array (AESA) bezeichnet wird. Im Vergleich zu einem traditionellen passiven Radarsystem ist ein AESA-Radar deutlich

Über der Brücke befindet sich der Mast mit den vier Radarflächen des AESA-Radars APAR zur Luftraumüberwachung (Foto: Verfasser).

Auf dem Flugdeck und dem Hangar der Iver Huitfeld-Klasse ist Platz für einen Sikorsky MH-60R-Bordhelikopter. Auf dem Dach ist das langsam drehende schwarze SMART-L-3D-Radar zu erkennen, davor befindet sich das Nahbereichsverteidigungssystem Typ Oerlikon Millennium 35-mm-CIWS (Foto: Verfasser).

leichter und kleiner, es arbeitet zuverlässiger (jedes Element nutzt eine eigenständige Hochfrequenz-Quelle) und ist weniger störanfällig durch vom Gegner verwendete Elektronische Gegenmaßnahmen (ESM). Ein AESA-Radar sendet auf einer hohen Frequenz im X-Band (zwischen 8 bis 12 GHz). Dieses Verfahren weist eine große Präzision auf, die aber auf Kosten der Reichweite geht. Diese Präzision ermöglicht die Steuerung eines Luftzielflugkörpers vom Start bis ins Ziel, ohne dabei auf separate Feuerleitradare zur Zielbeleuchtung angewiesen zu sein. APAR selbst kann 250 zusätzliche Ziele verfolgen und ist laut Medienberichten befähigt, gleichzeitig 32 Flugkörper zu steuern, davon 16 im finalen Anflug auf das Ziel. Die geringe Reichweite des APAR-Radars von 150 Kilometern (was auch in etwa der Reichweite einer SM-2-Rakete entspricht) spielt aufgrund der Kombination mit dem bis zu 400 Kilometer reichenden SMART-L-Radar nur eine untergeordnete Rolle. Weitere Sensoren an Bord der Iver-Huitfeld Klasse-Klasse sind ein Terma SCANTER 6000-Überwachungsradar, ein Atlas ASO 94-Rumpfsonar, zwei Saab CEROS 200-Feuerleitradare und Elektronische Unterstützungsmaßnahmen des Typs ES-3701. Als Führungs- und Waffeneinsatzsystem wird das C-Flex des dänischen Herstellers Terma genutzt.

Operationelle Probleme

Nach der Indienststellung durchliefen alle drei Schiffe der Iver Huitfeld-Klasse eine mehrjährige Test- und Ausbildungsphase, bei der sie aber schon an internationalen Einsätzen (beispielsweise an der Operation Ocean Shield am Horn von Afrika) teilnahmen. Die volle NATO-Einsatzbereitschaft wurde der »Peter Willemoes« als erstem Schiff der Iver Huitfeld-Klasse im Jahr 2015 attestiert. Nach einigen Jahren, in denen die Operationen mit den Schiffen reibungslos zu verlaufen schienen, sorgten die drei Einheiten in den letzten Jahren des Öfteren für negative Schlagzeilen. So kam es im April 2024 es bei der »Niels Juel« während eines Tests in der Marinebasis Korsør zu einem Fehler an einer Harpoon-Starteranlage (es wurde eine Aktivierung angezeigt, was zu Sicherheitsmaßnahmen führte). Der zentrale, medienwirksame Vorfall ereignete sich bereits einen

Die Schiffe der Iver Huitfeld-Klasse

Name	Kennung	Kiellegung	Stapellauf	Indienststellung
»Iver Huitfeldt«	F361	02. Juni 2008	11. März 2010	21. Januar 2011
»Peter Willemoes«	F362	12. März 2009	21. Dezember 2010	22. Juni 2011
»Niels Juel«	F363	22. Dezember 2009	21. Dezember 2010	07. November 2011

Die überaus geräumige Brücke der Iver Huitfeld-Klasse währen eines Open Ship-Events (Foto: Verfasser).

Monat zuvor beim Einsatz im Roten Meer am 09. März 2024 während der Beteiligung an der US-geführten Operation Prosperity Guardian (Schutz der Handelsschifffahrt vor Houthi-Angriffen). Hier wurde die »Iver Huitfeldt« von einer Gruppe unbemannter Drohnen angegriffen. Die Fregatte zerstörte zwar mehrere Ziele, erlebte aber schwerwiegende Ausfälle. So versagten u.a. die Flugabwehrraketensysteme der Fregatte. Nach dem Abfeuern der ersten Evolved Sea Sparrow (ESSM)-Raketen trat eine zuvor unbekannte Fehlerbedingung in dem Mark-56-Starter auf. Beide Starter fielen aus, sodass etwa 30 Minuten lang keine Flugabwehrraketen abgefeuert werden konnten. Die Besatzung löste versehentlich einen zusätzlichen Fehler im Command-and-Control-System aus. Thales, der Hersteller des APAR-Radars wies einen Fehler am Radar selbst zurück. Offizielle Berichte deuten eher auf Probleme am Starter, an der Schnittstelle zum Führungs- und Waffeneinsatzsystem C-Flex von Terma oder auf Software-Integrationsschwächen hin. Aber auch das OTO Melara-76-mm-Schiffsgeschütz sorgte an diesem Tag für Probleme. So detonierte ein hoher Anteil der Granaten (zunächst mit ca. 50 % angegeben, später relativiert) frühzeitig (»early bursts«) nahe am Schiff, ohne die Ziele zu erreichen. Ursachen wurden unter anderem in alter Munition (teilweise über 30 Jahre alt, mit nachgerüsteten Zündern von 2005) und dem Einsatz gegen sehr tieffliegende Drohnen gesehen. Es ist denkbar, dass die Näherungszünder die das Schiff umgebenden Meereswellen fälschlicherweise als Ziele erkannt haben. Weiterhin fiel die 35-mm-Oerlikon-Millennium-Nahbereichswaffe zeitweise aus. Nach diesen Vorfällen wurde das Schiff in ein Gebiet mit niedrigerer Bedrohung unter Schutz einer US-Einheit abkommandiert. Die »Iver Huitfeld« beendete daraufhin ihren Einsatz vorzeitig und kehrte nach Dänemark zurück.

Konsequenzen

Die Probleme der »Iver Huitfeld im Indischen Ozean führten in Dänemark zu einer intensiven medialen Berichterstattung und für die dänische Marine weitreichenden Folgen. Die Schwierigkeiten bei den Fregatten der Iver Huitfeld-Klasse liegen vor allem in der komplexen Integration von Sensoren, Führungs- und Waffensystemen unter realen, hochdynamischen Einsatzbedingungen. Solche Integrationsprobleme sind bei modernen Marineschiffen nicht ungewöhnlich, traten hier aber im Kampfeinsatz besonders deutlich zutage. In der Folge konnte Dänemark über längere Zeit (mehr als ein Jahr) keine Beiträge zu den NATO-Standing Naval Forces mit diesen Fregatten leisten. Die Schiffe blieben für Trainings- und Patrouillenaufgaben einsatzfähig, aber die Luftverteidigungsfähigkeit war eingeschränkt. Der damalige dänische Verteidigungschef Flemming Lentfer wurde bereits im April 2024 entlassen, unter anderem wegen unzureichender Information der Politik über die Probleme. Ab 2025 empfahl der neue Verteidigungschef Michael Hyldgaard, die aufwendigen Reparaturen und das geplante kostspielige Mid-Life-Upgrade der Sensoren und Feuerleitsysteme (geschätzt mehrere Milliarden Dänische Kronen / hunderte Millionen Euro) aufzugeben. Stattdessen sollten die

Die »Iver Huitfeld« (F361) aufgenommen im Juni 2018 während des BALTIPS-Marinemanövers in der Ostsee (Foto: US Navy/MC America A. Henry).

Die »Peter Willemoes« im Februar 2017 neben dem US Navy-Versorger USNS »Supply« (T-AOE-6) im Mittelmeer (Foto: US Navy/MC3 Christopher Gaines).

Schiffe in eine reduzierte Rolle als Hochseepatrouillenboote überführt und neue Luftverteidigungsfregatten als Ersatz für die Iver Huitfeld-Klasse beschafft werden. Die hohen Kosten einer Modernisierung bei weiterhin unsicherer Behebung der Integrationsprobleme wurden als unwirtschaftlich eingestuft. Die Suche nach einem Iver Huitfeld-Nachfolger sind inzwischen angelaufen. Als ein möglicher in Frage kommende Schiffsentwurf gilt die zukünftige deutsche Flugabwehrfregatte des Typs F127. Auch die zukünftige Type 31-Fregatte der Royal Navy (siehe Kapitel 4.6.) – bei der es sich um eine britische Weiterentwicklung der Iver Huitfeld-Klasse handelt – ist im Rennen.

Technische Daten Iver Huitfeld-Klasse	
Bauwerft	Odense Staalskibsværft (Lindøværftet) in Munkebo, Dänemark sowie Baltija Shipbuilding Yard in Klaipėda, Litauen und Loksa Shipyard in Loksa, Estland
Abmessungen	138,7 Meter Länge, 19,75 Meter Breite, circa 5,3 bis 6,45 Meter Tiefgang
Verdrängung	voll beladen 6.645 Tonnen
Antrieb	1× CODAD (Combined Diesel and Diesel)-System mit 4× MTU 8000 20V M70-Dieselmotoren (je ca. 8,2 MW Leistung) auf 2× Schiffswellen mit je 1× Verstellpropeller wirkend
Höchstgeschwindigkeit	28+ Knoten
Reichweite	9.000 Seemeilen bei einer Marschfahrt von 18 Knoten.
Besatzung	117 Personen, Platz für maximal 165 Personen
Bewaffnung	1× 32-Zellen-Mk-41-VLS für Flugabwehrraketen Typ SM-2 IIIA, 1 bis 2× Mk-56-VLS mit bis zu 24 RIM-162 ESSM (Evolved Sea Sparrow), 8× bis 16× Harpoon Block II-Seezielflugkörper (Ersatz durch Naval Strike Missile (NSM) in der Zukunft), 1× bis 2× OTO Melara 76-Schiffsgeschütze, 1× Nahbereichsverteidigungssystem Typ Oerlikon Millennium 35-mm-CIWS, 2× Zweifach-Torpedowerfer für Torpedos Typ MU90-Impact von EuroTorp.
Sensoren	1× 3D-Radar Typ SMART-L von Thales Nederland, 1× AESA-Multifunktionsradar APAR von Thales Nederland, 1× Terma SCANTER 6000-Überwachungsradar, 1× Atlas ASO 94-Rumpfsonar, 2× Saab CEROS 200-Feuerleitradare, Elektronische Unterstützungsmaßnahmen Typ ES-3701, 1× Führungs- und Waffeneinsatzsystem C-Flex von Terma.
Luftfahrzeuge	1× Sikorsky MH-60R-Bordhelikopter

14. Rumänien

14.1 Die Fregatte »Marasesti« (F111)

Das seit den 1990er Jahren als Fregatte »Mărăşeşti« (F111) bezeichnete Schiff aufgenommen im Jahr 2011 (Foto: MAPN, CC BY-SA 3.0).

Nach dem Zweiten Weltkrieg nutzte die rumänische Marine überwiegend in der Sowjetunion hergestelltes Equipment. In den 1970er Jahren entwickelte das Land am Schwarzen Meer erstmals Ambitionen zum Aufbau einer ernsthaften Marineindustrie. So wurden Mitte der 1970er Jahre zuerst kleinere Korvetten für Operationen in den rumänischen Gewässern des Schwarzen Meeres und dem Mündungsdelta der Donau entwickelt.

Große Ambitionen

Der rumänische Machthaber Nicolae Ceauşescu wollte Rumänien wirtschaftlich so unabhängig wie möglich von der Sowjetunion machen. Einer seiner bevorzugten Industriezweige war die Werftindustrie. Zur Umsetzung der Ambitionen wurde die Marinewerft in Mangalia ausgebaut und hier der Bau der kleinen Korvetten der Amiral Petre Bărbuneanu-Klasse forciert. Zwar gelang dem Werftteam erfolgreich der Bau der Schiffe, die Antriebsdiesel, sämtliche elektronische Ausrüstung und die Waffensysteme kamen aber nach wie vor aus sowjetischer Produktion. Ceauşescu wollte sich aber nicht nur mit Küstenschiffen zufriedengeben und initiierte ein Programm zum Bau von hochseefähigen Lenkwaffenzerstörern. Laut verschiedener Quellen sollte ursprünglich sogar ein Hybrid zwischen einem Zerstörer und einem Hubschrauberträger gebaut werden. Das 144,6 Meter lange, 14,8 Meter breite, voll beladen 5.790 Tonnen verdrängende und mit einem Tiefgang von 4,9 Metern versehene Schiff wurde am 07. August 1979 in Mangalia auf Kiel gelegt. Da die rumänische Werftindustrie nie zuvor ein solch großes und fortschrittliches Marineschiff gebaut hatte, kam es bei der Fertigung zu erheblichen Verzögerungen. Der Stapellauf wurde am 04. Juni 1981 vollzogen. Nach einer sehr langen Ausrüstungs- und Erprobungsphase wurde das Schiff am 03. Juni 1985 formell in Dienst gestellt. Die feierliche offizielle Indienststellung fand dann am 02. August 1986 in einer großen Zeremonie statt, die von Staatsoberhaupt Nicolae Ceauşescu selbst geleitet wurde. Ursprünglich war noch ein zweites Schiff gleichen Designs geplant. Nach dem Ende des Kalten Krieges war der Bau einer weiteren Einheit aus Budgetgründen jedoch nicht möglich.

Das Schiff

Der Name des Schiffes änderte sich mehrfach. So trug es von 1986 bis 1990 den Namen »Muntenia« und im Jahr 1990 den Namen »Timişoara«. Danach erhielt es seinen heutigen Namen »Mărăşeşti«. Ursprünglich sollte die »Mărăşeşti« technisch weit moderner werden. Die Unerfahrenheit der rumänischen Entwickler und Ingenieure sowie die Weigerung der Sowjetunion, Rumänien fortschrittliche Technik zu liefern, führten zum schlussendlich gebauten Schiffsentwurf, der im

Start eines P-15M Seezielflugkörpers vom Steuerbord-Doppelstarter der »Mărăşeşti« (Foto: Romanian Navy).

Westen lange Zeit als etwas »minderwertig« angesehen wurde. Laut verschiedener Quellen hätte die rumänische Marine gerne einen Gasturbinenantrieb genutzt. Sie erhielt aus sowjetischer Produktion allerdings nur vier Dieselmotoren mit 8.440 PS Leistung. Auch wird der Unterwasserrumpf trotz Einbaus eines hydrodynamisch vorteilhaften Wulstbuges als »misslungen« betrachtet, denn er kreiert weithin sichtbare Wellen schon bei niederen Geschwindigkeiten. Die Bewaffnung besteht aus zwei AK-726-76-mm-Geschützen, einem einzelnen 30-mm-Nahbereichsverteidigungssystem vom Typ AK-630, zwei 533-mm-Dreifachtorpedowerfern, vier Doppelstartern für P-15M (SSN-N-2C) Seezielflugkörper und zwei RBU-6000 Anti-U-Boot-Raketenwerfer mit je zwölf trommelförmig angeordneten Startkammern sowie Minen.

Die Laufbahn

Bei der Indienststellung im Jahr 1986 wurde das Schiff offiziell als Leichter Helikopterkreuzer klassifiziert, obwohl es nie als Träger von Fluggeräten – mit Ausnahme eines einzelnen IAR 330 Puma-Helikopters – genutzt wurde (bzw. genutzt werden konnte). Schon bald nach der Inbetriebnahme zeigten sich gravierende Mängel in Bezug auf die Stabilität. Selbst bei niedrigem Wellengang kam das Schiff in starke Schlingerbewegungen – nicht zuletzt hervorgerufen durch das Fehlen jeglicher Stabilisatoren. Das starke Schaukeln machte den sicheren Betrieb des Bordhelikopters und auch die Nutzung der meisten Waffensysteme oftmals unmöglich. Deswegen ging die Einheit zwischen Juni 1988 und August 1992 zurück in die Werft, wo sie größeren Umbaumaßnahmen mit dem Ziel der Stabilitätsverbesserung unterzogen wurde. Dabei wurden beide Masten und der Schornstein gekürzt, die Raketenbewaffnung ein Deck tiefer verlegt, die Radarpositionen und die Struktur des Buges geändert sowie neue elektronische Systeme eingebaut. Nach dem Ende des Kalten Krieges wurde die nun auf den endgültigen Namen »Mărășești« umgetaufte Einheit erst als Zerstörer und anschließend als Fregatte klassifiziert. Im Jahr 1993 schrieb Rumänien die »Mărășești« international zum Verkauf aus, konnte jedoch keinen Käufer finden. Deshalb entschied sich die rumänische Marine zum Weiterbetrieb. In den darauffolgenden Jahren nahm das in Constanta stationierte Schiff an zahlreichen internationalen Übungen und ab 2004 auch an NATO-Einsätzen teil. Im Jahr 2006 erhielt die Einheit die offizielle NATO-Kennung »F111«. Im Jahr 2007 schloss die rumänische Marine einen Vertrag mit dem dänischen Rüstungskonzern Terma A/S, der den Einbau eines neuen Führungs- und Waffeneinsatzsystems namens C-Flex umfasste.

Ersatz

In den letzten Jahren zeichnete sich ab, dass die Tage der Fregatte »Mărășești« aufgrund ihres Alters und ihrer nicht NATO-konformen Ausrüstung gezählt sein dürften. 2025 bestellte die rumänische Marine ein Hochseepatrouillenboot der Hisar-Klasse in der Türkei (basierend auf den Korvetten der Ada-Klasse, siehe Kapitel 7.4.) und anschließend am 29. Mai 2026 noch zwei 90-Meter-Hochseepatrouillenboote des MMPV-Typs beim deutschen Rheinmetall-Konzern (der Typ entspricht den von Bulgarien georderten MMPV-Einheiten, siehe Kapitel 15.1.). Es ist derzeit noch unbestätigt, ob die drei zukünftigen rumänischen Hochseepatrouillenboote als Ersatz oder als Ergänzung der rumänischen Bestandsfregatten (zu denen auch die Fregatten des Type 22 zählen, siehe das nachfolgende Kapitel 14.2.) dienen sollen.

Technische Daten Fregatte »Mărășești« (F111)	
Bauwerft	Mangalia-Marinewerft
Indienststellung	02. August 1986
Abmessungen	144,6 Meter Länge, 14,8 Meter Breite, 4,9 Meter Tiefgang
Verdrängung	voll beladen 5.790 Tonnen
Antrieb	4 × Dieselmotoren mit 8.440 PS Leistung
Höchstgeschwindigkeit	27 Knoten
Reichweite	2.800 Seemeilen (5.200 km) bei 12 Knoten Geschwindigkeit
Besatzung	233 Personen
Bewaffnung	2× AK-726-76-mm-Geschütze, 1× 30-mm-Nahbereichsverteidigungssystem vom Typ AK-630, 2× 533-mm-Dreifachtorpedowerfer, 4× Doppelstarter für P-15M (SSN-N-2C) Seezielflugkörper, 2× RBU-6000 Anti-U-Boot-Raketenwerfer mit je 12 trommelförmig angeordneten Startkammern, Minen
Sensoren	1× MR-302 Rubka Zielsuchradar, 1× Garpun-E Zielsuchradar, 1× MR-105 Turiel Feuerleitradar, 1× MR-123 Wympiel Feuerleitradar, 1× Racal Decca Navigationsradar, 1× MG-322 Argun Sonar, 1× Führungs- und Waffeneinsatzsystems C-Flex (nach Modernisierung)
Luftfahrzeuge	1× IAR 330 Puma-Helikopter

14.2 Fregatten des Type 22

Das Flaggschiff der rumänischen Marine – die »Regele Ferdinand« (F221) –im Oktober 2016 im Schwarzen Meer vom US-Zerstörer USS »Carney« (DDG-64) aus gesehen (Foto: US Navy/ Petty Officer 3rd Class Weston Jones).

Nach dem Fall des Eisernen Vorhanges näherte sich Rumänien immer mehr dem Westen an und trat schließlich im Jahr 2004 der NATO und 2007 der Europäischen Union bei.
Da die rumänische Marine (die Forțele Navale Române).bis dahin nur über Schiffe aus östlicher Produktion verfügte, machte sie sich Anfang des 21. Jahrhunderts auf die Suche nach NATO-kompatiblen Fregatten. Fündig wurde sie schließlich in Großbritannien, wo sie Anfang 2003 zwei rund 15 Jahre alte Fregatten des Type 22 (Broadsword-Klasse) erwerben konnte.

Die Schiffsklasse

Zwischen 1974 und 1985 gab die britische Marine 14 Fregatten des Type 22 in drei Baulosen (bei der Royal Navy als »Batch« bezeichnet) in Auftrag. Sie wurden zwar als Fregatten mit U-Jagd-Spezialisierung entwickelt, sie wurden aber im Lauf der Jahre zu echten Mehrzweckfregatten weiterentwickelt. Die ersten vier Einheiten mit je 4.400 Tonnen Verdrängung wurden zwischen 1978 und 1982 in Dienst gestellt. Sie gehörten dem ersten Baulos an und waren stark auf die U-Jagd spezialisiert. Das zweite Baulos umfasste sechs zwischen 1983 und 1988 in Dienst gestellte Einheiten und wies eine Verdrängung von 4.800 Tonnen auf. Auffälligstes Merkmal war die von 131 auf 146 Meter gestiegene Schiffslänge, um zusätzliches Equipment zur U-Boot-Aufspürung und -Bekämpfung aufnehmen zu können. Bereits im Jahr 1981 wurde aus Kostengründen entschieden, die zehn ursprünglich geplanten letzten Schiffe der Klasse zu streichen. Der Type 22 sollte also nur die zehn Schiffe des ersten und zweiten Bauloses umfassen. Nach dem Falklandkrieg wurde gegen Ende des Jahres 1982 der Bau von vier weiteren Type 22-Fregatten entschieden, die vier im Krieg gegen Argentinien verlorene Schiffe ersetzen sollten. Diese letzten vier Schiffe des nun dritten Bauloses liefen der Royal Navy zwischen Februar 1988 und Mai 1990 zu. Anfang der 1990er Jahre wurden die vierzehn Type 22-Schiffe in der U-Jagd-Rolle nach und nach von den moderneren Fregatten des Type 23 (Duke-Klasse, siehe Kapitel 4.4.) abgelöst. Daher übernahmen die Schiffe des Type 22 immer mehr Geleitschutz- sowie Patrouillenaufgaben und sie wurden bei zahlreichen internationalen Kriseneinsätzen zum »Flagge zeigen« genutzt. Bis zum Jahr 2011 wurden bei der Royal Navy sämtliche Einheiten ausgemustert. Neben Verkäufen an Chile und Brasilien gingen wie eingangs erwähnt bereits im Jahr 2003 zwei Einheiten in den Besitz der rumänischen Marine über. So wurde aus der HMS »Coventry« (F118) die rumänische »Regele Ferdinand« (F221) und aus der HMS »London« (F95) die rumänische »Regina Maria« (F222).

In rumänischen Diensten

Die »Regele Ferdinand« wurde am 19. August 2004 an die rumänische Marine übergeben und nach mehrwöchigen Seeerprobungen am 09. September 2004 offiziell in Dienst gestellt. Seitdem dient die »Regele Ferdinand« als offizielles Flaggschiff der rumänischen Marine. Das Schiff hat an zahlreichen Auslandseinsätzen teilgenommen und war u.a. während der Operation Unified Protector im Jahr 2011 vor Libyen im Einsatz und mehrfach im Rahmen der Operation Active Endeavour im Anti-Terror-Einsatz. Die »Regina Maria« wurde am 21. April 2005 im südenglischen Portsmouth offiziell an die rumänische Mari-

Die »Regina Maria« bei einer Übung mit der italienischen Fregatte »Francesco Morosini« (P431) der Thaon di Revel-Klasse im Mai 2026 (Foto: Forțele Navale Române).

ne übergeben. Am 14. Juli 2005 begann der Transfer zum rumänischen Marinestützpunkt Constanta, wo das Schiff am 25. Juli 2005 eintraf. Genau wie das Schwesterschiff »Regele Ferdinand« nahm auch die »Regina Maria« in den Folgejahren an zahlreichen NATO- und EU-Einsätzen teil. Zu den Hauptaufgaben der Schiffe bei der rumänischen Marine zählen neben der Teilnahme an Auslandseinsätzen die Funktion als Führungsschiffe von Marineverbänden, die Überwachung der rumänischen Hoheitsgewässer, die Bekämpfung von Waffen- und Drogenschmuggel auf See und Ausbildungsaufgaben. Die beiden rumänischen Fregatten des Type 22 sind je 146,5 Meter lang, 14,8 Meter breit und verfügen über einen Tiefgang von 6,4 Metern. Die 4.800 Tonnen verdrängenden Schiffe werden von einem COGOG (Combined Gas or Gas)-System bestehend aus zwei Rolls-Royce Olympus TM3B-Hochgeschwindigkeitsgasturbinen mit 54.000 PS und zwei Rolls-Royce Tyne RM1C-Gasturbinen für Marschfahrt mit 9.700 PS angetrieben. Das Antriebssystem wirkt auf zwei Schiffswellen mit je einem Verstellpropeller. Zur Bewaffnung zählen ein 76/62 Oto Melara Super-Rapid-76-mm-Bordgeschütz sowie mehrere Maschinengewehre. Die Fregatten verfügen seit ihrer Dienstzeit bei der britischen Royal Navy über Startanlagen von Sea Wolf-Flugabwehrraketen und Exocet-Seezielflugkörpern, allerdings hat die rumänische Marine keine der beiden Lenkflugwaffen in ihrem Bestand. Statt zwei Westland Lnyx Mk. 8-Bordhelikoptern nutzt die rumänische Marine ein Exemplar des IAR/Aerospatiale SA 330 Puma-Helikopters.

Ersatz

Im Jahr 2025 orderte die rumänische Marine ein Hochseepatrouillenboot der Hisar-Klasse in der Türkei (basierend auf den Korvetten der Ada-Klasse, siehe auch Kapitel 7.4.) und legte am 29. Mai 2026 eine Bestellung über zwei 90-Meter-Hochseepatrouillenboote des MMPV-Typs beim deutschen Rheinmetall-Konzern nach (der Typ entspricht den von Bulgarien georderten MMPV-Einheiten, siehe Kapitel 15.1.). Die drei kommenden neuen Hochseepatrouillenboote der rumänischen Marine sind zwar deutlich kleiner als die Type 22-Fregatten, sollen aber über eine vergleichbare, aber deutlich modernere Bewaffnung verfügen. Derzeit ist nicht vollständig sicher, ob die drei neuen Hochseepatrouillenboote als Ersatz oder als Ergänzung der rumänischen Bestandsfregatten dienen sollen.

Technische Daten Type 22 / Regele Ferdinand-Klasse	
Bauwerft	Swan Hunter, Wallsend (F221 »Regele Ferdinand«, Stapellauf 08. April 1986), Yarrow Shipbuilders, Glasgow (F222 »Regina Maria«, Stapellauf 27. Oktober 1984)
Abmessungen	146,5 Meter Länge, 14,8 Meter Breite, 6,4 Meter Tiefgang
Verdrängung	4.800 Tonnen
Antrieb	1× COGOG (Combined Gas or Gas)-System aus 2× Rolls-Royce Olympus TM3B-Hochgeschwindigkeitsgasturbinen mit 54.000 PS und 2× Rolls-Royce Tyne RM1C-Gasturbinen für Marschfahrt mit 9.700 PS auf 2× Schiffswellen mit je 1× Verstellpropeller wirkend
Höchstgeschwindigkeit	30 Knoten
Besatzung	250 Personen
Bewaffnung	1× 76/62 Oto Melara Super-Rapid-76-mm-Bordgeschütz, mehrere Maschinengewehre
Sensoren	1× Type 967/968 Luftraumüberwachungsradar, 2× Type 910 Feuerleitradar, 1× Type 1006 Navigationsradar, 1× Type 2016 Sonar, 1× Type 2031Z Schleppsonar
Luftfahrzeuge	1× IAR/Aerospatiale SA 330 Puma-Bordhelikopter

15. Bulgarien

15.1 Fregatten der Wielingen-/Draski-Klasse

Die »Wielingen« (F910) und die »Wandela« (F912) aufgenommen im Jahr 2003 in belgischen Diensten (Foto: Sergio Echeverría García, CC BY-SA 3.0).

Das ehemals kommunistische Bulgarien orientierte sich nach dem Fall des Eisernen Vorhangs am Westen und trat 2004 der NATO bei. Um die Verpflichtungen des Verteidigungsbündnisses erfüllen zu können, kaufte die bulgarische Regierung im Jahr 2005 die belgische Fregatte »Wandelaar »(F-912) der Wielingen-Klasse und benannte sie in »Draski« (F41) um. Zwei Jahre später erwarb sie von Belgien die letzten beiden verbliebenen Schiffe der Wielingen-Klasse: aus der »Wielingen« (F-910) wurde die »Werni« (F42) und aus der »Westdiep« wurde die »Gordi« (F43).

Die Entwicklung

Die belgische Marine benötigte in den 1970er Jahren dringend Ersatz für mehrere Geleitschiffe der Algerine-Klasse, bei denen es sich eigentlich um britische Minensucher aus dem Zweiten Weltkrieg handelte. Mit Hilfe der niederländischen Regierung und der niederländischen Werftindustrie wurde eine kleine Fregattenklasse mit lediglich 106 Metern Länge, 12,3 Metern Breite, einem Tiefgang von 5,6 Metern und einer Verdrängung von 2.200 Tonnen ohne Helikopterlandedeck entworfen. Dadurch können die Schiffe autark nur in Küstennähe operieren oder als NATO-Begleitschiffe nur innerhalb eines größeren Flottenverbandes operieren, in dem ausreichend Einheiten mit Flugdecks vorhanden sind. Zwei Einheiten der aus ursprünglich vier Schiffen bestehenden Klasse wurden auf der Boelwerf in Temse, Ostflandern und zwei Einheiten wurden auf der Cockerill-Werft in Antwerpen gebaut. Die nach Nordseesandbänken benannten Schiffe werden von einem CODOG (Combined Diesel or Gas)-System bestehend aus einer Rolls-Royce Olympus T M - 3 B Gasturbine mit 27.575 PS und zwei ABC DZC-Dieselmaschinen mit je 4,200 PS Leistung angetrieben. Zur Bewaffnung zählen ein 100-mm-Bordgeschütz, ein Achtfachstarter für Sea Sparrow-Luftabwehrraketen, ein Vierfachstarter für Exocet-Seezielflugkörper, ein Creusot-Loire-375-mm-U-Jagd-Mörser und zwei 533-mm-Torpedorohre für DTCN L5-Torpedos. Dazu kommen noch diverse Maschinengewehre und Täuschkörpersysteme.

Spätere Jahre

Nach dem Fall des Eisernen Vorhangs wurden die Fregatten der Wielingen-Klasse umfangreich modernisiert und sie nahmen häufiger an internationalen Einsätzen teil, die sie weit über die angestammten Gewässer der Nordsee hinausführten, so u.a. auch an Desert Storm 1991 und anschließenden Embargoeinsätzen vor der irakischen Küste im Persischen Golf. Eine der vier Fregatten, die »Westhinder« war bereits 1988

Die »Draski« (im Bild links) zusammen mit der Korvette »Reshitelni« (13) beim Flugkörperschießen während einer Übung im Juli 2015 (Foto: Bulgarian Ministry of Defence).

Die bulgarische »Draski« (F41) aufgenommen vom amerikanischen Zerstörer USS »Truxton« (DDG-103) im März 2014 im Schwarzen Meer (Foto: US Navy/MC3 Scott Barnes).

bei einem NATO-Manöver vor Norwegen auf Grund gelaufen und hatte dabei so starke Schäden erlitten, dass sie bereits im Juli 1993 ausgemustert und schlussendlich im Jahr 2000 verschrottet wurde. Wie eingangs erwähnt, trennte sich die belgische Marine Anfang des 21. Jahrhunderts von den verbliebenen drei Einheiten der Wielingen-Klasse und übernahm zwei voll hochseetaugliche Fregatten der Karel Doorman-Klasse.

In Bulgarien

In bulgarischen Diensten haben sich die drei Fregatten der Wielingen-Klasse bewährt, da die Gewässer des Schwarzen Meeres – deren Haupteinsatzgebiet – keine weltweit einsetzbaren Hochleistungsfregatten benötigen. Im Jahr 2011 patrouillierte die »Draski« jedoch in einem »Out of Area-Einsatz« während der Kampfhandlungen um die libysche Herrschaft vor der Küste Libyens. Seit dem Beginn des Ukrainekrieges im Jahr 2022 hat sich jedoch die Bedrohungslage im Schwarzen Meer geändert und es hat sich deutlich gezeigt, dass die 50 Jahre alten, leicht bewaffneten Einheiten der Wielingen-Klasse nicht mehr zeitgemäß sind. In einem ersten Schritt hat die bulgarische Marine zwei 90 Meter lange Hochseepatrouillenboote bei der deutschen NVL (Lürssen, jetzt Rheinmetall) in Auftrag gegeben. Die nächsten Jahre werden zeigen, ob das osteuropäische Land, welches zu den finanzschwächsten Ländern der NATO und EU zählt, die Mittel für vollwertige moderne Kampfeinheiten aufbringen kann.

Technische Daten Wielingen-Klasse	
Bauwerft	Boelwerf, Temse, Ostflandern und Cockerill-Werft, Antwerpen
Abmessungen	106 Meter Länge, 12,3 Meter Breite, 5,6 Meter Tiefgang
Verdrängung	2.200 Tonnen
Antrieb	1× CODOG (Combined Diesel or Gas)-System aus 1× Rolls-Royce Olympus T M - 3 B Gasturbine mit 27.575 PS und 2× ABC DZC-Dieselmaschinen mit je 4.200 PS Leistung
Höchstgeschwindigkeit	28 Knoten
Reichweite	6.000 Seemeilen bei 16 Knoten
Besatzung	159 Personen
Bewaffnung	1× 100-mm-Bordgeschütz, 1× Achtfachstarter für Sea Sparrow-Luftabwehrraketen, 1× Vierfachstarter für Exocet-Seezielflugkörper, 1× Creusot-Loire-375-mm-U-Jagd-Mörser, 2× 533-mm-Torpedorohre für DTCN L5-Torpedos, mehrere Maschinengewehre und Täuschkörpersysteme
Sensoren	1× Navigationsradar Hollandse Signaal Apparaten (I/J-Band), 1× Überwachungsradar Hollandse Signaal Apparaten DA-05 (E/F-Band), 1× Feuerleitradar Hollandse Signaal Apparaten WM-25 (I/J-Band), 2× optische Zielerfassungskameras EOMS IR/Video, 1× Computing Devices Canada SQS-510 mittelfrequentes U-Jagdsonar

16. Kanada

16.1 Zukünftige Zerstörer der River Klasse

Zeichnerische Darstellung des Future Canadian Surface Combatant aus dem Jahr 2018 (Grafik: Lockheed Martin Canada).

Das kanadische Projekt zum Ersatz der drei Zerstörer der Iroquios-Klasse (seit 2017 komplett ausgemustert) und der zwölf Fregatten der Halifax-Klasse (siehe Kapitel 16.2.) nahm 2017 mit einer internationalen Ausschreibung Fahrt auf.
Zur Auswahl standen die spanische F-105-Klasse von Navantia, die niederländische De Zeven Provinciën-Klasse (angeboten durch Alion Canada) und das britische Global Combat Ship des Typs 26.

Die Auswahl
Am 19. Oktober 2018 wurde von der kanadischen Regierung das Konsortium unter Führung von Lockheed Martin Canada, welches den britischen Entwurf zusammen mit BAE Systems in Kanada vermarktet, als »Preferred Bidder« ausgewählt. Nach einem rechtlichen Einspruch bezüglich der Vergabe an Lockheed/BAE seitens Alion, der aber letztlich erfolglos blieb, konnte der Beschaffungsvertrag am 08. Februar 2019 geschlossen werden. Die zukünftigen kanadischen Einheiten werden mit dem AEGIS Combat System ausgestattet sein, das beim zukünftigen Canadian Surface Combatant im Zusammenspiel mit dem kanadischen CMS-330 Combat Management System operieren wird. Zur Luftraumüberwachung wird das von Lockheed Martin entwickelte AESA-Radar AN/SPY-7(V)3 verwendet, das zukünftig auch von den Marinen Spaniens und Japans eingesetzt werden wird. Der Beschaffungsvertrag für dieses fortschrittliche Radarsystem wurde im September 2020 geschlossen. Ursprünglich war seitens der kanadischen Regierung geplant, neben einer Standardversion noch eine designierte Luftabwehrversion des zukünftigen Canadian Surface Combatant zu beschaffen, aus Kosten- und Personalmanagementgründen wurde dies aber wieder verworfen und alle 15 zu beschaffenden Einheiten werden in einer einheitlichen Version bei Irving Shipbuilding in Halifax gefertigt. Am 28. Juni 2024 wurden die Namen der ersten drei Schiffe bekannt: HMCS »Fraser«, HMCS »Saint Laurent« und HMCS »Mackenzie« – alle benannt nach kanadischen Flüssen und dementsprechend werden die Schiffe offiziell als River-Klasse bezeichnet. Herausstechend ist die Tatsache, dass die Einheiten bei der Royal Canadian Navy offiziell als Zerstörer und nicht als Fregatten wie ihre britischen und australischen Schwesterschiffe klassifiziert werden.

Das Schiff
Die Schiffe der River-Klasse werden über eine Länge von 151,4 Metern, eine Breite von 20,75 Metern und einen Tiefgang von 8 Metern verfügen sowie 7.800 Tonnen Verdrängung aufweisen. Das Antriebssystem nutzt eine Combined Diesel-Electric or Gas Propulsion (CODLOG)-Konfiguraton bestehend aus zwei General Electric-Motoren, einer Rolls-Royce MT 30-Gasturbine und vier Rolls-Royce MTU-Dieselgeneratoren. Das Antriebssystem wirkt auf zwei Schiffswellen mit je einem Verstellpropeller. Die Bewaffnung besteht neben dem 127-mm-Bordgeschütz MK 45 von BAE Systems aus einem MK 41-VLS-Startsystem mit 24 Abschusszellen für SM-2-Standardraketen und Evolved Sea Sparrow-Raketen zur Flugabwehr (beide vom amerikanischen Rüstungskonzern Raytheon) sowie Tomahawk-Marschflugkörper und zwei 324-mm-Dreifachtorpedowerfer für MK 54-Leichtgewichtstorpedos und mehrere Automatikgeschütze. Zwei Vierfachstarter für acht Naval Strike Missile-Seezielflugkörper sind

ebenfalls an Bord vorhanden. Ein RIM-116 Rolling Airframe Missile-Raketenstarter dient der Nahbereichsverteidigung. Da die River-Klasse auf die U-Boot-Jagd spezialisiert sein wird, verfügen die Schiffe der Klasse über ein Ultra Electronics S2150-Rumpfsonar und sind zusätzlich mit dem geschleppten Täuschkörpersystem Sea Antor S2170 von Ultra Electronics ausgestattet.

Grafische Darstellung des überarbeiteten Schiffsentwurfes im Jahr 2024 (Grafik: Royal Canadian Navy).

Baustart

Am 28. Juni 2024 begann bei der Bauwerft Irving Shipbuilding in Halfax die Fertigung des Prototyps eines Rumpfmoduls, bei dem alle Produktionsverfahren für den Serienbau der 15 Schiffe getestet wurden. Die Erfahrungen aus dem Bau dieses Testmoduls flossen dann in den tatsächlichen Schiffbau ein, der im April 2025 mit den Arbeiten am Typschiff HMCS »Fraser« begann. Die Baukosten der ersten drei Schiffe betragen 8 Milliarden US-Dollar. Die Ablieferung der ersten Einheit ist für die frühen 2030er Jahre geplant. Bis zum Jahr 2040 sollen laut den derzeitigen Planungen neun Schiffe abgeliefert werden. Mit der Indienststellung der 15. und letzten Einheit der River-Klasse wird für das Jahr 2050 gerechnet. Parallel zum Bau der ersten drei Einheiten der River-Klasse entsteht in Hartlen Point in der kanadischen Provinz Nova Scotia eine landgestützte Testanlage, die über alle Systeme der Schiffe verfügen wird (inklusive AN/SPY-7-Radar und AEGIS Combat Management System) und im Jahr 2028 eingeweiht werden soll. Hier sollen vor der Indienststellung der Schiffe alle Systeme getestet und während der Lebensdauer der Schiffsklasse Modifikationen bzw. Änderungen vor der Einführung in die Flotte an Land überprüft werden.

Dieses im März 2026 von der Royal Canadian Navy präsentierte Modell zeigt die aktuelle und endgültige Auslegung der River-Klasse (Foto: Royal Canadian Navy).

Technische Daten River-Klasse	
Bauwerft	Irving Shipbuilding Halifax, Nova Scotia
Abmessungen	151,4 Meter Länge, 20,75 Meter Breite, 8 Meter Tiefgang
Antrieb	Combined Diesel-Electric or Gas Propulsion (CODLOG)-Antrieb aus 2× General Electric-Motoren, 1× Rolls-Royce MT 30-Gasturbine und 4× Rolls-Royce MTU-Dieselgeneratoren, 2× Schiffswellen mit je 1× Verstellpropeller
Höchstgeschwindigkeit	27 Knoten
Besatzung	210 Personen
Bewaffnung	1× 127-mm-Bordgeschütz MK 45 von BAE Systems, 1× MK 41-VLS-Startsystem mit 24 Abschusszellen für RIM-66 SM-2-Standardraketen und RIM-162 ESSM Evolved Sea Sparrow-Raketen zur Flugabwehr, BGM-109 Tomahawk-Marschflugkörper, 2× 324-mm-Dreifachtorpedowerfer für MK 54-Leichtgewichtstorpedos, 2× Vierfachstarter für 8 Naval Strike Missile-Seezielflugkörper, 1× Nahbereichsverteidigungssystem RIM-116 Rolling Airframe Missile, 2× 30 mm Mk 38 Mod 4-Automatikgeschütze, 11× Maschinengewehre 7,62 mm C6 FLEX oder 12,7 mm Typ M2
Sensoren	Lockheed Martin Canada AN/SPY-7(V)3 AESA-Radar, AEGIS Combat System (Führungs- und Waffeneinsatzsystem) mit kanadischem taktischem Interface, Lockheed Martin Canada CMS-330 Combat Management System, 1× Ultra Electronics S2150-Rumpfsonar, 1× geschlepptes Täuschkörpersystem Ultra Electronics Sea Antor S2170, Raytheon AN/SLQ-32(V)6 Suite zur Elektronischen Kriegsführung, BAE Systems Mk 53 Nulka Täuschkörpersystem
Luftfahrzeuge	1× Sikorsky CH-148 Cyclone Helikopter zur U-Jagd

16.2 Fregatten der Halifax-Klasse

Das Typschiff HMCS »Halifax« (FFH-330) aufgenommen im Februar 2021 in arktischen Gewässern (Foto: Cavernia, CC BY-SA 4.0).

Die kanadische Marine begann 1975, über den Ersatz ihrer Begleitzerstörer der Annapolis-, Mackenzie-, Restigouche und St. Laurent-Klassen nachzudenken. Das daraus resultierende, bis dahin größte kanadische Schiffbauprojekt wurde als Canadian Patrol Frigate Project (CPFP) bezeichnet.
Eine Arbeitsgruppe wurde vom kanadischen Verteidigungsministerium eingesetzt. Hauptaufgabe der neuen Fregatte sollte der Schutz von NATO-Konvois im Nordatlantik und die Bekämpfung sowjetischer U-Boote sein.

Das Projekt

1980 wurden die ersten Ergebnisse präsentiert, wobei noch zahlreiche Hürden mit Vertragspartnern zu klären waren und sich so die Ausführung des Projektes bis 1987 hinzog, bevor es schließlich Fahrt aufnehmen konnte. 1983 wurde das Budget für den Bau des ersten Loses von sechs Schiffen genehmigt. Das aus dem CPFP resultierende Projekt wurde unter der Bezeichnung Halifax Class Frigate (Fregatten der Halifax-Klasse) bekannt. In den 1990er Jahren konnten die ersten Einheiten der Halifax-Klasse schließlich die alten Zerstörer ersetzen. Die Schiffe sind nach den zwölf wichtigsten kanadischen Metropolen benannt, weshalb die Schiffsklasse auch als City-Klasse

Die Fregatten der Halifax-Klasse ersetzen die aus den 1950er/60er Jahren stammenden kanadischen Zerstörer, hier im Bild die HMCS »Nipigon« im Jahr 1991 (Foto: Paul Harrison, CC BY-SA 4.0).

Die HMCS »St. John´s« (FFH-340) aufgenommen während einer Werftliegezeit (Foto: HMC Dockyard).

bezeichnet wir. Sie bilden bis heute das Rückgrat der kanadischen Marine. Die Fregatten der Halifax-Klasse wurden aus vorgefertigten Segmenten gebaut, die auf den beiden beteiligten Bauwerften – Saint John Shipbuilding in Saint John, New Brunswick sowie MIL Davie Shipbuilding in Lauzon, Quebec – im Trockendock zu einem Schiff zusammengefügt wurden. Bautechnische Schwierigkeiten ließen die Auslieferung der ersten Einheiten verzögern. Schließlich wurden zwischen 1992 und 1996 alle zwölf Fregatten der Halifax-Klasse in Dienst gestellt. Neun Fregatten wurden bei Saint John Shipbuilding und drei Fregatten bei MIL-Davie Shipbuilding gefertigt.

Die Technik

Die Fregatten der Halifax-Klasse sind 134,1 Meter lang, 16,4 Meter breit und verfügen über einen Tiefgang von 4,63 Metern bei leichter Ausrüstung, 4,99 Meter bei voller Ausrüstung. Die Antriebsanlage ist als CODOG (Combined Diesel Or Gas)-System ausgelegt. Zwei General Electric LM2500 Gasturbinen mit 47.500 PS sowie ein SEMPT Pielstick 20 PA6 V280 Diesel mit 8.800 PS wirken auf ein Royal Schelde-Getriebe. Zwei Propellerwellen mit Escher Wyss-Verstellpropeller setzen die Kraft um. Die Bewaffnung besteht aus einem 57mm Mk.2/Mk.3 Bofors-Geschütz, zwei Mk.48 Mod0 VLS mit acht Startzellen und 16 RIM-7 Sea Sparrow SAM-Flugabwehrraketen oder 16 RIM-162 Evolved Sea Sparrow Missiles (ESSM, nach Modernisierung der Schiffe). Zwei Mk.141-Starter für bis zu acht RGM-84 Harpoon-Seezielflugkörper sind ebenfalls vorhanden. Zur Nahbereichsverteidigung wird ein Mk.15 Mod.21 Phalanx Clo-

Blick vom Bug der HMCS »St. John´s« auf das 57-Millimeter-Bordgeschütz und den Brückenaufbau (Foto: Verfasser).

Die Brücke der Fregatten der Halifax-Klasse – hier bei der HMCS »St. John's« – entspricht dem Stand der 1990er Jahre (Fotos: Verfasser).

Die hinteren Aufbauten. Rechts im Bild sieht man einen der beiden Vierfach-Starter für die Harpoon-Seezielflugkörper (Foto: Verfasser).

Auf dem Helikopterhangar ist das Nahbereichsverteidigungssystem des Typs Phalanx CIWS installiert (Foto: Verfasser).

Die VLS-Startzellen zum Abschuss der Evolved Sea Sparrow-Flugabwehrraketen sind nicht wie bei den meisten Fregatten vor der Brücke, sondern seitlich stehend installiert (Foto: Verfasser).

Die Schiffe der Santa María-Klasse						
Name	**Schiffs-kennung**	**Namensgeber**	**Kiellegung**	**Stapellauf**	**Indienststel-lung**	**Werft**
HMCS »Halifax«	FFH-330	Halifax	19. März 1987	30. April 1988	29. Juni 1992	Saint John Shipbuilding
HMCS »Vancouver«	FFH-331	Vancouver	19. Mai 1988	08. Juli 1989	23. August 1993	Saint John Shipbuilding
HMCS »Ville de Québec«	FFH-332	Ville de Québec	16. Dezember 1988	16. Mai 1991	14. Juli 1994	MIL Davie Shipbuilding
HMCS »Toronto«	FFH-333	Toronto	22. April 1989	18. Dezember 1990	29. Juli 1993	Saint John Shipbuilding
HMCS »Regina«	FFH-334	Regina	06. Oktober 1989	25. Januar 1992	29. Dezember 1993	MIL Davie Shipbuilding
HMCS »Calgary«	FFH-335	Calgary	15. Juni 1991	28. August 1992	12. Mai 1995	MIL Davie Shipbuilding
HMCS »Montréal«	FFH-336	Montréal	08. Februar 1991	28. Februar 1992	21. Juli 1994	Saint John Shipbuilding
HMCS »Fredericton«	FFH-337	Fredericton	25. April 1992	26. Juni 1993	10. Septem-ber 1994	Saint John Shipbuilding
HMCS »Winnipeg«	FFH-338	Winnipeg	20. März 1993	25. Juni 1994	23. Juni 1996	Saint John Shipbuilding
HMCS »Charlottetown«	FFH-339	Charlottetown	18. Dezember 1993	1. Oktober 1994	9. September 1995	Saint John Shipbuilding
HMCS »St. John's«	FFH-340	St. John's	24. August 1994	24. August 1994	26. Juni 1996	Saint John Shipbuilding
HMCS »Ottawa«	FFH-341	Ottawa	29. April 1995	31. Mai 1996	28. Septem-ber 1996	Saint John Shipbuilding

Navy darauf geachtet, bei der Modernisierung möglichst wenig Ausrüstung aus US-amerikanischer Fertigung zu verwenden. Es wurden daher hauptsächlich Lieferanten aus Kanada, Schweden, Deutschland, den Niederlanden und Israel ausgewählt. Die elektronische Ausstattung nach der Umrüstung besteht aus dem Thales SMART-S Mk.23D-Überwachungsradar, dem Saab SG-180 Sea Giraffe für G Band 2D Luft/Oberflächen-Suchradar sowie dem Saab Ceros-200-Feuerleitradar und optronischem Tracking System. Raytheon/Anschütz hat das Pathfinder ST Mk.2-Navigationsradar geliefert. Rheinmetalls Täuschkörpersystem Multi Ammunition Softkill System (MASS) wurde ebenfalls eingerüstet. Schließlich wurde noch das SIRIUS Long Range Infrarot Search and Track System (LR-IRST) verbaut. Dieses System ist ebenfalls auf den deutschen Fregatten der Sachsen Klasse installiert. Rheinmetall erhielt weiterhin den Auftrag für die Lieferung von 14 Passive Electronic Countermeasure Systemen (ECM, Systeme für Elektronische Gegenmaßnahmen). Die Sonartechnik besteht aus dem Schleppsonar CANTASS Canadian Towed Array und dem GD-C AN/SQS-510-rumpfseitig installiertem Sonar, wel-

Der MASS-Täuschkörperwerfer MASS von Rheinmetall aufgenommen auf der HMCS »Ottawa« (FFH-341) im August 2019 bei einem Hafenbesuch im japanischen Maizuru (Foto: Hunini, CC BY-SA 4.0).

Im Juli 2023 wird der japanische Hubschrauberträger JS »Izumo« (DDH-183) von der kanadischen Fregatte HMCS »Montréal« (FFH-336) eskortiert (Foto: 海上自衛隊, CC BY 4.0).

se in Weapon System (CIWS) genutzt. Ergänzt wird die Bewaffnung durch zwei Mk.32 Mod.9-Torpedorohre für Mk.46 Mod. 5-Torpedos und eine fernbedienbare Waffenstation des Typs Rafael Mini-Typhoon Kaliber .50 Naval Remote Weapon Station sowie mehrere Maschinenkanonen. Das Landedeck und der Hangar sind für Helikopter der Typen Sikorsky CH-124 Sea King oder Sikorsky CH148 Cyclone ausgelegt.

Modernisierungsmaßnahmen

Von 2010 bis 2018 sind die Schiffe der Halifax-Klasse umfassend modernisiert worden. Aufgrund des im Rahmen der International Traffic in Arms Regulations (ITAR, Regelwerk zur US-Waffen-Exportkontrolle) mitunter beschränkten Exportes von amerikanischer Waffentechnik, hat die Royal Canadian

Heckansicht der HMCS »Montréal« im Oktober 2023 im schottischen Leith (Foto: M J Richardson, CC BY-SA 2.0).

ches ein akustisches Reichweitenvorhersagesystem beinhaltet. Als Sonarbojen-Verarbeitungssystem ist das GD-C AN/UYS-503 verbaut.

Weltweiter Einsatz

In den letzten Jahrzehnten waren die Fregatten der Halifax-Klasse weltweit im Einsatz und ebenso regelmäßig bei Marinemanövern in asiatischen sowie europäischen Gewässern anzutreffen. So waren die Fregatten auch regelmäßig während des BALTOPS-Manövers in der Ostsee anzutreffen und anschließend im Rahmen der Kieler Woche zu Gast im Marinestützpunkt Kiel. Die Halifax-Klasse soll ab den frühen 2030er Jahren durch erste Zerstörer der River-Klasse (siehe Kapitel 16.1.) ersetzt werden. Nach den derzeitigen Planungen der Royal Canadian Navy soll die letzte Fregatte der Halifax-Klasse um das Jahr 2040 ausgemustert werden.

Die HMCS »Regina« feuert im Juni 2020 vor der Küste von Hawaii zwei Harpoon-Seezielflugköprer während des RIMPAC-Manövers ab (Foto: US Navy/Petty Officer 2nd Class Dan Bard).

Technische Daten Halifax-Klasse	
Bauwerft	Saint John Shipbuilding, Saint John, New Brunswick und MIL Davie Shipbuilding, Lauzon, Quebec
Abmessungen	134,1 Meter Länge, 16,4 Meter Breite, 4,99 Tiefgang (maximal)
Verdrängung	4.735 Tonnen
Antrieb	1× CODOG (Combined Diesel Or Gas)-System, 2× General Electric LM2500 Gasturbinen mit 47.500 PS Leistung, 1× SEMPT Pielstick 20 PA6 V280 Diesel mit 8.800 PS Leistung, 1× Royal Schelde-Getriebe, 2× Schiffswellen mit je 1× Escher Wyss-Verstellpropeller
Besatzung	225 bis 255 Personen
Reichweite	bis zu 17.600 km
Bewaffnung	1× 57mm Mk.2/Mk.3 Bofors-Geschütz, 2× Mk.48 Mod0 VLS mit 8× Startzellen und 16× RIM-7 Sea Sparrow SAM-Flugabwehrraketen oder 16 RIM-162 Evolved Sea Sparrow Misiles/ESSM (nach Modernisierung), 2× Mk.141-Starter für bis zu 8× RGM-84 Harpoon-Seezielflugkörper, 1× Mk.15 Mod.21 Phalanx Close in Weapon System (CIWS) zur Nahbereichsverteidigung, 2× Mk.32 Mod.9-Torpedorohre für Mk.46 Mod. 5-Torpedos, 1× Rafael Mini-Typhoon Kaliber .50 Naval Remote Weapon Station, 6 bis 8× Browning Kaliber .50 Maschinenwaffen
Sensoren (nach Umrüstung)	1× Thales SMART-S Mk.23D-Überwachungsradar, 1× Saab SG-180 Sea Giraffe für G Band 2D Luft/Oberflächen-Suchradar, 1× Saab Ceros-200-Feuerleitradar und optronisches Tracking System, 1× Raytheon/Anschütz Pathfinder ST Mk.2-Navigationsradar, 1× Telephonics AN/UPX-505 IFF (Freund/Feind-Erkennung)-System, 1× Rheinmetall Täuschkörpersystem Multi Ammunition Softkill System (MASS), 1× SIRIUS Long Range Infrarot Search and Track System (LR-IRST), 14× Rheinmetall Passive Electronic Countermeasure Systeme (ECM, Systeme für Elektronische Gegenmaßnahmen), 2× Navy Multi Band-Terminals zur Satellitenkommunikation, Täuschkörperwerfer Shield Mark 2 von BAE Systems, 1× Schleppsonar CANTASS Canadian Towed Array, 1× GD-C AN/SQS-510-Rumpfsonar, 1× geschlepptes Täuschkörpersystem AN/SLQ-25 Nixie
Luftfahrzeuge	1× Sikorsky CH-124 Sea King oder 1× Sikorsky CH148 Cyclone Bordhelikopter

17. Polen

17.1 Fregatten der Oliver Hazard Perry-Klasse

Die polnische »Generał Kazimierz Pułaski« (272, ex-USS »Clark« FFG-11) läuft nach einem Hafenbesuch am 24. Juni 2019 aus dem Kieler Marinestützpunkt aus (Foto: Verfasser).

Polen war neben der Tschechischen Republik und Ungarn eines der drei osteuropäischen Länder, die vormals dem Warschauer Pakt angehörten und die im Jahr 1999 während der ersten NATO-Osterweiterung dem transatlantischen Bündnis beigetreten sind. Durch die neue Zugehörigkeit zum westlichen Militärbündnis unter Führung der USA, erhielt die polnische Marine die Möglichkeit, in den Jahren 2000 und 2002 zwei gebrauchte Fregatten der Oliver Hazard Perry-Klasse zu beziehen.

Die polnischen Einheiten

Bei den beiden Schiffen handelt es sich um die »Generał Kazimierz Pułaski« (Kennung 272, die ehemalige USS »Clark« FFG-11, ursprünglich am 09. Mai 1980 in den Dienst der US Navy gestellt, gebaut bei Bath Iron Works im US-Bundesstaat Maine) und die »Generał Tadeusz Kościuszko« (Kennung 273, die ehemalige USS »Wadsworth« FFG-9, ursprünglich am 02. April 1980 in den Dienst der US Navy gestellt, gebaut bei den Todd Pacific Shipyards in Los Angeles, Kalifornien). Bei der Indienststellung der »Generał Kazimierz Pułaski« am 25. Juni 2000 war die damalige amerikanische Außenministerin Madeleine Albright anwesend. Die »Generał Tadeusz Kościuszko« wurde am 23. Oktober 2002 in den Dienst der polnischen Marine gestellt.

Die Schiffe

Die Oliver Hazard Perry-Klasse war eine Übergangsschiffklasse, deren Design verschiedene Schiffsklassen der US Navy in den 1970er Jahren ablösen sollte. Die Perry-Klasse wurde primär als U-Jagd-Fregatte entworfen, mit den Sekundärrollen Flugabwehr und Überwasserkriegsführung. Die Fregatten der Oliver Hazard Perry-Klasse sind 136 Meter lang, 14 Meter breit und verfügen über einen Tiefgang von 6,7 Metern sowie eine Verdrängung von 4.200 Tonnen voll beladen. Die beiden polnischen Einheiten der Perry-Klasse wurden ohne große Modifikationen von der US Navy übernommen. Sie werden von zwei LM 2500-Gasturbinen von General Electric angetrieben, die auf eine einzelne Welle wirken. Daraus ergibt sich eine Höchstgeschwindigkeit von mehr als 29 Knoten bei 41.000 PS Leistung. Zwei 350-PS-Motoren in ausfahrbaren Gondeln verbessern die Manövrierbarkeit in den Häfen und können im Notfall selbst als Schiffsantrieb fungieren, bei einer Maximal-

Die polnische Marine nutzt als einer der weltweit letzten Betreiber auf ihren Fregatten der Perry-Klasse Bordhelikopter des Typs Kaman SH-2G Super Seasprite (Foto: Polnisches Verteidigungsministerium).

Im Juni 2019 liegt die türkische TCG »Gökova« (F-496, links) »im Päckchen« mit der polnischen »Generał Kazimierz Pułaski« (272) während der Kieler Woche im Kieler Stützpunkt (Foto: Verfasser).

Die »Gen. T. Kościuszko« (273) aufgenommen im August 2017 im Heimatstützpunkt Gdynia (Foto: Michal Derela, CC BY-SA 4.0).

geschwindigkeit von fünf bis sechs Knoten. Die Hauptbewaffnung besteht aus einer einzelnen Mk. 13-Startanlage, die in der Lage ist, 36 SM-1MR Standard-Luftabwehrraketen und vier RGM-84 Harpoon Seezielflugkörper zu verschießen. Dazu kommen ein OTO Melara 76-mm-Schiffsgeschütz des Typs Mk. 75 (auf den Aufbauten installiert und nach achtern gerichtet), mehrere Maschinengewehre, ein Phalanx/CIWS- Nahbereichsverteidigungssystem und zwei Mk. 32 Dreifachtorpedowerfer für Mark 46-Torpedos gegen gegnerische U-Boote. Ein AN/SQS-56 Sonar ist an der Rumpfunterseite angebracht. Als Bordhelikopter nutzt die polnische Marine als einer der letzten Betreiber die Kaman SH-2G Super Seasprite.

Ausblick

Seit mehr als 20 Jahren zählen die beiden Schiffe zu regelmäßigen Besuchern deutscher Marinestützpunkte, beispielsweise bei der jährlich stattfindenden Kieler Woche. Aufgrund der dabei regelmäßig stattfindenden Open Ship-Events sind sie auch einer breiten Öffentlichkeit bekannt. Bei beiden Einheiten handelt es sich um die mit Abstand größten Schiffe der polnischen Marine. Um das Jahr 2030 sollen sie von einer Klasse neuer Lenkwaffenfregatten der Wicher-Klasse ersetzt werden (basierend auf dem britischen Type 031/Arrowhead-140, siehe Kapitel 17.2.).

Die polnischen Schiffe der Oliver Hazard Perry-Klasse

Name	Kennung	Bauwerft	Indienststellung USA	Indienststellung Polen
»Generał Kazimierz Pułaski« (ex »Clark«)	272	Bath Iron Works, Bath, Maine	09. Mai 1980	25. Juni 2000
»Generał Tadeusz Kościuszko« (ex »Wadsworth«)	273	Todd Pacific Shipyards, San Pedro/Los Angeles, Kalifornien	02. April 1980	23. Oktober 2002

Technische Daten Oliver Hazard Perry-Klasse

Bauwerft	Bath Iron Works, Maine und Todd Pacific Shipyards San Pedro/Los Angeles, Kalifornien
Abmessungen	136 Meter Länge, 14 Meter Breite, 6,7 Meter Tiefgang
Verdrängung	4.200Tonnen (voll beladen)
Antrieb	2× General Electric LM2500-30 Gasturbinen mit insgesamt 41.000 PS Leistung, 1× Schiffswelle mit Verstellpropeller, 2× 350-PS-Motoren in ausfahrbaren Gondeln zum Manövrieren
Höchstgeschwindigkeit	29 Knoten
Besatzung	220 Personen
Bewaffnung	1× Mk. 13 Raketenstarter für 36 SM-1MR Flugabwehrraketen oder 4× Harpoon Seezielflugkörper, 2× Mark 32 Dreifachtorpedowerfer für Mark 46 Mod 5 Torpedos zur U-Boot-Bekämpfung, 1× OTO Melara 76 mm/62 cal. Bordgeschütz, 1× Vulcan Phalanx/CIWS-Nahbereichsverteidigungssystem, 4× 12,7-mm-Maschinengewehre
Sensoren	1× AN/SPS-49 Luftraumsuchradar, 1× SPS-55 Oberflächensuchradar, 1× Mk. 92 Feuerleitsystem, 1× SQS-56 Rumpfsonar, 1× AN/SLQ-32 System zur Elektronischen Kriegsführung, 1× SLQ-25 Nixie geschlepptes Täuschkörpersystem
Luftfahrzeuge	1× Kaman SH-2G Super Seasprite Helikopter

17.2 Zukünftige Fregatten der Wicher-Klasse / Type 31

Konzeptzeichnung einer zukünftigen Wicher-Klasse-Fregatte (Grafik: PGZ Stocznia Wojenna).

Im März 2022 gewann der britische Rüstungskonzern Babcock die Ausschreibung der polnischen Marine für neue Fregatten

Das britische Arrowhead 140-Design – das eine britische Weiterentwicklung der dänischen Iver Huitfeld-Klasse sowie Grundlage der britischen Type 31-Fregatte (siehe Kapitel 4.6.) ist – konnte sich gegen zwei weitere europäische Angebote durchsetzen. Bei der polnischen Marine wird der als Arrowhead-140PL (PL steht für Polen)-Schiffsentwurf als Wicher-Klasse (benannt nach der ersten Einheit) oder auch als Miecznik-Klasse (Miecznik = »Schwertfisch« auf Polnisch) geführt werden.

Die Schiffe

Die polnische Wicher-Klasse, von der bisher drei Einheiten fest bestellt und Optionen für fünf weitere Schiffe vertraglich vereinbart sind, wird im Gegensatz zu ihren britischen Schwesterschiffen von Beginn an mit einem 32-Zellen-Mk 41-VLS für Sea Ceptor-Flugabwehrraketen sowie einem größeren 76-mm-Bordgeschütz ausgerüstet und dadurch wesentlich kampfkräftiger als die britischen Einheiten sein. Die 138,7 Meter langen und voll beladen 7.000 Tonnen verdrängende »Wicher« und ihre geplanten zwei Schwesterschiffe basieren technisch auf der dänischen Flugabwehrfregatte der Iver Huitfeld-Klasse, die vom britischen Rüstungskonzern Babcock International zu einer kostengünstigen Mehrzweckfregatte umkonstruiert wurde. Der dabei entstandene Schiffsentwurf wird von Babcock als Arrowhead 140 vermarktet und konnte international einige Aufmerksamkeit erlangen und neben Polen auch Aufträge aus Indonesien generieren. Auf dem internationalen Markt für Fregatten erweist sich der niedrige Personalbedarf der Arrowhead 140 von nur 100 Marineangehörigen für zahlreiche kleinere Marinen als sehr attraktiv. Die Wicher-Klasse Fregatte wird durch einen Combined Diesel and Diesel (CODAD)-Antrieb bestehend aus vier Rolls-Royce/MTU 20V 8000 M71 (8,2 MW)-Dieselmaschinen und vier Rolls-Royce/MTU 16V 2000 M41B (900 kW)-Dieselgeneratoren angetrieben. Neben dem bereits beschriebenen 76-mm-Bordgeschütz und dem 32-Zellen-VLS zählen Startanlagen für 16 Naval Strike Missile-Seezielflugkörper von Kongsberg, zwei B515/2V-Torpedowerfer für 324-mm-Anti-U-Boottorpedos, zwei 35-mm-OSU-35K-Nahbereichsverteidigungssysteme aus polnischer Produktion sowie mehrere Maschinengewehre zur Bewaffnung. Der Stapellauf des Typschiffs »Wicher« auf der Werft PGZ Stocznia Wojenna in Gdynia (wo die Schiffe in Kooperation mit Babcock gefertigt werden) fand am 13. August 2026 statt. Die Indienststellung ist für das Jahr 2029 geplant. Die beiden weiteren Schiffe »Burza« und »Huragan« sollen in etwa im Eineinhalbjahres-Rhythmus folgen.

Künstlerische Darstellung der Bauwerft der Wicher-Klasse in Gdynia (Grafik: PGZ Stocznia Wojenna).

Ausblick

Mit dem Zulauf der drei Einheiten der Wicher-Klasse erhält die polnische Marine leistungsfähige Fregatten, die zu den kampfkräftigsten europäischen NATO-Überwasserschiffen zählen werden. Die Einlösung der Optionen zum Bau von fünf weiteren Schiffen dieses Typs ist derzeit fraglich. Anhand von im Frühjahr 2026 bekannt gewordener Planungsdokumenten scheint man bei der polnischen Marine derzeit den Bau von kleineren, stark bewaffneten Korvetten zu bevorzugen, die zur Nutzung in der Ostsee optimiert sind – und somit im Gegensatz zu den weltweit einsetzbaren großen Fregatten der Wicher-Klasse stehen. Das Korvettenprojekt wird als Ostrosz-Programm (benannt nach einer Barschart) bezeichnet und umfasst den Bau von voraussichtlich vier Einheiten.

Die Einheiten der Wicher-Klasse basieren auf dem britischen Design Arrowhead-140, bei dem es sich um eine Weiterentwicklung der dänischen Iver Huotfeld-Klasse handelt (Fotos: Verfasser).

Die Fregatten der Wicher-Klasse werden zu den kampfkräftigsten europäischen Einheiten der NATO zählen (Grafik: PGZ Stocznia Wojenna).

Die Schiffe der Wicher-Klasse			
Name	**Kiellegung**	**Stapellauf**	**Indienststellung**
»Wicher«	31. Januar 2024	13. August 2026	vstl. 2029
»Burza«	18. Dezember 2025	vstl. Sommer 2027	vstl. 2030
»Huragan«	vstl. 2026	vstl. 2028	vstl. 2031

Technische Daten Wicher-Klasse	
Bauwerft	PGZ Stocznia Wojenna, Gdynia, Polen
Länge	138,7 m
Verdrängung	5.800 Tonnen (light), 7.000 Tonnen (voll beladen)
Antrieb	1×Combined Diesel and Diesel (CODAD)-Antrieb aus 4× Rolls-Royce/MTU 20V 8000 M71 (8,2 MW)-Dieselmaschinen und 4× Rolls-Royce/MTU 16V 2000 M41B (900 kW)-Dieselgeneratoren auf 2× Schiffswellen mit 2× Schiffspropeller wirkend
Höchstgeschwindigkeit	28 Knoten (offiziell)
Besatzung	80 bis 160 Personen
Sensoren	1× Blue Hunter Rumpfsonar, 1× CAPTAS-2 Schleppsonar, 1× Thales SM400 Sea Master AESA-Radar, Thales NS50 4D AESA-Radar
Bewaffnung	1× 76-mm-Leonardo Super Rapido Strales-Geschütz, 1× 32-Zellen-Mk 41-VLS für Sea Ceptor-Flugabwehrraketen, 2× PIT-Radwar 35mm OSU-35K-Nahbereichsverteidigungssystem, 2× ZM Tarnów 12.7 mm ZSMU A3B ferngelenkte Waffenstationen, 16× Kongsberg NSM Seezielflugkörper, 2× B515/2V Starter für 324 mm ASW-U-Jagd-Torpedos
Luftfahrzeuge	1× Agusta/Westland AW159 Wildcat oder 1× Agusta/Westland AW101 Merlin oder vergleichbare Helikopter

18.1 Zukünftige Fregatten des Typs FDI/ Luleå-Klasse

Im Jahr 2012 führte die schwedische Marine die aus fünf Einheiten bestehende Visby-Klasse ein, bei denen es sich um futuristische Stealth-Korvetten handelt (Foto: NATO Maritime Command).

Am 19. Mai 2026 kündigte die schwedische Marine die Beschaffung von vier Einheiten der französischen Fregatte des Typs Frégate de Défense et d'Intervention (FDI, siehe auch Kapitel 4.5.) an.

Für viele Beobachter der internationalen Marineszene kam diese Ankündigung doch überraschend, denn der britische Rüstungskonzern Babcock schien lange Zeit beim Beschaffungsprogramm von vier neuen Fregatten für die schwedische Marine die Nase vorn zu haben. Die vier zukünftigen Einheiten werden als Luleå-Klasse bezeichnet und sollten bis vor kurzem noch eine schwedische Eigenentwicklung sein.

Hintergründe

Anfang der 1980er Jahre musterte die schwedische Marine zehn aus den 1940/50er Jahren stammende Zerstörer der Visby, Östergötland und Halland-Klassen aus. Von da an betrieben die schwedischen Seestreitkräfte ausschließlich kleinere Einheiten wie Minensucher, Schnellboote und Korvetten, die nicht für Hochseeeinsätze ausgelegt sind und in der Regel nur in der Nähe der schwedischen Küsten operieren. Ab Dezember 2012 führte die schwedische Marine fünf hochseetaugliche Stealth-Korvetten der Visby-Klasse ein, die aufgrund ihres futuristischen Äußeren international einiges Aufsehen erregten. Anfang der 2020er Jahre zeigte sich, dass aufgrund zahlreicher Auslandseinsätze die fünf je 72 Meter langen und 680 Tonnen verdrängenden Schiffe für die schwedische Marine nicht mehr ausreichend waren. Deshalb wurde im Januar 2021 ein Programm zum Bau eines zweiten Loses Visby-Klasse-Korvetten angestoßen. Nach dem Beginn des Ukrainekrieges im Februar 2022 und der bald daraufhin angestoßenen NATO-Mitgliedschaft Schwedens, zeigte sich, dass die Visby-Klasse den Anforderungen der schwedischen Marine nicht mehr genügen würden und das Visby II-Bauprogramm wurde gestrichen. An seine Stelle trat das Luleå-Programm, welches den Bau von vier für internationale Hochseeeinsätze ausgelegten Schiffen mit ungefähr 120 Metern Länge und einer stärkeren Raketenbewaffnung vorsah. Ursprünglich als Eigenentwicklung des schwedischen Rüstungskonzerns Saab ausgelegt, zeigte sich bald, dass die Entwicklungskapazitäten bei Saab nicht ausreichten. Deswegen unterzeichnete Saab im Mai 2024 einen Vertrag mit dem britischen maritimen Rüstungskonzern Babcock, der den Bau der Schiffe auf Grundlage der britischen Fregatte des Type 31 (siehe Kapitel 4.6.) vorsah. Die schwedisch-britische Rüstungskooperation erzielte wohl aber nicht die gewünschten Resultate, denn im Juni 2025 unterzeichneten Frankreich und Schweden ein Marine-Entwicklungsabkommen, bei dem die französische FDI-Fregatte im Mittelpunkt stand. Am 24. November 2025 gab der schwedische Verteidigungsminister Pål Jonson bekannt, dass Schweden in Kürze aus vier Angeboten aus Schweden (Saab Eigenentwicklung), Großbritannien (Arrowhead 120/verkleinerter Type 31), Spanien (Alfa-4000) und Frankreich (FDI) einen Schiffsentwurf auswählen würde. Am 19. Mai 2026 wurde schließlich Frankreich bzw. der französische Rüstungskonzern Naval Group als Sieger der Ausschreibung gekürt. Ausschlaggebend war neben dem Schiffsentwurf selbst die Reife der Fregattenklasse, bei der es sich um ein Schiff in Produktion UND bereits im Dienst (Frankreich und Griechenland) handelt – das zudem von der Naval Group relativ kurzfristig geliefert werden kann.

Der Schiffsentwurf

Als Mehrzweckfregatte mit Radarsignatur reduzierenden Stealth-Eigenschaften ist die zukünftige Luleå -Klasse für die Bekämpfung von Bedrohungen aus der Luft sowie Über- und Unterwasser ausgelegt. Die Schiffe werden mit einer klassischen Operationszentrale und mit einer separaten Kommandostation ausgestattet, von der aus sogenannte asymmetrischen Bedrohungen wie beispielsweise unbemannte Drohnen oder Schnellboote bekämpft werden können. Der als negative Steven bezeichnete »umgekehrte Bug« soll die Wellen durchschneiden, statt von ihnen angehoben zu werden. Dadurch wird das Schiff stabiler im Wasser liegen und ebenfalls Kraftstoff sparen. Der Personalbedarf beträgt lediglich 125 Personen pro Schiff. Die Einheiten werden mit einem relativ einfachen Antriebskonzept bestehend aus einem CODAD-System (Combined Diesel and Diesel) mit vier MTU 16V 8000 M91L-Dieselmotoren mit einer Gesamtleistung von 32 MW versehen, die auf zwei Schiffswellen wirken. Dadurch sind Geschwindigkeiten von bis zu 27 Knoten möglich.

Die Ausstattung

Die Schiffe der Luleå-Klasse werden über viele in Schweden entwickelten Systeme verfügen, die sie von den französischen und griechischen FDI-Schwesterschiffen unterscheiden werden. Noch ist nicht bekannt, ob sie mit einem aus 16 oder aus 32 Zellen bestehenden Sylver-VLS-Senkrechtstartsystem für Aster 30- und CAMM-ER-Flugabwehrraketen ausgestattet werden. Bekannt ist allerdings, dass das ursprüngliche 76-mm-Bordgeschütz von Oto Melara durch ein 57-mm-Bordgeschütz des vormals schwedischen Herstellers Bofors ersetzt werden wird. Zur Bewaffnungsausstattung werden auch schwere Seezielflugkörper des Typs RBS-15 von Saab Dynamics und Torped 47 Leichtgewichtstorpedos ebenfalls von Saab Dynamics sowie ferngesteuerte Waffenstationen des Typs Saab Trackfire zählen. Das Multifunktionsradar Sea Giraffe 1X von Saab soll ebenfalls eingerüstet werden.

Die französische Fregatte »Amiral Ronarc'h« (D 660) läuft im April 2026 in New York City zu einem Hafenbesuch ein. Sie ist das FDI-Typschiff (Foto: Oleg Yunakov, CC BY-SA 4.0).

Ausblick

Die vier Fregatten der Luleå-Klasse sollen wie alle Schiffe des FDI-Entwurfes im französischen Lorient gebaut werden und von 2030 bis 2033 jeweils im Jahresabstand an die schwedische Marine ausgeliefert werden. Die vier Schiffsnamen sind bereits heute bekannt: HSwMS »Luleå«, HSwMS »Norrköping«, HSwMS »Halmstad« und HSwMS Trelleborg.

Technische Daten Fregatten des Typs FDI / Luleå-Klasse	
Länge	121,6 Meter
Breite	17,7 Meter
Tiefgang	6,4 Meter
Verdrängung	4.500 Tonnen
Antrieb	1×CODAD aus 4x MTU 16V 8000 M91L-Dieselmotoren mit Gesamtleistung 32 MW auf zwei Wellen wirkend
Geschwindigkeit	27 Knoten max.
Reichweite	5.000 Seemeilen bei 15 Knoten
Seeausdauer	45 Tage
Besatzung	125 + 28 Personen
Bewaffnung	1× Sylver VLS-Starsystem für 4x 8 ODER 2× 8 Aster 30 und/oder bis zu 96 CAMM-ER-Flugabwehrraketen (3× Flugkörper pro VLS-Zelle), 1× Bofors 57 Mk3b-57-mm-Bordgeschütz, 1× Bofors 40 Mk4-40-mm-Geschütz, mehrere Saab Trackfire ferngelenkte Waffenstationen, Saab Torped 47-Leichtgewichtstorpedos, 2× Vierfachstarter für RBS-15-Seezielflugkörper von Saab
Elektronik	1×Multifunktions-Radar Thales SEA FIRE 500 (S-Band), 1× Multifunktionsradar Sea Giraffe 1X von Saab, 1× Thales Kingklip Mark 2 Rumpfsonar, 1× Schlepp-Sonar Thales CAPTAS-4 compact (VDS), 1× Sylena Mk.1 Canto Anti-Torpedo-Täuschkörperwerfer, 1× Combat Management System Setis® 3.0 von Naval Group
Luftfahrzeuge	1× Airbus NH-90 Bordhelikopter

19. Finnland

19.1 Zukünftige Schiffe der Pohjanmaa-Klasse

Künstlerische Darstellung der zukünftigen Korvetten der Pohjanmaa-Klasse (Grafiken: Finnish Defence Forces).

In den kommenden Jahren sollen vier jeweils circa 4.300 Tonnen verdrängende Korvetten/leichte Fregatten der Pohjanmaa-Klasse die finnische Marine verstärken und erstmals in ihrer Geschichte autonome Einsätze außerhalb der Ostsee ermöglichen. Aufgrund der strikten Neutralität nach dem Zweiten Weltkrieg balancierte Finnland seine Waffenkäufe sowohl durch Verträge mit westlichen Nationen wie auch der Sowjetunion aus.

Historisches

Die Pariser Verträge von 1946 limitierten die Tonnage der finnischen Marine auf 10.000 Tonnen und legte eine Personalobergrenze von 4.500 Personen fest. Weiterhin wurde Finnland der Besitz von U-Booten, Torpedofahrzeugen, Minen und Raketen verboten. In den 1960er Jahren wurde Finnland schließlich der Besitz von Raketen und Minen wieder erlaubt, wovon die finnische Marine regen Gebrauch machte bei der Bestellung von Raketenbooten aus sowjetischer Produktion und der Herstellung eigener Minen. Nach dem Ende der Sowjetunion fielen sämtliche vertraglichen Beschränkungen der finnischen Marine, die seit dem Jahr 2018 auch wieder Torpedos im Bestand hat. Seit April 2003 ist Finnland NATO-Mitglied und die finnische Marine trägt ihren Teil zur Sicherung der Ostseegewässer bei.

Gestiegene Anforderungen

In den vergangenen Jahren wurden die Anforderungen an die finnische Marine immer größer, weshalb derzeit im Rahmen eines als Squadron 2020 bezeichneten Programmes der Bau von vier modernen Korvetten/Leichten Fregatten mit 117 Metern Länge, 16 Metern Breite und 4.300 Tonnen Verdrängung vorangetrieben wird. Mit diesen vier als Pohjanmaa-Klasse bezeichneten Schiffen wird die finnische Marine über moderne Einheiten mit Helikopterlandedeck sowie -Hangar verfügen und in der Lage sein, erstmals größere Einsätze außerhalb der Ostsee durchzuführen. Im September 2019 wurde hierzu der Bauvertrag mit Rauma Marine Constructions im Wert von 647,6 Millionen Euro geschlossen. Ursprünglich war der Baubeginn für das Jahr 2022 geplant, Verzögerungen im Designprozess verschoben den Baustart der ersten Einheit auf Oktober 2023. Die Pohjanmaa-Klasse wird über Fähigkeiten zum Brechen von Eis verfügen und soll die zwei seit 1992 in Dienst stehenden Minenleger der Hämeenmaa-Klasse und die vier seit 1990 aktiven Raketenschnellboote der Rauma-Klasse im Bestand der finnischen Marine ersetzen. Angetrieben werden die vier Schiffe erstmals durch einen Combined Diesel-Electric and Gas (CODLAG)-Antrieb bestehend aus einer Gasturbine des Typs LM2500 von General Electric aus den USA und vier MAN 12V175D-MEL-Dieselaggregaten von MAN Energy Solutions aus Deutschland. Die Gesamtleistung des auf zwei Schiffswellen mit je einem Verstellpropeller wirkenden Antriebssystem beträgt 38.000 PS. Zum Manövrieren in engen Häfen und in Notsituationen sind zwei Bugstrahlruder vorhanden. Im September 2019 wurde Saab als Generallieferant für das 9LV-Führungs- und Waffeneinsatzsystem sowie einer Vielzahl Sensoren und Effektoren für die Schiffe ausgewählt. Der schwedische Rüstungskonzern wird u. a. Laserwarnsysteme, Sea Giraffe 3D-AESA-Radare und neue Torped 47-Leichtgewichtstorpedos zum bisher größten finnischen Marineprojekt beisteuern. Zur Flugabwehr sollen RIM-162 Evolved Sea Sparrow Missile (ESSM)-Raketen von Raytheon gelagert in einem Mk. 40 VLS-Startsystem mit acht Abschusszellen und zur Seezielbekämpfung Gabriel V-Seezielflugkörper gelagert in zwei Vierfachstartern zum Einsatz kommen.

Der Zeitplan

Der Baustart der ersten Einheit der Pohjanmaa-Klasse war am 30. Oktober 2023, gefolgt von der Kiellegung am 11. April 2024. Der Stapellauf erfolgte am 21. Mai 2025. Baustart der zweiten Einheit war am 09. Oktober 2024, gefolgt von der Kiellegung am 08. Mai 2025 und dem Stapellau am 21. Mai 2026 (exakt ein Jahr nach dem Stapellauf des ersten Schiffes). Der Baustart der dritten Einheit erfolgte am 26. August 2025 mit anschließender Kiellegung am 14. Januar 2026. Der Baustart der vierten und letzten Einheit war am 14. Januar 2026. Die Namen der vier Schiffe sind noch nicht offiziell bekannt, es ist aber davon auszugehen, dass sie nach finnischen Provinzen benannt werden (Pohjanmaa ist der historische Name für die Provinz Österbotten). Der Beginn der Seeerprobungen der ersten Einheit wird noch für das Jahr 2026 erwartet, gefolgt von der Indienststellung 2027. Die weiteren drei Schiffe sollen jeweils im Jahresabstand folgen.

Die Einsatzrolle

In den letzten Jahrzehnten waren die meisten Einheiten der finnischen Marine nur für den Betrieb in der Ostsee ausgelegt und verdrängten in der Regel nicht mehr als 300 Tonnen. Die Pohjanmaa-Klasse stellt die finnische Marine in Bezug auf Größe und Ausstattung vor vollkommen neue Herausforderungen. Auch die offizielle Klassifizierung als Korvette scheint bei den Abmessungen und der starken Bewaffnung als etwas fragwürdig. Beobachter gehen davon aus, dass es sich hier um eine Art »buchhalterischen Trick« handelt, um die Funktion als weltweit einsetzbares

Stapellauf der ersten Einheit der Pohjanmaa-Klasse am 21. Mai 2025 (Foto: Rauma Marine Constructions).

Kampfschiff etwas zu verschleiern. Die finnische Marine hat hierzu eine offizielle Stellungnahme herausgegeben und betont, dass die Größe der Schiffe dadurch zustande kam, dass die neuen Schiffe mehrere verschiedene maritime Rollen kombinieren müssen. Dazu zählt u.a. das Legen von Minen und der zur Lagerung dieser Minen benötigte Lagerbedarf. Zusätzlich habe die Fähigkeit, im dicken finnischen Wintereis zu operieren, Verstärkungen des Rumpfes und der Schiffswellen nötig werden lassen, wodurch wiederum die Gesamtverdrängung anstieg.

Ausblick

Nach dem Zulauf der neuen Korvetten (sowie neuer Mienensucher und amphibischer Boote) wird die finnische Marine über eine äußerst moderne, auf die geografischen und politischen Verhältnisse der finnischen Gewässer zugeschnittene Flotte verfügen, die im Rahmen von EU- oder NATO-Einsätzen in der Lage sein wird, auch außerhalb des Binnenmeeres Ostsee an internationalen Einsätzen teilzunehmen.

Technische Daten Pohjanmaa-Klasse	
Bauwerft	Rauma Marine Constructions
Abmessungen	117 Meter Länge, 16 Meter Breite, 5 Meter Tiefgang
Verdrängung	4.300 Tonnen
Antrieb	1× Combined Diesel-Electric and Gas (CODLAG)-Antrieb aus 1× Gasturbine LM2500 von General Electric und 4× MAN 12V175D-MEL-Dieselaggregate von MAN Energy Solutions mit 38.000 PS Gesamtleistung, 2× Schiffswellen mit je 1× Verstellpropeller
Höchstgeschwindigkeit	26 Knoten
Besatzung	70 Personen
Bewaffnung	1× Bofors 57 mm/70 SAK Mk3-Schiffsgeschütz, 32× RIM-162 Evolved Sea Sparrow Missile (ESSM)-Flugabwehrraketen von Raytheon in 1× Mk. 40 VLS-Startsystem mit 8× Startzellen, Gabriel V-Seezielflugkörper gelagert in 2× Vierfachstartern, Torped 47-Leichtgewichtstorpedos, 2× Saab Trackfire-Automatikwaffenstationen, Schienen für bis zu 100× PB 17-Minen
Sensoren	Sea Giraffe 3D-AESA-Radare (X- und S-Band), 1× 9LV Führungs- und Waffeneinsatzsystem, 1× Kongsberg SS2030-Rumpfsonar, 1× Patria dual-tow Sonac DTS-Schleppsonar mit je 1× Aktiv- und Passivsonar, 1×Saab NLWS-Laserwarnsysem]
Luftfahrzeuge	1× NH-90-Bordhelikopter von Airbus, 1× unbemanntes Luftfahrzeug

20. Frankreich

20.1 Zerstörer der Horizon-Klasse

Die »Forbin« (D620) und die »Chevalier Paul« (D621, rechts) im Sommer 2021 im südfranzösischen Marinestützpunkt von Toulon (Foto: Verfasser).

Bereits in den 1970er Jahren begannen bei vielen NATO-Marinen Planungen für den Ersatz ihrer vorhandenen Flugabwehr- und U-Jagdschiffe in den 1990er Jahren.
Aufgrund steigender Entwicklungs-, Produktions- und Unterhaltskosten schlossen sich Großbritannien, Westdeutschland, die Niederlande, Frankreich, Italien, Spanien, Kanada und die USA bei der Entwicklung eines neuen Fregattentyps mit U-Jagd-Fokussierung zusammen.

Rahmenbedingungen

Das Projekt trug den Namen NFR-90 (NATO Frigate Replacement for the 1990s) und sah einen Schiffsentwurf mit rund 5.000 Tonnen Verdrängung vor, von dem mindestens 50 Einheiten gebaut werden sollten. Da bei diesem Projekt unterschiedliche nationale Interessen aufeinanderprallten und vor allem in Bezug auf das Luftabwehrsystem Uneinigkeit herrschte, lief die Entwicklung des Schiffes nur sehr schleppend. Im Jahr 1990 kam es deshalb zur Auflösung des NFR-90-Projektes. Zu diesem Zeitpunkt hatte sich der Fokus des Projektes bereits auf die Verbandsflugabwehr verschoben. Die USA konzentrierten sich daraufhin vollkommen auf die Entwicklung der Zerstörer der Arleigh Burke-Klasse (der ein weit größeres Schiff ist als die projektierte NFR-90-Fregatte) und es bildeten sich zwei europäische Arbeitsgruppen zur Entwicklung von Flugabwehrschiffen. So taten sich die Niederlande, Spanien und Deutschland zur Trilateral Frigate Corporation zusammen, aus der letztendlich die niederländische De Ryter-Klasse und die deutsche Sachsen-Klasse sowie die spanische Alvaro de Bazan-Klasse hervorging – allerdings orientierte sich Spanien in Bezug auf die Sensoren und den Schiffsentwurf deutlich an der amerikanischen Arleigh Burke-Klasse.

Die Dreiländerkooperation

Großbritannien, Frankreich und Italien zählten zu den Ländern, die ein rein europäisches Flugabwehrsystem favorisierten, welches nicht auf US-Technik aufbaute. Schon 1987 hatten Frankreich und Italien die Entwicklung eines eigenen Land- und Seegestützten Flugabwehrsystems angestoßen, welches auf der NFR-90-Fregatte zum Einsatz gekommen wäre. 1989

Die »Forbin« (im Vordergrund) eskortiert zusammen mit dem amerikanischen Kreuzer USS »Vicksburg« (CG-69) den Flugzeugträger USS »Dwight D. Eisenhower« (CVN-69, Foto: US Navy/MC2 Rafael Figueroa Medina).

trat Großbritannien dem Projekt bei. Die gemeinsam entwickelte Flugabwehrrakete trug bald den Namen Aster und war mit einer aktiven Zielsuchlenkung ausgestattet. Dadurch ist der Flugkörper in der Lage, mittels eigenem verbauten Radarsucher das Ziel im Endanflug selbst anzusteuern, ohne dadurch auf Zielbeleuchter des Schiffes (von dem aus der Flugkörper gestartet ist) angewiesen zu sein. Von der Aster gibt es zwei Versionen: die Aster 15 für den Nahbereich bis 30 Kilometer Entfernung vom Schiff und die Aster 30 für mittlere Entfernungen bis 120 Kilometer. Passend zur Aster-Flugabwehrrakete wurde das vertikale VLS-Startsystems des Typs Sylver entwickelt, das ähnlich wie das amerikanische Mk. 41 VLS (Vertical Launching System) funktioniert.

Blick auf die 48 Abschusszellen des Sylver A50-VLS-Vertikalstartsystems der »Forbin« beim Start einer Aster 30-Flugabwehrrakete. An der Steuerbordseite ist das OTO Melara 76 mm Super Rapid-Schiffsgeschütz zu sehen. (Foto: Naval Striking and Support Forces NATO)

Common New Generation Frigate

Der aus der britisch-französisch-italienischen Entwicklung hervorgegangene Schiffsentwurf wurde als Common New Generation Frigate (CNGF) bezeichnet. Bald distanzierte sich Großbritannien jedoch von dem Projekt, da es wesentlich weitreichendere Flugabwehrsysteme zum Schutz seiner Verbände und der kommenden Flugzeugträger der Queen Elizabeth-Klasse forderte. Dies war auf die Erfahrungen der Royal Navy im Falklandkrieg 1982 zurückzuführen, als mehrere britische Schiffe durch argentinische Luftangriffe verloren gingen. Der Anforderungskatalog der französischen und der italienischen Marine war nicht ganz so umfassend, da der französische Flugzeugträger »Charles de Gaulle« über eine eigene weitreichende Flugabwehr verfügt und die italienische Marine weitestgehend im Mittelmeer unter dem »Schutzschirm« der in Reichweite befindlichen italienischen Luftwaffe operiert. Im Jahr 1999 zog sich Großbritannien schließlich vollständig aus dem gemeinsamen CNGF-Projekt zurück, das mittlerweile als Horizon-Klasse bezeichnet wurde. Großbritannien entwickelte daraufhin die Zerstörer der Daring-Klasse (Type 45), die zumindest schiffbaulich noch große Ähnlichkeit mit dem französisch-italienischen Entwurf aufweist.

Französisch-italienisches Projekt

Nach dem Austritt Großbritanniens lief das französisch-italienische Projekt weiter. Frankreich beabsichtigte die Anschaffung von vier Schiffen als Ersatz der Suffren-Klasse aus den 1960er Jahren während Italien Ersatz für die Kreuzer der Andrea Doria-Klasse und die Zerstörer der Audace-Klasse suchte. Der finale Schiffsentwurf der Horizon-Klasse wird nach dem jeweiligen Typschiff in Frankreich als Forbin-Klasse und in Italien als Andrea Doria-Klasse bezeichnet (die italienische Marine »recycelte« hier den Namen der zu ersetzenden Schiffe). Die italienische und die französische Version der Horizon-Klasse sind nahezu baugleich. Die französische »Forbin« (D620) wurde am 04. April 2002 auf Kiel gelegt, lief am 10. März 2005 vom Stapel und wurde im Dezember 2008 in Dienst gestellt. Die zweite

Das kugelförmige EMPAR-Radar auf der Mastspitze der »Chavalier Paul« kann 300 Ziele bis zu einer Entfernung von 150 Kilometern verfolgen. Das schwarze, rechteckige Radar des Typs S 1850M auf den hinteren Aufbauten kann 1.000 Ziele im Umkreis von 400 Kilometern überwachen (Foto: Verfasser).

Einheit »Chevalier Paul« (D621) wurde am 23. Oktober 2003 auf Kiel gelegt, lief am 12. Juli 2006 vom Stapel und wurde

Die »Chevalier Paul« begleitet im Februar 2013 den amerikanischen Flugzeugträger USS »John C. Stennis« (CVN-74) im Persischen Golf (Foto: US Navy/MC2 Kenneth Abbate). Eingeklinkt: Auf dem Helikopterlandedeck der »Forbin« und im Hangar ist Platz für einen NH-90-Bordhelikopter vorhanden (Foto: Bublegun, CC BY-SA 3.0).

im Juni 2009 in Dienst gestellt. Als Antrieb der je 152,9 Meter langen, 20,3 Meter breiten und voll beladen 7.050 Tonnen verdrängenden Schiffe kommt ein CODOG-System bestehend aus zwei sparsamen Dieselmotoren für die Marschfahrt und zwei Gasturbinen für hohe Geschwindigkeiten bis 29 Knoten zum Zug. Die Hauptbewaffnung besteht aus einer Mischung von Aster 15- und Aster 30-Flugabwehrraketen, die aus einer Sylver-Senkrechtstartanlage mit 48 Zellen gestartet werden. Im Gegensatz zur von der deutschen und niederländischen Marine genutzten Evolved Sea Sparrow, bei der vier Flugkörper in einer VLS-Zelle gelagert sind, benötigen die Aster-Raketen immer jeweils eine ganze Startzelle pro Flugkörper. Die Aster-Raketenfamilie und die zugehörigen Anlagen an Bord der Horizon-Klasse werden als Principal Anti-Air Missile System (PAAMS) bezeichnet. Weiterhin sind die französischen Schiffe der Horizon-Klasse mit je zwei OTO Melara 76 mm Super Rapid-Schiffsgeschützen, Starter für acht Exocet MM40 Block 3-Seezielflugkörper, zwei WASS B515/1-Einfach-Torpedowerfern für MU90 Impact-Anti-U-Boot-Torpedos (24 Torpedos an Bord) sowie drei ferngesteuerten 20-mm-Narwhal-Kanonen ausgestattet. Zur Luftraumabsicherung nutzt die Schiffsklasse das Radar des Typs S 1850M, das als Kooperation zwischen dem britischen Rüstungskonzern BAE Systems und Thales Naval Nederland konzipiert wurde (das Radar ist eine Weiterentwicklung des SMART-L, wie es beispielsweise auf der deutschen Sachsen-Klasse verwendet wird). Mit dem Radar können im Umkreis von 400 Kilometern 1.000 Luftziele gleichzeitig überwacht werden. Das auf der Horizon-Klasse weiterhin verbaute EMPAR (European Multifunction Phased Array Radar)-Radar ist als Phased-Array-Radar (PESA) ausgelegt

Geschäftiges Treiben auf der Brücke der »Chevalier Paul« am 14. Juli 2017 (dem französischen Nationalfeiertag) während einer NATO-Übung im Mittelmeer (Foto: US Navy/MC2 Hank Gettys).

Mittschiffs befinden sich auf den französischen Schiffen der Horizon-Klasse acht Starter für Exocet-Seezielflugkörper (Foto: Bublegun, CC BY-SA 3.0).

Profilansicht der »Chevalier Paul« im Februar 2018 im Persischen Golf mit landendem NH-90-Helikopter (Foto: US Navy/Kevin J. Steinberg).

und kann 300 weitere Ziele bis zu einer Entfernung von 150 Kilometern überwachen. Auf dem Flugdeck der Horizon-Klasse findet ein Airbus NH-90-Helikopter Platz.

Möglicher Ersatz

Im Gegensatz zur italienischen Marine, die in den 2030er Jahren ihre beiden Schiffe der Horizon-Klasse durch einen weiterentwickelten, als DD(X) bezeichneten Schiffstyp ersetzen will, hat die französische Marine bisher keine konkreten Pläne zum Ersatz der »Forbin« und der »Chevalier Paul« bekanntgegeben. Die Zukunft wird zeigen, ob bzw. welcher Schiffstyp in ein bis zwei Jahrzehnten bei der Marine Nationale das Erbe der Horizon-Klasse antreten wird.

Die französischen Schiffe der Horizon-Klasse

Name	Kennung	Kiellegung	Stapellauf	Indienststellung
»Forbin«	D620	04. April 2002	10. März 2005	Dezember 2008
»Chevalier Paul«	D621	23. Oktober 2003	12. Juli 2006	Juni 2009

Technische Daten der französischen Schiffe der Horizon-Klasse

Bauwerft	DCNS/Naval Group, Lorient
Abmessungen	152,9 Meter Länge, 20,3 Meter Breite, 5,4 Meter Tiefgang
Verdrängung	voll beladen 7.050 Tonnen
Antrieb	1× CODOG-System bestehend aus 2× GE/Avio General Electric LM2500Plus Gasturbinen mit je 20.500 kW (27.491 PS) Leistung und 2× SEMT Pielstick 12PA6 STC Dieselmaschinen mit je 4.320 kW (5.793 PS) Leistung auf 2× Schiffswellen mit je 1× Verstellpropeller wirkend, 1× Bugstrahlruder
Geschwindigkeit	29 Knoten+
Reichweite	11.00 Kilometer bei 18 Knoten, 6.480 Kilometer bei 25 Knoten
Besatzung	236 Personen
Bewaffnung	Mix aus 48× Aster 15- und Aster 30-Flugabwehrraketen in einer Sylver A50-VLS-Senkrechtstartanlage, 2× OTO Melara 76 mm Super Rapid-Schiffsgeschütze, Starter für 8× Exocet MM40 Block 3-Seezielflugkörper, 2× WASS B515/1-Einfach-Torpedowerfer für MU90 Impact-Anti-U-Boot-Torpedos (24 Torpedos an Bord), 3× ferngesteuerte 20-mm-Narwhal-Kanonen
Sensoren	1× Radar Typs S 1850M von BAE Systems/Thales Naval Nederland, 1× EMPAR (European Multifunction Phased Array Radar) Phased-Array-Radar (PESA) von Selex/Leonardo, 1× Selex ES IFF SIR R/S GEM Elettronica Navigationsradar, 2× Selex ES RTN-30X Feuerleitradar
Luftfahrzeuge	1× Airbus NH-90- oder 1× Agusta-Westland AW101-Bordhelikopter

20.2 Fregatten der Floréal-Klasse

Die »Vendémiaire« (F734) im März 2023 im Trockendock in Neuseeland (Foto: Marine nationale).

Die Floréal-Klasse ist eine Klasse von Patrouillenfregatten der französischen Marine, die Ende der 1980er-Jahre entwickelt und ab 1992 in Dienst gestellt wurde.
Ihr Entwurf verfolgte das Ziel, ein wirtschaftlich zu betreibendes Kriegsschiff für die dauerhafte Überwachung und Sicherung der französischen Überseegebiete bereitzustellen. Im Mittelpunkt des Schiffkonzeptes standen nicht die Anforderungen des hochintensiven Seekrieges, sondern die Durchführung maritimer Sicherheits- und Präsenzoperationen in Regionen mit geringer bis mittlerer Bedrohung. Die Einheiten sind in Friedenszeiten in den französischen Überseegebieten stationiert – in der Französischen Karibik, in Französisch Polynesien, Neukaledonien und auf der Insel La Réunion im Indischen Ozean.

Der Schiffsentwurf

Die Schiffe der Floréal-Klasse weisen eine Länge von 93,5 Metern, eine Breite von 14 Metern, einen Tiefgang von 4,3 Metern sowie eine Verdrängung von rund 2.950 Tonnen auf. Der Antrieb bestehend aus vier SEMT Pielstick 6 PA6 L280 BPC-Dieselmaschinen mit 6,580 kW (8,820 PS) Leistung ermöglicht eine Höchstgeschwindigkeit von etwa 20 Knoten, wodurch die Einheiten insbesondere für lang andauernde Patrouillenfahrten geeignet sind. Die Dieselmaschinen wirken auf zwei Schiffswellen mit je einem Verstellpropeller. Ein Bugstrahlruder mit 203 kW (272 PS) Leistung vereinfacht das Manövrieren in Häfen und engen Fahrgewässern. Die vergleichsweise geringe Besatzungsstärke der Floréal-Klasse von etwa 100 Personen trägt zu einem wirtschaftlichen Betrieb bei und reduziert den logistischen Aufwand an Bord. Ein wesentliches Merkmal der Klasse ist das vorhandene Flugdeck mit Hangar, das den Betrieb eines Bordhubschraubers des Typs Aérospatiale Alouette III (auf einigen Einheiten ersetzt durch Eurocopter AS565 Panther oder Eurocopter AS365 Dauphin) ermöglicht und die Fähigkeiten in den Bereichen Aufklärung, Überwachung, Such- und Rettungsdienst sowie Transport erheblich erweitert. Die Bewaffnung der Floréal-Klasse ist auf Selbstverteidigung und die Durchsetzung maritimer Sicherheitsaufgaben ausgelegt. Sie umfasst ein 100 mm CADAM-Schiffsgeschütz mit Najir Feuerleitsystem, zwei 20 mm modèle F2-Maschinengewehre sowie zwei Flugabwehrsysteme kurzer Reichweite des Typs SIMBAD/Mistral Point Defence. Darüber hinaus verfügten mehrere Einheiten ursprünglich über Exocet-Seezielflugkörper zur Bekämpfung gegnerischer Überwasserschiffe, die jedoch inzwischen wieder entfernt wurden. Im Vergleich zu modernen Mehrzweckfregatten besitzt die Klasse jedoch nur eingeschränkte Fähigkeiten in der Flugabwehr, der U-Boot-Bekämpfung und der Luftverteidigung. Diese Auslegung entspricht dem ursprünglichen Einsatzprofil, das keine Teilnahme an hochintensiven Seegefechten vorsieht.

Das Einsatzprofil

Das Einsatzspektrum der Floréal-Klasse umfasst insbesondere die Überwachung der ausschließlichen Wirtschaftszo-

Die »Ventôse« (F733) aufgenommen im Dezember 2024 in der Karibik (Foto: Armee francaise).

ne der französischen Überseegebiete, den Schutz maritimer Ressourcen, die Bekämpfung von Piraterie, Schmuggel und illegaler Fischerei sowie Such- und Rettungseinsätze. Darüber hinaus werden die Schiffe regelmäßig zur Unterstützung humanitärer Hilfsmissionen, zur Evakuierung von Zivilpersonen sowie im Rahmen internationaler Sicherheitskooperationen eingesetzt. Aufgrund ihrer großen Reichweite und ihrer Fähigkeit zum langfristigen autonomen Einsatz, eignen sie sich besonders für Operationen in den weitläufigen Gewässern des Indischen und des Pazifischen Ozeans. Die Floréal-Klasse stellt ein Beispiel für ein auf Kosteneffizienz und maritime Präsenz ausgerichtetes Fregattenkonzept dar. Während moderne Mehrzweckfregatten auf hochintensive Gefechtsszenarien ausgelegt sind, konzentriert sich die Floréal-Klasse auf Aufgaben der maritimen Sicherheit, der Überwachung und der internationalen Stabilisierung.

Die »Nivôse« (F732) im November 2020 bei spiegelglatter See vor der Insel Juan de Nova (Foto: Armee francaise).

Die Einheiten

Insgesamt wurden acht Schiffe der Floréal-Klasse gebaut. Sechs Einheiten stehen im Dienst der französischen Marine, die zwischen Mai 1992 und Mai 1994 in Dienst gestellt wurden. Zwei zusätzliche Schiffe – die »Mohammed V« (Kennung 611) und die »Hassan II« (612) – wurden 2001/2002 an die königlich-marokkanische Marine geliefert. Als Bauwerft für alle acht Einheiten fungierte die Chantiers de l'Atlantique in Saint-Nazaire. In den 2030er Jahren sollten die französischen Einheiten der Floréal-Klasse durch Schiffe des Typs Modular and Multi-Role Patrol Corvette (MMPC) ersetzt werden – einem multinationalen Rüstungsprojekt der Europäischen Union. Da Frankreich im Februar 2026 aus dem MMPC-Programm ausstieg, ist derzeit offen, ob, wann und durch welchen Schiffstyp die Floréal-Klasse in Diensten der Marine Nationale ersetzt werden wird.

Auf dieser Aufnahme der »Germinal« (F735) aus dem Februar 2022 in karibischen Gewässern wird die Kompaktheit des Schiffstyps deutlich (Foto: US Navy/MC2 Danielle Baker).

Technische Daten Floréal-Klasse	
Bauwerft	Chantiers de l'Atlantique, Saint-Nazaire
Abmessungen	93,5 Meter Länge, 14 Meter Breite, 4,3 Meter Tiefgang
Verdrängung	2.950 Tonnen
Antrieb	4× SEMT Pielstick 6 PA6 L280 BPC-Dieselmaschinen mit 6,580 kW (8,820 PS) Leistung auf 2× Schiffswellen mit je 1× Verstellpropeller wirkend, 1× Bugstrahlruder mit 203 kW (272 PS) Leistung
Höchstgeschwindigkeit	ca. 20 Knoten
Reichweite	9.000 Seemeilen bei 15 Knoten Geschwindigkeit
Besatzung	ca. 100 Personen
Bewaffnung	1× 100 mm CADAM-Schiffsgeschütz mit Najir Feuerleitsystem, 2× 20 mm modèle F2-Maschinengewehre, 2× Flugabwehrsysteme Typ SIMBAD/Mistral Point Defence, 2× Exocet MM38 Seezielflugkörper (ehemals)
Sensoren	1× DRBV-21C (Mars) Luftüberwachungsradar, 1× Racal Decca RM1290 Navigationsradar, 1× Racal Decca RM1290 Landeradar
Luftfahrzeuge	1× Aérospatiale Alouette III oder 1× Eurocopter AS565 Panther oder 1× Eurocopter AS365 Dauphin

20.3 Fregatten der La Fayette-Klasse

Die »La Fayette« (F710) im Mai 2023 in der zerklüfteten Inselwelt Französisch-Polynesiens (Foto: Armee francaise).

Die La Fayette-Klasse (französische Bezeichnung: Frégate Légère Furtive, FLF) markiert einen bedeutenden Entwicklungsschritt im modernen europäischen Überwasserschiffbau. Sie wurde in den 1980er Jahren als Reaktion auf die veränderten sicherheitspolitischen Rahmenbedingungen entwickelt.
Nach dem Ende des Kalten Krieges nahm der Bedarf an weltweit einsetzbaren, vielseitigen Kampfschiffen mit reduzierter Signatur deutlich zu. Die von der französischen Werft Direction des Constructions Navales (DCN, heute Naval Group) entwickelte Klasse war die erste Serienfregatte weltweit, deren Konstruktion von Beginn an konsequent auf eine geringe Radar-, Infrarot- und elektromagnetische Signatur ausgelegt wurde. Damit gilt die La Fayette-Klasse als Vorreiter des Stealth-Schiffbaus und beeinflusste zahlreiche spätere Fregattenentwicklungen in Europa und Asien.

Entwicklung

Bereits Ende der 1970er Jahre erkannte die französische Marine, dass zukünftige Überwasserkampfschiffe nicht mehr ausschließlich auf hohe Feuerkraft und Geschwindigkeit ausgelegt sein mussten. Fortschritte in der Sensor- und Lenkwaffentechnik führten dazu, dass die Entdeckbarkeit eines Schiffes zunehmend zu einem entscheidenden Überlebensfaktor wurde. Gleichzeitig verlagerte sich das Einsatzspektrum von der klassischen Seekriegsführung hin zu maritimer Präsenz, Embargoüberwachung, Kriseninterventionen und multinationalen Einsätzen außerhalb Europas. Vor diesem Hintergrund entstand das Programm der Frégates Légères Furtives (FLF). Das Typschiff »La Fayette« (F710) wurde 1990 vom Stapel gelassen und 1992 in Dienst gestellt. Bis 2001 folgten vier weitere Einheiten: »Surcouf« (F711), »Courbet« (F712), »Aconit« (F713) und »Guépratte« (F714). Eine ursprünglich geplante sechste Einheit wurde aus Budgetgründen im Zuge der allgemeinen Abrüstung nach dem Ende des Kalten Krieges wieder gestrichen.

Die »Aconit« zusammen mit einem brasilianischen U-Boot der Scorpene-Klasse (Foto: Armee francaise).

Der amerikanische Zerstörer USS »Stout« (DDG-55, unten) aufgenommen im Januar 2014 zusammen mit der »Surcouf« im Mittelmeer (Foto: US Navy/MC2 Amanda R. Gray).

Die »Guépratte« (F714) eskortiert im Mai 2016 den amerikanischen Flugzeugträger USS »John C. Stennis« (CVN-74) im Südchinesischen Meer (Foto: US Navy/MC3 Mike Pernick).

Konstruktion

Mit einer Länge von 125 Metern, einer Breite von 15,4 Metern und einer Standardverdrängung von rund 3.600 Tonnen gehört die La-Fayette-Klasse zu den leichten Mehrzweckfregatten. Der Rumpf besteht aus hochfestem Schiffbaustahl, während zahlreiche Aufbauten aus Verbundwerkstoffen gefertigt wurden. Diese Materialkombination reduziert sowohl das Gewicht als auch die Radarreflexion. Besonders auffällig sind die glatten, geneigten Außenflächen ohne rechtwinklige Strukturen. Antennen, Rettungsmittel und ein Großteil der Decksausrüstung wurden in die Aufbauten integriert oder hinter Verkleidungen verborgen. Der pyramidenförmige Gefechtsmast vereint Radar-, Kommunikations- und elektronische Aufklärungssysteme in einer kompakten Struktur. Gemeinsam mit radarabsorbierenden Materialien führte dieses Konzept zu einer Radarsignatur, die nach Angaben der französischen Marine etwa

Heckansicht der »La Fayette« (links) und der »Courbet« im August 2021 im Marinestützpunkt Toulon. Eingeklinkt: Blick auf den geöffneten Helikopterhangar der »Courbet« (beide Fotos: Verfasser).

Das 100-mm-Schiffsgeschütz vor der Brücke der »Surcouf« (Foto: Rama/CC BY-SA 2.0 FR).

Ein mittschiffs auf der »Surcouf« installierter Startcontainer für Exocet-Seezielflugkörper. Man erkennt eine zweite, leere Containerhalterung rechts daneben (Fotos: Rama/CC BY-SA 2.0 FR).

Das Crotale CN2 CIWS Nahbereichsverteidigungssystem auf der »Surcouf« (Foto: Rama/CC BY-SA 2.0 FR).

der eines wesentlich kleineren Schiffes entspricht. Auch der Schutz gegen Infrarot- und akustische Ortung spielte eine wichtige Rolle. Die Abgase werden gekühlt und seitlich in den Mastbereich eingeleitet, wodurch die thermische Signatur reduziert wird. Schwingungsentkoppelte Maschinenfundamente und eine sorgfältige Geräuschdämmung vermindern die Unterwasserschallabstrahlung und erschweren die Ortung durch gegnerische Sonarsysteme.

Antrieb

Die La Fayette-Klasse verwendet ein kombiniertes Dieselantriebssystem (CODAD – Combined Diesel and Diesel). Vier 12PA6V280 STC2 SEMT-Pielstick-Dieselmotoren mit 16,000 kW (21.000 PS) Leistung treiben über Reduktionsgetriebe zwei Wellen mit Fünfblatt-Verstellpropellern an. Dieses Antriebskonzept bietet eine hohe Betriebssicherheit, vergleichsweise niedrige Betriebskosten und eine große Reichweite von etwa 9.000 Seemeilen bei Marschgeschwindigkeit. Die Höchstgeschwindigkeit liegt bei rund 25 Knoten. Der hohe Automatisierungsgrad ermöglicht eine Besatzungsstärke von lediglich etwa 150 Personen – deutlich weniger als bei vielen vergleichbaren Fregatten aus den 1990er Jahren.

Sensorik

Ursprünglich war die La Fayette-Klasse primär für den Einsatz gegen Überwasserziele konzipiert. Entsprechend lag der Schwerpunkt auf leistungsfähigen Überwachungsradaren, elektronischer Kampfführung und Seezielbekämpfung. Zur Sensorik gehörten unter anderem ein DRBV-15C-Luft- und Oberflächenradar, ein DRBN-34-Navigationsradar, das optoelektronische Feuerleitsystem Najir, ein ARBR-21-Radarwarnempfänger, ein ARBB-33-Störsystem sowie Dagaie-Täuschkörperwerfer. Ein fest eingebautes Sonar war ursprünglich nicht vorgesehen, da die Schiffe nicht als U-Jagd-Fregatten konzipiert wurden. Erst im Rahmen der umfassenden Mid-Life-Modernisierung ab 2021 erhielten drei Einheiten (F710, F712, F713) der La Fayette-Klasse ein modernes Kingklip-Mk2-Rumpfsonar sowie weitere Verbesserungen der elektronischen Kampfführung. Die anderen zwei Einheiten (F711, F714) ohne Rumpfsonar werden derzeit vor allem als Hochseepatrouillenboote genutzt.

Bewaffnung

Die Hauptbewaffnung besteht aus einem 100-mm-Geschütz des Typs Modèle 100 TR, das sowohl gegen See- als auch gegen Landziele eingesetzt werden kann. Ergänzt wird es durch acht MM40-Exocet-Block-2- beziehungsweise modernisierte Block-3-Seezielflugkörper mit Reichweiten von über 180 Kilometern. Zur Nahbereichs- und Flugabwehrverteidigung standen ursprünglich lediglich zwei 20-mm-F2-Maschinenkanonen sowie ein Crotale CN2 CIWS Nahbereichsvertei-

Die »La Fayette« läuft im Mai 2025 in New York City zu einem Hafenbesuch ein (Foto: Oleg Yunakov, CC BY-SA 4.0).

digungssystem zur Verfügung, was häufig als Schwachpunkt der Klasse kritisiert wurde. Im Rahmen der Modernisierung wurden zusätzliche Startanlagen für Mistral-Flugabwehrraketen (auf F710, F712 und F713) installiert und das Selbstschutzsystem deutlich verbessert. Ein Hangar und ein Flugdeck ermöglichen den Einsatz eines Bordhubschraubers der Typen AS565 Panther oder NH90 NFH. Dadurch erweitern sich die Fähigkeiten in den Bereichen Aufklärung, Zielzuweisung, U-Boot-Abwehr und Such- und Rettungsdienst erheblich.

Einsatzgeschichte

Seit ihrer Indienststellung haben die Fregatten der La Fayette-Klasse an zahlreichen internationalen Operationen teilgenommen. Dazu zählen Embargokontrollen in der Adria während der Balkankonflikte, Einsätze im Persischen Golf, Operationen im Indischen Ozean sowie die Beteiligung an der Bekämpfung der Piraterie am Horn von Afrika. Darüber hinaus wurden sie regelmäßig für Evakuierungsoperationen, den Schutz französischer Staatsangehöriger im Ausland sowie für humanitäre Hilfsmissionen eingesetzt. Die hohe Reichweite, der geringe Personalbedarf und die ausgezeichnete Seetüchtigkeit machten die Klasse besonders für lang andauernde Präsenzmissionen geeignet.

Internationale Bedeutung

Die La Fayette-Klasse entwickelte sich zu einem bedeutenden Exporterfolg der französischen Schiffbauindustrie. Auf ihrer technischen Grundlage entstanden mehrere angepasste Varianten, darunter die Kang Ding-Klasse für Taiwan (sechs Einheiten, zwischen Mai 1996 und März 1998 in Dienst gestellt), die Al Riyadh-Klasse für Saudi-Arabien (drei Einheiten zwischen Juli 2002 und Oktober 2004 in Dienst gestellt) sowie die Formidable-Klasse für Singapur (sechs Einheiten zwischen Mai 2007 und Januar 2009 in Dienst gestellt, das erste Schiff wurde in Frankreich gebaut, die letzten fünf Einheiten bei ST Engineering in Singapur). Diese Exportversionen verfügen teilweise über deutlich leistungsfähigere Sensoren, vertikale Startsysteme und umfangreiche Flugabwehrfähigkeiten. Weiterhin beeinflusste die La Fayette-Klasse deutlich die Entwicklung der Fregatten des Typs 054 und 054A der Marine der Volksrepublik China. Diese chinesische Fregatten-Klasse – von der seit 2005 insgesamt 52 Einheiten in Dienst gestellt, vom Stapel gelassen oder auf Kiel gelegt wurden – wurde in westlichen Medien oftmals als direkte Kopie der französischen La Fayette-Klasse bezeichnet. Sie verfügt jedoch über ausreichend eigenständige schiffbauliche Merkmale, um nicht als 1-zu-1-Kopie angesehen zu werden.

Die französischen Schiffe der La Fayette-Klasse				
Name	**Kennung**	**Kiellegung**	**Stapellauf**	**Indienststellung**
»La Fayette«	F710	15. Dezember 1990	13. Juni 1992	22. März 1996
»Surcouf«	F711	06. Juli 1992	03. Juli 1993	07. Februar 1997
»Courbet«	F712	15. September 1993	12. März 1994	01. April 1997
»Aconit«	F713	05. August 1996	08. Juni 1997	03. Juni 1999
»Guépratte«	F714	01. Oktober 1998	03. März 1999	27. Oktober 2001

Die saudischen Fregatten der Al Riyadh-Klasse – hier die »Al Dammam« (816) – basieren auf der La Fayette-Klasse (Foto: US Navy/Mass Communication Specialist Seaman Jesse A. Hyatt).

Die taiwanesische »Wu Chang« (PFG-1207) aufgenommen im Jahr 2013. Taiwan hat insgesamt sechs Einheiten der Kang Ding-Klasse in Dienst gestellt (Foto: 玄史生, CC BY-SA 3.0).

Bewertung

Aus heutiger Sicht stellt die La Fayette-Klasse einen Meilenstein im europäischen militärischen Schiffbau dar. Zwar entsprach ihre ursprüngliche Bewaffnung nicht den Anforderungen einer hochintensiven Seekriegsführung gegen gleichwertige Gegner, doch demonstrierte sie erstmals in größerem Umfang die Vorteile einer konsequent signaturreduzierten Konstruktion. Zahlreiche technische Lösungen – von den geneigten Aufbauten über integrierte Masten bis hin zur Reduzierung der Infrarot- und Radarsignatur – wurden später von vielen Marinen übernommen und gehören heute zum Standard moderner Fregatten. Mit den laufenden Modernisierungsmaßnahmen bleibt die Klasse weiterhin einsatzfähig, während sie schrittweise durch die neuen Fregatten der Amiral-Ronarc'h-Klasse (Typ FDI, siehe Kapitel 20.5.) ersetzt wird. Unabhängig von ihrer verbleibenden Dienstzeit hat die La Fayette-Klasse ihren festen Platz in der Geschichte des Marineschiffbaus als eine der ersten echten Stealth-Fregatten der Welt inne. Viele Merkmale, die heute selbstverständlich erscheinen, wurden mit

Bei der singapurischen Formidable-Klasse – hier die »Supreme« (73) in Pearl Harbor – handelt es sich um eine stark abgewandelte, weiterentwickelte La Fayette-Klasse (Foto: US Navy/MC2 N. Brett Morton).

dieser Klasse erstmals in einem Serienkriegsschiff konsequent umgesetzt. In dieser Hinsicht kann man sie als Bindeglied zwischen den klassischen Fregatten des Kalten Krieges und den modernen Stealth-Fregatten des 21. Jahrhunderts betrachten. Einem Millionenpublikum wurde die La Fayette-Klasse durch den Auftritt des Typschiffs »La Fayette« im James-Bond-Film »Goldeneye« aus dem Jahr 1995 bekannt, bei dem das Filmproduktionsteam einige Szenen an Bord der Fregatte drehen konnte. Deshalb ist die La Fayette-Klasse landläufig deutlich bekannter als so manche kampfkräftigere oder modernere Fregattenklasse.

Technische Daten französische Schiffe der La Fayette-Klasse	
Bauwerft	DCN/Naval Group, Lorient
Abmessungen	125 Meter Länge, 15,4 Meter Länge, 4,1 Meter Tiefgang
Verdrängung	circa 3.600 Tonnen
Antrieb	1× CODAD (Combined Diesel and Diesel)-System aus 4× 12PA6V280 STC2 SEMT-Pielstick-Dieselmotoren mit 16,000 kW (21.000 PS) Leistung über Reduktionsgetriebe auf 2× Schiffswellen mit je 1× Fünfblatt-Verstellpropeller wirkend
Höchstgeschwindigkeit	25 Knoten
Reichweite	9.000 Seemeilen bei 12 Knoten
Besatzung	150 Personen
Bewaffnung	1× 100-mm-Geschütz Typ Modèle 100 TR, 8× MM40-Exocet-Block-2- oder modernisierte Block-3-Seezielflugkörper, 2× 20-mm-F2-Maschinenkanonen, 1× Crotale CN2 CIWS Nahbereichsverteidigungssystem (auf »Surcouf« und »Guépratte«), 2× 6 Sadral-Starter für Mistral Mk 3-Flugabwehrraketen (auf »Courbet«, »La Fayette« und »Aconit«), 2× 2 manuell betriebene Simbad/Mistral-Flugabwehrraketen (2023 auf »Surcouf« eingerüstet)
Sensoren	1× DRBV-15C-Luft- und Oberflächenradar, 1× DRBN-34-Navigationsradar, 1× optoelektronisches Feuerleitsystem Najir, 1× ARBR-21-Radarwarnempfänger, 1× ARBB-33-Störsystem, Dagaie-Täuschkörperwerfer, 1× Kingklip-Mk2-Rumpfsonar (2021 auf Courbet«, »La Fayette« und »Aconit« eingerüstet)
Luftfahrzeuge	1× Aerospatiale AS565 Panther- oder 1× Airbus NH90 NFH-Bordhelikopter

20.4 Fregatten der FREMM-Klasse

Die französische FREMM-Fregatte »Auvergne« (D654) läuft frühmorgens am 16.06.2023 den Marinestützpunkt Kiel an. Die Unterschiede zu den Aufbauten der italienischen Schiffe (siehe Kapitel 5.3.) sind deutlich zu erkennen (Foto: Verfasser).

Die FREMM genannten Fregatten wurden Anfang des 21. Jahrhunderts von Frankreich und Italien gemeinsam entwickelt. FREMM steht dabei für Frégate Multi-Mission (Frankreich) bzw. Fregata Multi-Missione (Italien) – also eine Multimissionsfregatte.

Die Entwicklung basiert auf der Grundlage des französisch-italienischen Horizon Projektes zum Bau von Flugabwehrzerstörern der Horizon-Klasse (siehe Kapitel 20.1.). Gebaut werden die Einheiten in zwei unterschiedlichen Varianten: der ASW (Anti Submarine Warfare, Fregatte in der U-Boot-Jagdrolle)- und der GP/LA (General Purpose/Land Attack, Fregatte zur Bekämpfung von See- und Landzielen)-Variante.

Französische Schiffe

Das französische Konsortium aus Thales und Naval Group S.A. bekam den Auftrag, elf Schiffe zu bauen. Geplant waren jedoch ursprünglich 17 Einheiten. Am Ende wurden es aus Budgetgründen nur acht Schiffe. Von diesen acht Einheiten wurden sechs in der ASW-Konfiguration ausgeliefert (die bei der französischen Marine als ASM-Konfiguration bezeichnet wird). Die restlichen beiden französischen Schiffe erhielten eine Spezialisierung als Flugabwehrfregatte (in Frankreich bezeichnet als FREDA). Die erste französische Einheit »Aquitaine« (D650) wurde am 02. Dezember 2015 in Dienst gestellt. Die letzte Einheit für die französische Marine namens »Lorraine« (D657) wurde am 13. November 2023 Teil der französi-

Das Brückenhaus der »Auvergne« fällt durch seine »Kastenform« auf (Foto: Verfasser).

Die »Auvergne« ist mit einem aus 32 Zellen bestehenden Sylver-VLS-System zum Abschuss verschiedener Flugkörper in vier Reihen ausgestattet (Foto: Verfasser).

Das OtoMelara/Leonardo 76/62SR 76mm/62-Schiffsgeschütz am Bug der »Auvergne« (Foto: Verfasser).

schen Flotte. Jeweils eine Fregatte aus französischer Produktion wurde an Marokko sowie Ägypten verkauft. 2007 bestellte Marokko eine FREMM-Fregatte in Frankreich. Dieses Schiff, die »Mohammed VI« (701), ist als ASW-Fregatte ausgerüstet. Ägypten hat insgesamt drei FREMM-Einheiten erhalten. Die in Frankreich bei DCNS in Lorient gefertigte »Tahya Mirs« (1001) ist in der ASW-Konfiguration an die ägyptische Marine ausgeliefert worden, die beiden anderen ägyptischen Einheiten wurden in Italien gebaut und sind als GP/LA-Einheiten ausgelegt.

Technik

Die Schiffe der FREMM Klasse haben eine Länge von 144 Metern, die Breite beträgt 19,7 Meter, der Tiefgang 5 Meter. Vermessen sind die Schiffe mit einer Verdrängung von 6.900 Tonnen. Die Besatzung besteht aus 145 Personen. Weitere 20 Personen können eingeschifft werden. Im Gegensatz zu den italienischen FREMM-Fregatten, die von einem CODLAG (Combined Diesel-Electric and Gas)-System angetrieben werden, nutzen die französischen Einheiten die CODLOG (Combined Diesel-Electric or Gas)-Bauweise. Der Hauptunterschied der beiden Systeme liegt darin, ob die alternativen Antriebsquellen gleichzeitig arbeiten dürfen oder nicht. Bei CODLOG wird entweder elektrisch oder per Gasturbine gefahren, während bei CODLAG die Elektromotoren und die Gasturbine für die Höchstgeschwindigkeit gemeinsam auf die Welle wirken können Die französischen Schiffe mit dem CODLOG-Antrieb sind mit einer General Electric/Avio LM2500+G4-Gasturbine und mit vier MTU 16V 4000 N43B-Dieselgeneratoren ausgestattet. Zwei Wellen leiten die Kraft auf zwei Verstellpropeller. Ein Bugstrahlruder mit 1 MW Leistung vervollständigt die Ausrüstung. Die französischen Einheiten der FREMM-Klasse erreichen eine Höchstgeschwindigkeit von 27 Knoten mit den Gasturbinen. 15,5 Knoten können mit den Elektromotoren erreicht werden. Bei 15 Knoten Marschfahrt beträgt die Reichweite 6.000 Nautische Meilen.

Die französische Fregatte »Bretagne« (D655, links) neben dem amerikanischen Zerstörer USS »Dewey« (DDG-105) der Arleigh Burke-Klasse (Foto: US Navy/Courtesy Photo).

Die in Frankreich gebaute marokkanische FREMM-Fregatte »Mohammed VI« (701) aufgenommen im April 2018 im Nordatlantik (Foto: US Navy/MC2 Scott Swofford).

Die »Normandie« (D651, links im Bild) und die »Aquitaine« (D650) im März 2024 in der Ostsee (Foto: Armee francaise).

Bewaffnung

Die Bewaffnung der französischen Schiffe besteht aus einem Sylver A43 (16 Zellen)-VLS für MBDA Aster 15 SAM-Flugabwehrraketen (bei den Schiffen mit den Kennungen D650, 652, 653 und 654) oder einem Sylver A50 (16 Zellen)-VLS für MBDA Aster 15 und/oder Aster 30 SAM-Flugabwehrraketen (bei Schiffen mit den Kennungen D651, 655, 656 und 657) sowie einem Sylver A70 (16 Zellen)-VLS für MBDA MdCN Naval Cruise Missiles (Missile de Croisière Naval, Marschflugkörper), ein OtoMelara/Leonardo 76/62SR 76mm/62-Schiffgeschütz, acht MBDA MM40 Exocet Block 3 SSM-Seezielflugkörper,

Ein Airbus NH-90-Helikopter auf dem Helikopterlandedeck der »Provence« (D652. Foto: Mark Harkin, CC BY 2.0).

zwei Nexter Narwhal 20 Naval Weapon Station (NWS)-20-mm-Geschütztürmen sowie zwei WASS/EuroTorp B515/3-Doppel Torpedorohren für Eurotorp MU90 Torpedos. Die elektronische Ausrüstung besteht aus dem Thales Herakles Multi-Purpose Passive Electronically Scanned Array Radar System, Terma Scanter 2001 Navigation Radar, Thales Artemis Infra-Red Search and Track System IRST und SETIS Multifunction Combat Management System (FüWES-System). Die folgenden Sonare sind installiert: Thales UMS 4110 CL-Rumpfsonar und Thales UMS 4249 CAPTAS 4-Schleppsonar (nur in ASW-Konfiguration). Auf dem Flugdeck ist Platz für einen NH-90, einen Caracal- oder einen Panther-Hubschrauber.

Keine weiteren Schiffe

Im Gegensatz zu den italienischen FREMM-Schwesterschiffen, die von Fincantieri mehrfach weiterentwickelt wurden und immer noch gebaut werden, wurde das französische FREMM-Programm nach dem Zulauf der achten Einheit »Lorraine« eingestellt. An die Stelle weiterer FREMM-Einheiten traten die kleineren Schiffe des FDI-Typs (siehe Kapitel 20.5.), bei deren Entwicklung und Fertigung viele Erfahrungen aus dem FREMM-Projekt mit einflossen.

Die »Aquitaine« verschießt im Mai 2015 einen Marschflugkörper des Typs Missile de Croisière Navale (MdCN) aus ihrem Sylver-VLS-Startsystem (Foto: Marine nationale).

Die »Languedoc« (D653) eskortiert im März 2021 den amerikanischen Flugzeugträger USS »Dwight D. Eisenhower« (CVN-69, Foto: US Navy/MC3 Sawyer Haskins).

Technische Daten französische FREMM-Klasse	
Bauwerft	DCNS/Naval Group, Lorient
Abmessungen	144 Meter Länge, 19,7 Meter Breite, 5 Meter Tiefgang
Verdrängung	6.900 Tonnen.
Besatzung	145 Personen (Platz für weitere 20 Personen)
Antrieb	1× CODLOG-Antrieb mit 1× General Electric/Avio LM2500+G4-Gasturbine, 4× MTU 16V 4000 N43B-Dieselgeneratoren, 2× Schiffswellen auf je 1× Verstellpropeller wirkend, 1× Bugstrahlruder mit 1 MW Leistung
Höchstgeschwindigkeit	27 Knoten mit Gasturbine, 15,5 Knoten mit Elektromotoren
Reichweite	6.000 Seemeilen bei 15 Knoten
Bewaffnung	1× Sylver A43 (16 Zellen)-VLS für MBDA Aster 15 SAM-Flugabwehrraketen (Kennungen D650, 652, 653 und 654) oder 1× Sylver A50 (16 Zellen)-VLS für MBDA Aster 15 und/oder Aster 30 SAM-Flugabwehrraketen (Kennungen D651, 655, 656 und 657), 1× Sylver A70 (16 Zellen)-VLS für MBDA MdCN Naval Cruise Missiles (Missile de Croisière Naval, Marschflugkörper), 1× OtoMelara/Leonardo 76/62SR 76mm/62-Schiffgeschütz, 8× MBDA MM40 Exocet Block 3 SSM-Seezielflugkörper, 2× Nexter Narwhal 20 Naval Weapon Station (NWS)-20-mm-Geschütztürme, 2× WASS/EuroTorp B515/3-Doppel-Torpedorohre für Eurotorp MU90 Torpedos
Sensoren	1× Thales Herakles Multi-Purpose Passive Electronically Scanned Array Radar System, 1× Terma Scanter 2001 Navigation Radar, 1×Thales Artemis Infra-Red Search and Track System IRST und SETIS Multifunction Combat Management System (FüWES-System), 1× Thales UMS 4110 CL-Rumpfsonar, 1×Thales UMS 4249 CAPTAS 4-Schleppsonar (nur in ASW-Konfiguration)
Luftfahrzeuge	1× Airbus NH-90, 1× Airbus H225 Caraca/Super Cougar- oder 1×AS 565 Panther-Hubschrauber.

20.5 Fregatten des Typs FDI

Die französische Fregatte »Amiral Ronarc'h« (D 660) läuft im April 2026 in New York City zu einem Hafenbesuch ein (Foto: Oleg Yunakov, CC BY-SA 4.0).

Derzeit befinden sich fünf Fregatten des Typs Frégate de Défense et d'Intervention (FDI) – auch nach dem Typschiff als Amiral Ronarc'h-Klasse bekannt – in der Beschaffungsphase für die Marine Nationale.
Die relativ kompakten Schiffe (122 Meter Länge und 4.500 Tonnen Verdrängung) sind bei einem Stückpreis von rund 750 Millionen US Dollar relativ preisgünstig und werden im internationalen Vergleich verschiedener Fregattenentwürfe als »französische Mittelklasse« angesehen. Bei der französischen Marine sollen die bisher bestellten fünf FDI-Fregatten die aus den 1990er Jahren stammenden Stealth-Fregatten der La Fayette-Klasse (siehe Kapitel 20.3.) ersetzen. Viele Erfahrungen aus dem Bau und dem Betrieb der acht größeren französischen Fregatten der FREMM-Klasse (siehe Kapitel 20.5.) flossen direkt in den Entwurf und die Fertigung der FDI-Schiffe ein.

Der Entwurf
Als Mehrzweckfregatte mit Radarsignatur reduzierenden Stealth-Eigenschaften ist die Amiral Ronarc'h-Klasse für die Bekämpfung von Bedrohungen aus der Luft sowie Über- und Unterwasser ausgelegt. Die Schiffe des FDI-Typs wurden als digitales Marineschiff entwickelt, das über eine hohe Cybersicherheit verfügt und bei dem alle Stationen digital miteinander vernetzt sind. Als erste Fregattenklasse sind die Schiffe mit einer klassischen Operationszentrale und mit einer separaten Kommandostation ausgestattet, von der aus sogenannte asymmetrische Bedrohungen wie beispielsweise unbemannte Drohnen oder Schnellboote bekämpft werden können. Augenauffälligstes Merkmal der FDI-Fregatten ist der als negative Steven bezeichnete »umgekehrte Bug«, der die Wellen »durchschneiden« soll, statt von ihnen angehoben zu werden. Dadurch liegt das Schiff stabiler im Wasser und spart ebenfalls Kraftstoff. Ein negativer Aspekt dieser Rumpfform ist die Tendenz zur Überflutung des Buges bei starkem Wellengang. Neben der Struktur- und Waffensystembelastung kann dies bei Einsätzen in winterlichen bzw. arktischen Gefilden zu einer Vereisung des Buges mit möglichen Folgeschäden führen. Weiterhin sind mehrere aktive Stabilisatoren im Rumpf installiert, die für eine nochma-

Grafische Darstellung des Aufbaus der Fregatten des Typs FDI. Herausragende Charakteristika sind der große Mast hinter der Brücke und der »umgekehrte Bug« (Grafik: © Naval Group).

lige Verbesserung der Stabilität der Schiffe sorgen. Ein hoher Automatisierungsgrad der Schiffe hat einen relativ kleinen Personalbedarf von lediglich 125 Personen pro FDI-Einheit zur Folge. Davon gehören 110 Personen zur eigentlichen Schiffsbesatzung und 15 Personen zur Flugabteilung. Die Schiffe der Amiral Ronarc'h-Klasse sind mit einem relativ einfachen Antriebskonzept bestehend aus einem CODAD-System (Combined Diesel and Diesel) mit vier MTU 16V 8000 M91L-Dieselmotoren mit einer Gesamtleistung von 32 MW versehen, die auf zwei Schiffswellen wirken. Dadurch können Geschwindigkeiten von bis zu 27 Knoten erreicht werden. Der Antriebsstrang ist so konzipiert, dass mit zwei oder mit vier Dieselmaschinen gefahren werden kann. Dieselmotoren sind kostengünstig im Betrieb und vergleichsweise einfach in der Wartung, können aber in Bezug auf die Lautstärke nicht mit moderneren und leiseren Antriebsformen mithalten. Da die Maschinen an Bord der FDI-Schiffe elastisch gelagert sind, konnten die Schallemissionen des Antriebes gesenkt werden. Dies wird als Kompromisslösung angesehen, die die Einheiten noch gerade als ausreichend leise für die U-Boot-Bekämpfung »durchgehen lässt«. Im Gegensatz zu zahlreichen anderen NATO-Überwasserkampfschiffen mit vollständigem oder teilweisem Antrieb durch Gasturbinen, die in der Regel Geschwindigkeiten von 31 und mehr Knoten erreichen, kann die Amiral Ronarc'h-Klasse nur Spitzengeschwindigkeiten bis 27 Knoten erzielen. Das ist jedoch ausreichend für die Integration in den Flugzeugträgerkampfverband des französischen Flugzeugträgers »Charles de Gaulle« als Eskortschiff.

Die Bewaffnung

Zur Bewaffnung zählen ein Schiffsgeschütz des Typs OTO Melara 76-mm-Super-Rapid, zwei Mal vier MM40 Exocet Block 3c-Seezielflugkörper (sie können auch gegen küstennahe Landziele eingesetzt werden), zwei 324 mm ASW-TT (Torpedo: MU90) Zweifachtorpedowerfer zur U-Boot-Jagd, 32 VLS-Flugkörperzellen für Aster 30-Flugabwehrraketen (die ersten drei französischen Fregatten verfügen bisher jedoch über nur 16 VLS-Startzellen) sowie zwei 20-mm-Automatikkanonen des Typs Nexter 20-mm Narwahl 20B. Ursprünglich sollten die ersten drei französischen FDI-Einheiten nur mit 16 VLS-Zellen ausgestattet sein. Im Winter 2023/24 kam es jedoch zu vermehrten

Aus den unterschiedlichen Rumpfmodulen entsteht nach und nach eine Fregatte (Foto: © Naval Group).

Das Baudock wird am 07. November 2022 geflutet und dadurch die »Amiral Ronarc'h« zu Wasser gelassen (Fotos: © Naval Group).

Die »Amiral Ronarc'h« am Ausrüstungskai der Naval Group in Lorient, aufgenommen im Juni 2023 (Foto: KRaikkonen01, CC BY-SA 4.0).

Seeversorgung der »Amiral Ronarc'h« im Oktober 2025 (Foto: Marine Nationale).

Angriffen von jemenitischen Huthi-Rebellen auf Handels- sowie Marineschiffe. Die dabei gewonnenen Erfahrungen veranschaulichten der französischen Marineführung den Bedarf an mehr VLS-Abschusszellen, weshalb die ersten drei Schiffe nachträglich jeweils 16 weitere VLS-Zellen eingerüstet bekommen. In der Zukunft ist theoretisch ein Upgrade auf das modernere Sylver A70-VLS möglich, wodurch die Schiffe in die Lage kämen, Marschflugkörper des Typs MdCN (Missile de Croisiere Naval) mit bis zu 1.000 Kilometern Reichweite mitzuführen. Zwei Counter Measure Launching Systems (CMLS) mit Torpedo-Täuschkörpern werden als Gegenmaßnahmen gegen U-Boot-Angriffe mitgeführt. Momentan befindet sich ein als Multi-Purpose and Modular Launching System (MPLS) bezeichnetes Mehrzwecksystem in der Entwicklung. Von ihm aus sollen unterschiedlichste Effektoren gegen asymmetrische Nahbereichsbedrohungen gestartet werden können, wie beispielsweise Granaten, Drohnen, kleine Flugkörper und Täuschkörper. Dieses System wird jedoch nicht vor 2027 zur Verfügung stehen.

Die Sensoren

In dem übergroßen Mast hinter der Brücke ist in dem Panoramic Sensors and Intelligence Module (PSIM) der überwiegende Teil der Überwassersensoren untergebracht. Das PSIM-Modul mit rund 60 Antennen weist eine Höhe von ca. 42 Metern auf und bringt rund 150 Tonnen auf die Waage. Auf den fünf Decks sind u.a. Planungsräume, Rechenzentren und die Operationszentrale untergebracht. Das PSIM wird parallel zum Schiffsrumpf an Land gefertigt, weshalb es vor der Installation auf dem Schiff ausgerüstet und umfangreich getestet werden kann. Dies beschleunigt den Bau- und Ausrüstungsprozess der Schiffe deutlich. Zum ersten Mal überhaupt nutzt die französische Marine auf den FDI-Fregatten das 3D-Multifunktionsradar Sea Fire von Thales. Die vier fest installierten AESA-Antennenfelder arbeiten im S-Band und können bis zu 800 Ziele simultan überwachen. Das System kann Luftziele im Radius von 300 Kilometern beobachten. Weiterhin werden über das Sea Fire-Radar auch Seeziele verfolgt und es dient als Feuerleitung der Aster-Flugabwehrraketen. Weiterhin beinhaltet der Mast Kommunikationsantennen, ein Freund-Feind-Erken-

Die »Amiral Ronarc'h« mit dem Segelschiff »La Belle Poule« aufgenommen am 17. Dezember 2024 vor Brest (Fotos: Marine Nationale).

nungssystem, optronische Sensoren und Navigationsradare. Über der Brücke (vor dem Mast) ist ein Thales STIR 1.2 EO Mk2-Feuerleitradar montiert, das zur Präzisionssteuerung des 76-mm-Bordgeschützes verwendet wird. Für die U-Boot-Jagd sind die FDI-Einheiten mit einem Kingklip Mk2-Rumpfsonar sowie dem CAPTAS-4 Compact Variable Depth Sonar (VDS)-Schleppsonar ausgestattet.

Das Beschaffungsprogramm

Der FDI-Fregattenentwurf wird von der französischen Naval Group international als Belharra-Klasse oder auch Belh@rra-Klasse vermarktet. Neben dem Verkauf von bisher vier Einheiten an die griechische Marine konnte sich der französische Marinerüstungskonzern Naval Group kürzlich auch eine Bestellung aus Schweden sichern. Auf der Werft in Lorient erhielten die griechischen Schiffe aufgrund des dringenden Bedarfs der griechischen Marine den Vorrang. Verschiedene Offset-Geschäfte und griechisch-französische Abkommen sichern der griechischen Werftindustrie ein Stück des »FDI-Kuchens« zu. Die griechische Marinewerft in Salamis fertig hierzu ganze vorausgerüstete Rumpfmodule, die per Ponton nach Lorient zur Endmontage geliefert werden. Auch die späteren französischen FDI-Schiffe werden teilweise bei der Fertigung auf Rumpfsegmente aus griechischer Produktion zurückgreifen. Derzeit gibt es Bestrebungen der französischen Marine, drei weitere FDI-Fregatten zu beschaffen. Daraus ergäbe sich dann eine französische FDI-Gesamtflotte von acht Einheiten. Eine Festbestellung ist jedoch bisher noch nicht erfolgt.

Technische Daten französische Schiffe des Typs FDI	
Länge	121,6 Meter
Breite	17,7 Meter
Tiefgang	6,4 Meter
Verdrängung	4.500 Tonnen
Antrieb	1×CODAD-System aus 4x MTU 16V 8000 M91L-Dieselmotoren mit Gesamtleistung 32 MW auf zwei Wellen wirkend
Geschwindigkeit	27 Knoten max.
Reichweite	5.000 Seemeilen bei 15 Knoten
Seeausdauer	45 Tage
Besatzung	125 + 28 Personen
Bewaffnung	4x 8 Aster 15 / Aster 30 (2x 8 bei Einheit 1-3) Flugabwehrraketen, 2x 4 MM40 Exocet Block 3c-Seezielflugkörper, 2x 2 324 mm ASW-TT (Torpedo: MU90) zur U-Boot-Jagd, 1x 76 mm /62 cal Super Rapid- Bordgeschütz, 2x 20 mm Narwhal 20B-Maschinengewehre, 1x Multi-Purpose and Modular Launching System (MPLS) (ab 2027)
Elektronik	1× Multifunktions-Radar Thales SEA FIRE 500 (S-Band), 1× Navigations-Radar Terma SCANTER 6000 LPI (X-Band), 1× Wärtsilä NACOS (X-Band, Navigation and Control System), 1× Rumpf-Sonar Thales Kingklip Mk2, 1× Schlepp-Sonar Thales CAPTAS-4 compact (VDS), 1× Feuerleitung Thales STIR 1.2 EO Mk2, 1× R-ESM Thales Sentinel Radardetektor, 1× C-ESM Thales Altesse-H Frühwarnsystem, 1× ECM (wird eventuell nachgerüstet) System für Elektronische Gegenmaßnahmen, 1× IFF Thales BlueGate 6000 Freund-Feind-Erkennungssystem, 1× Optronik Safran PASEO XLR, 2x 6 Counter Measure Launching Systems (CMLS) Täuschkörpewerferr
Luftfahrzeuge	1× NH90 NFH oder 1× H160M Guépard Helikopter, 1× VSR700 (ab 2028) UAV